Bernd Klein
Versuchsplanung – Design of Experiments

Weitere empfehlenswerte Titel

Toleranzdesign
im Maschinen- und Fahrzeugbau
Bernd Klein, 2021
ISBN 978-3-11-072070-9, e-ISBN (PDF) 978-3-11-072072-3,
e-ISBN (EPUB) 978-3-11-072075-4

Maschinenelemente
Hubert Hinzen
Maschinenelemente 1, 2017
ISBN 978-3-11-054082-6, e-ISBN (PDF) 978-3-11-054087-1,
e-ISBN (EPUB) 978-3-11-054104-5

Maschinenelemente 2: Lager, Welle-Nabe-Verbindungen,
Getriebe, 2018
ISBN 978-3-11-059707-3, e-ISBN (PDF) 978-3-11-059708-0,
e-ISBN (EPUB) 978-3-11-059758-5

Maschinenelemente 3: Verspannung, Schlupf und Wirkungsgrad,
Bremsen, Kupplungen, Antriebe, 2020
ISBN 978-3-11-064546-0, e-ISBN (PDF) 978-3-11-064707-5,
e-ISBN (EPUB) 978-3-11-064714-3

Mathematik für angewandte Wissenschaften
Ein Lehrbuch für Ingenieure und Naturwissenschaftler
Joachim Erven, Dietrich Schwägerl, 2018
ISBN 978-3-11-053694-2, e-ISBN (PDF) 978-3-11-053711-6,
e-ISBN (EPUB) 978-3-11-053723-9

Mathematik für angewandte Wissenschaften
Ein Übungsbuch für Ingenieure und Naturwissenschaftler
Joachim Erven, Dietrich Schwägerl, Jiří Horák, 2019
ISBN 978-3-11-054889-1, e-ISBN (PDF) 978-3-11-055350-5,
e-ISBN (EPUB) 978-3-11-055365-9

Bernd Klein

Versuchsplanung – Design of Experiments

Einführung in die Taguchi- und Shainin-Methodik

5., überarbeitete und aktualisierte Auflage

DE GRUYTER
OLDENBOURG

Autor
Prof. em. Dr.-Ing. Bernd Klein
34379 Calden
klein-bernd@gmx.net

ISBN 978-3-11-072430-1
e-ISBN (PDF) 978-3-11-072451-6
e-ISBN (EPUB) 978-3-11-072461-5

Library of Congress Control Number: 2021932226

Bibliografische Information der Deutschen Nationalbibliothek
Die Deutsche Nationalbibliothek verzeichnet diese Publikation in der Deutschen
Nationalbibliografie; detaillierte bibliografische Daten sind im Internet über
http://dnb.dnb.de abrufbar.

© 2021 Walter de Gruyter GmbH, Berlin/Boston
Umschlaggestaltung: Bernd Klein
Satz: le-tex publishing services GmbH, Leipzig
Druck und Bindung: CPI books GmbH, Leck

www.degruyter.com

Unvollständigkeitssatz:

Jede hinreichend umfassende Theorie ist entweder widersprüchlich oder
unvollständig.

nach Kurt Gödel (österreichisch-amerikanischer Mathematiker, 1906–1978)

Vorwort zur 1. Auflage

Die Anfänge gezielter Versuchsführung gehen auf Arbeiten der Mathematiker Fisher, Yates, Box, Wilson, Scheffe und Kiefer zurück, die im Zeitraum von 1920 bis 1960 die Grundlagen der klassischen *Statistischen Versuchsmethodik* /BOX 78/ begründet haben. Die entwickelten Pläne sind zwar erfolgreich, aber oft unwirtschaftlich bezogen auf den erforderlichen Aufwand. Praktische Bedeutung haben hingegen die *Matrixexperimente* von *G. Taguchi* und die Methodensammlung von *D. Shainin* erlangt, die von einem möglichst minimalen Versuchsaufwand ausgehen und vielfach als industrielle Optimierungsstrategien herausgestellt werden.

Die Taguchi-Philosophie bzw. der Robust-Design-Ansatz geht jedoch noch tiefer und hat die Produkt- und Prozessentwicklung in vielerlei Hinsicht revolutioniert. Als Entwicklungsmethode zielt sie darauf ab:
- Qualität messbar zu machen über die Definition einer Qualitätsverlustfunktion,
- das Qualitätsziel als erreichbares Extremalproblem zu formulieren,
- über ein Matrixexperiment für Produkte und Prozesse robuste Parameterkonstellationen unter der Wirkung äußerer Störgrößen zu suchen,
- für alle Parameter die Einstellungen zu optimieren sowie die Haupteinflüsse zu quantifizieren, die Ingenieure sensibeler für Abweichungen zu machen,
- alle Arten von Qualitätsabweichungen und die Verschwendung an Zeit, Prototypen, Gewährleistung etc. zu vermeiden.

Die Botschaft dahinter ist: *Betreibe Prävention durch frühzeitige Simulation, denn eine kurative Qualitätssicherung (Reparatur mit „technischen Schulden") führt letztlich nicht zu bleibendem Erfolg.*

Insgesamt ist eine Versuchsmethodik aber nur wirtschaftlich, wenn die Anzahl der Faktoren beherrschbar bleibt. Zur Reduzierung der Versuchsparameter eignen sich insbesondere die *Shainin-Techniken* (Homing-In), die insofern die Taguchi-Methodik sinnvoll ergänzen.

Das oberste Prinzip einer Versuchsmethodik muss es also sein, die Effizienz von Produkt- und Prozessentwicklungen zu verbessern, in dem die überwiegend noch praktizierte „Trial-and-Error-Vorgehensweise" eliminiert wird, um durch mehr Systematik Marktchancen früher und zu günstigeren Bedingungen wahrnehmen zu können. Simulation des zu erwartenden Verhaltens ist somit eine Strategie, die anspruchsvoll ist und eine hohe Anwendungskompetenz voraussetzt. Die Techniken der Versuchsmethodik sind eigentlich so erfolgreich, dass jeder Entwickler auf diesem Gebiet Grundkenntnisse erwerben sollte.

https://doi.org/10.1515/9783110724516-201

Das vorliegende Manuskript und die Fallstudien sind in der Praxis entstanden und verfolgen die Leitregel „Pragmatik vor Theorie". Es erhebt somit keinen Anspruch auf exakte Wissenschaftlichkeit. Zielsetzung ist es, Entwicklern und Versuchsingenieuren Wege aufzuzeigen, wie sich Versuchsmethodik unterstützend im Entwicklungsprozess einsetzen lässt.

Die Erfahrung zeigt, dass sich DoE-Aufwand in kürzester Zeit amortisiert.

Calden   *B. Klein*

Vorwort zur 5. Auflage

Nachdem die 4. Auflage des Buches schon seit einigen Jahren am Markt ist, bin ich von vielen Nutzern aus der Industrie und Forschung gebeten worden, vor dem Hintergrund der aktuellen Qualitätsmanagement-Normung für eine Neuauflage zu sorgen. Diesen Wünschen bin ich hiermit nachgekommen.

Die Regelwerke ISO 9001 bzw. IATF 16949 gehen von einem ganzheitlichen Prozess der Produktentstehung aus und verlangen auf Daten und Fakten bezogene Reviews. Die Statistische Versuchsplanung-DoE ist hierzu besonders prädestiniert.

Die notwendige Überarbeitung erstreckt sich auf eine Vielzahl von Textstellen, eine weitere „Glättung" der Theorie und Anpassungen bei den Übungsaufgaben. Zusammen mit den Softwaremodulen liegt damit ein bewährtes Werk vor, welches DoE-Interessierten einen schnellen Einstieg in die Methode und Vorgehensweise ermöglicht. Dass dieses Konzept funktioniert, erfahre ich immer wieder in offenen Seminaren, bei denen Teilnehmer ohne Vorkenntnisse bereits nach einer kurzen Einweisung eigene Probleme lösen können. Darin sehe ich auch das Ziel meines Buches, es soll eine Anleitung zum selbstständigen, praktischen Arbeiten sein und einen realen Nutzen vermitteln.

Calden bei Kassel, im Januar 2021   *B.Klein*

Produkt- und Prozessoptimierungs-Philosophie von G. Taguchi

	Grundsätze	Die Folgen
1	„Prävention vor Kuration"	Qualität folgt nicht aus Kontrolle, sondern muss aus einem Qualitätsbewusstsein heraus erwachsen.
2	„mangelnde Qualität wird gemessen als (geldwerter) Verlust, den die Gesellschaft durch ein Produkt erleidet, und zwar bewertet vom Zeitpunkt seiner Konzipierung an."	Qualitätsmaßstab ist Geld. Qualität umfasst den gesamten Lebenszyklus eines Produktes. Qualität betrifft die gesamte Volkswirtschaft.
3	„Jede Abweichung von funktional richtig festgelegten Zielwerten führt zu Qualitätsverlusten."	Entwicklungs-, Planungs- und Produktionsziel ist „Streuungsminimierung", nicht nur „Toleranzhaltigkeit". Vor Produktionsbeginn durchgeführte System-, Funktions-, und Prozessanalysen gewinnen überragendes Gewicht. Prozesssteuerung und Qualitätsregelkarten (SPC) verlieren an Bedeutung.
4	„Produkt-Streuungen werden durch STEUERgrößen und STÖRgrößen hervorgerufen."	Steuer- und Störgrößen müssen vor Produktionsbeginn analysiert werden. Enge Zusammenarbeit von Konstruktion, Planung und Produktion bei Entwicklungen.
5	„Ziel ist das Ermitteln ROBUSTER Steuergrößen (Einstellungen) ... ... um den Einfluss von Störgrößen zu minimieren."	Durchführen statistisch geplanter und ausgewerteter Mehrfaktorenversuche mit Standard-Designs. Optimieren der Entwurfs- und Prozessparameter. Sicher beherrschte Funktionalität ohne besonderen Prüfaufwand bei geringsten Kosten.
6	Es gibt 3 Arten von Störgrößen: – äußere Störgrößen wie wechselnde Bearbeitungsbedingungen, menschlicher Fehler – innere Störgrößen wie Veränderungen, Verschleiß, Alterung – temporäre Störgrößen infolge Produktions-Ungleichmäßigkeiten	Störgrößen werden nach ihrer Art unterschiedlich bekämpft: ÄUSSERE und INNERE Störgrößen können nur durch „OFF-LINE Quality Control" (Maßnahmen außerhalb der Produktion) beeinflusst werden. Störgrößen IN der Produktion sind sowohl „ON-LINE" (in der Produktion) wie auch „OFF-LINE" beeinflussbar.

Inhalt

Teil II: **DoE-Beispiele**

Teil III: **Fallstudien**

Teil IV: **Versuchspläne**

Teil V: **Statistik-Tabellen**

Teil VI: **Programmbeschreibung**

Teil I: **Die DoE-Methode**

1 Robust-Design-Philosophie nach Taguchi und Shainin

Bei der Entwicklung von neuen Produkten und/oder Prozessen müssen oftmals Bestätigungen für Annahmen oder Verhaltensweisen durch begleitende Experimente erbracht werden. Dem Vorteil des unmittelbaren Erkenntnisgewinns (Ursache-Wirkungs-Beziehung) steht als Nachteil gegenüber, dass Experimente kostenaufwändig und langwierig sind. Schlecht geplante Experimente verzögern mitunter den vorausgeplanten Markteintritt und führen zu weiteren negativen Folgen. So hat die Unternehmensberatung McKinsey festgestellt, dass eine sechsmonatige Entwicklungsverzögerung zu letztlich 33 % Gewinneinbuße führt und somit dem Wettbewerb eine breite Angriffsfläche bietet. Viele Unternehmen haben daher neben einem FuE-Bereich einen manchmal nicht viel kleineren Versuchsbereich eingerichtet. Oft ist Größe aber nicht mit Effizienz gleichzusetzen. Versuche werden in der Praxis überwiegend zu unsystematisch geplant und wesentliche Zusammenhänge nicht erkannt.

Mit Beginn ihrer Qualitätsoffensive in den 60er Jahren haben japanische Manager und Ingenieure die Vorteile des vorbeugenden Qualitätsmanagements entdeckt. Eine Ikone dieser neuen Denkweise war der Elektroingenieur Genichi Taguchi, der in den Folgejahren als Wegbereiter neuartige Ansätze zur statistischen Qualitätsplanung /TAG 89/ bekannt geworden ist. Seine Methoden zielen darauf ab, Produkte höchster Qualität und Funktionalität zu niedrigsten Kosten und in kürzester Zeit zu entwickeln. Hiermit traf er den Zeitgeist, weshalb insbesondere führende Technologieunternehmen /GIM 90/ seine Ideen forcierten und adaptierten.

Taguchi war von 1949 bis 1961 im Labor der japanischen Telefon- und Telegrafen-Gesellschaft beschäftigt. Zu seinen Aufgaben gehörte die Verbesserung der Produktivität aller Aktivitäten in Forschung und Entwicklung. Im Jahre 1960 erhielt er den *Deming Award*[1], eine der höchsten Auszeichnungen in Japan, womit seine Bemühungen geehrt wurden, dem Qualitätsmanagement neue Horizonte zu eröffnen. Ab 1962 war er erfolgreich als selbstständiger QM-Berater in Japan, in Nord- und Südamerika und in China tätig.

Taguchi[2] hat vorausgeahnt, dass mit der so genannten *online-QS* (Kuration) bald die Grenzen des wirtschaftlich Vertretbaren erreicht sein werden und hat sich darum frühzeitig um neuartige *offline-QM-Methoden* (Prävention) gekümmert. Motiviert war dies durch die Erkenntnis, dass bei der Herstellung von Elektronikkomponenten 80 % aller Qualitätsprobleme im Design und nur 20 % in der Herstellung lagen. Er kann demgemäß als einer der herausragenden Begründer der modernen Quality-Enginee-

---

1 Prof. Deming fand als QS-Statistiker mit seinen Ideen in den USA kein nachhaltiges Gehör und ging nach dem 2. Weltkrieg nach Japan. Ihm zu Ehren wird von der JUSE jährlich der Demingpreis verliehen.
2 Taguchi war Schüler von C. R. Rao (bedeutender indisch-amerikanischer Statistiker).

https://doi.org/10.1515/9783110724516-001

ring-Methoden (QEM) benannt werden, die eine Vorverlagerung von QS-Arbeit in die Entwicklung und Konstruktion sowie Planung für wirksamer ansahen.

In den USA wurden seine Ideen und Methoden erstmals 1980 bei AT & T Bell Laboratories, GM, FORD und der XEROX Corporation angewandt. Mittlerweile werden seine Methoden in vielen Unternehmen (z. B. BMW, Bosch, BASF, Siemens, Henkel, INA, VW etc.) mit Erfolg eingesetzt bzw. von spezialisierten Unternehmensberatern trainiert. Um die Verbreitung der Taguchi-Methoden breit zu fördern, wurde in den USA das American Supplier Institut[3] gegründet, welches sich insbesondere der Aus- und Weiterbildung von Ingenieuren in der Automobilindustrie angenommen hat. In fast allen OEM's ist mittlerweile DoE ein fester Bestandteil des Produkt-Entwicklungsprozesses (PEP[4]) geworden. Zum Umfeld der ganzheitlichen Taguchi-Methodik /HOL 95/ kann in etwa gezählt werden:
- die Theorie des „robust design",
- die Parameteridentifikation,
- das Prinzip der Nichtlinearität,
- die Quantifizierung der Qualitätsverlustfunktion

sowie
- die Matrixexperimente mit hochvermengten Feldern

und
- die Prinzipien der statistischen Beweisführung (ANOM/ANOVA).

Diese sechs Ansätze von Taguchi sollen auch im Folgenden näher diskutiert und beispielhaft untermauert werden.

Neben Anerkennung haben die Taguchi-Methoden aber auch Kritik (s. /KUH 90/) erfahren, was hier nicht unerwähnt bleiben soll. Vereinzelt erfolgt eine Überinterpretation mit dem Ziel, die Ansätze ad absurdum zu führen. Falsche Schlüsse kann man prinzipiell aus jeder Methode ziehen, wenn gegen elementare Voraussetzungen verstoßen wird und unsinnige Annahmen getroffen werden. Hiergegen ist weder DoE noch der Taguchi-Ansatz gefeit.

Die Homing-In-Techniken (Minimierung der Einflussgrößen und Streuungsreduzierung /NOA 87/) des amerikanischen Unternehmensberaters *Dorian Shainin* ergänzen in gewisser Weise die Taguchi-Techniken. Sein Konzept besteht im Wesentlichen im Kleinhalten der Anzahl der Einflüsse und der Reduktion der Varianzen. Das Grundmuster seines Vorgehens ist in etwa:
- schrittweise Entfernung von Parametern,
- Konzentration auf nur wenige Hauptursachen (Pareto-Prinzip)[5]

---

3 Später wurden die Taguchi-Methoden unter anderem von seinem Sohn Shin Taguchi gelehrt, der viele Jahre das ASI (American Supplier Institut), Derborn/USA, leitete.
4 Festgeschriebener und systematisierter Weg, wie eine Idee umzusetzen ist.
5 Anm.: 80-20-Regel oder 80 % von Ereignissen beruhen nur auf 20 % an Ursachen.

–   grafische Darstellung der Entwicklung des QS-Merkmals
und hierauf gestützt
–   einfache statistische Auswertungen.

Die Shainin-Philosophie geht somit von klassischen Prinzipien der Versuchstechnik aus und versucht, diese anforderungsgerecht zu nutzen. Zu den bewährten Vorgehensweisen gehören:
–   die Streuungsanalysekarten,
–   der Komponententausch,
–   der Gut-Schlecht-Vergleich,
–   der Variablenvergleich,
–   der so genannte vollständige Versuch,
–   der Abgleich B versus C
und
–   die Streuungsdiagramme.

Eine Voraussetzung der Shainin-Techniken ist, dass nur abgesicherte Schlüsse gezogen werden können, wenn eine hinreichend größere *Anzahl von Probanden für Versuche* verfügbar war. Wegen ihrer Einfachheit finden diese Ansätze insbesondere bei Praktikern eine große Akzeptanz.

Im umseitigen Bild 1.1 ist eine zusammenfassende Übersicht über die im Buch diskutierten Versuchsmethoden wiedergegeben. Herausgestellt sind hier nur die wesentlichen Merkmale, die in /BOT 90/ noch vertieft werden können.

Am universellsten lässt sich wohl die klassische Versuchsmethodik einsetzen, weil die Versuchspläne einfach aufgebaut sind und einfach statistisch ausgewertet werden können. In den Versuchsplänen können quantitative und qualitative Faktoren auf zwei und drei Stufen ausgewertet werden, wodurch lineare und nichtlineare Probleme analysiert werden können. Von Nachteil ist der meist große notwendige Versuchsumfang und damit einher die große Anzahl an Versuchsteilen.

Mit der Taguchi-Methode kann gewöhnlich der Versuchsumfang halbiert werden. Dem steht gegenüber, dass weitestgehend gesicherte Erkenntnisse über das Systemverhalten vorliegen müssen, da ansonsten die Matrizen nicht eindeutig belegt und die Einzelwirkungen (Problem: Wechselwirkungen) nicht eindeutig bestimmt werden können. Insgesamt bedingt dies vertiefte Methodenkenntnisse über den Aufbau der Matrizen (orthogonale Felder), der Faktorbelegung und deren Auswertung.

Am einfachsten sind die Shainin-Ansätze nutzbar. Die dahinterstehende Logik ist so transparent, dass die Fehlerrate bei der Anwendung sehr gering ist. Auch ist meist die Wirtschaftlichkeit gegeben, da Testteile meist aus der laufenden Produktion genommen werden können.

Die Versuchsmethoden ermöglichen somit neue Wege zu einer messbaren Qualitätsverbesserung im Sinne einer *optimierten Qualität zu günstigsten Kosten* zu gehen. Mit Kosten ist dabei sowohl die Ersparnis an Entwicklungskosten, an Herstell-

Ansatz:	klassisch	Taguchi	Shainin
1. Methodik:	vollständige Versuchspläne	teilfaktorielle Versuchspläne	vollständige Versuchspläne
2. Anzahl wirtschftl. Faktoren:	8–12	3–9	bis 6
3. Effektivität:	sehr gut	gut	befriedigend
4. Kosten:	hoch, sehr viele Versuche erforderlich	mittel, geringere Anzahl Versuche erforderlich	gering, i. d. R. wenig Versuche erforderlich
5. Komplexität:	mittel	hoch	gering
6. Aufwand:	sehr viele Versuchsteile erforderlich	viele Versuchsteile erforderlich	wenig Versuchsteile erforderlich
7. Vorkenntnisse:	mittel	viele	geringe
8. Hauptanwendung:	Prozessoptimierung	F&E-Projekte	Herstellungsprobleme

Bild 1.1: Die drei unterschiedlichen Ansätze der Versuchsmethodik

kosten durch wirtschaftlichere Prozesse und an Gewährleistungskosten (Minimierung sogenannter *technischer Schulden*) gemeint. Es ist leider immer noch festzustellen, dass asiatische und amerikanische Unternehmen DoE einen deutlich höheren Stellenwert beimessen als deutsche Unternehmen. Ein Indikator hierfür ist die folgende Aufwandsbilanz: Im Durchschnitt erhält ein japanischer Ingenieur eine DoE-Ausbildung zwischen 100–200 Stunden, etwa 15–20 % aller Ingenieure wenden DoE-Techniken ständig an, weitere 3–4 % werden ausschließlich als DoE-Experten eingesetzt. Die Fa. Nippon Denso (großer Automobilzulieferant) gibt beispielsweise an, dass im Jahr 200 DoE-Projekte bearbeitet werden. In Deutschland sind die Zahlen viel bescheidener, wodurch die Möglichkeiten leider nicht genutzt werden.

2 Elemente des DoE

DoE kann man als praktischen Optimierungsansatz /KLEP 10/ auf der Basis eines pareto-reduzierten Variablensatzes ansehen. Die Wirkungen dieser Variablen können aus CAE-Simulationen an physikalischen Modellen (DACE) oder aus realen Experimenten stammen. Nachfolgend sollen zunächst die quantitativen Ansätze von Taguchi zusammengestellt und diese später im Kapitel 5 um die qualitativen Ansätze von Shainin ergänzt werden.

2.1 Robust Design

Robust Design ist eine Entwicklungsphilosophie zur Verbesserung der Produktleistung in der frühen Phase der Konzeption oder Realisierungsplanung, um Produkte mit hoher Qualität schnell und zu niedrigen Kosten entwickeln zu können. Sie kann auf fast alle Problemstellungen der Technik angewandt werden und benutzt selektivierende Elemente der statistischen Versuchsplanung. Im Mittelpunkt steht stets die Beantwortung der Fragen:
- Wie kann man Schwankungen der Produktleistung infolge „Herstellungsstreuungen" wirtschaftlich vertretbar reduzieren?

und
- Wie kann gewährleistet werden, dass die aus „Laborexperimenten" resultierenden optimalen Entscheidungen auch im Herstellungs- oder Gebrauchsumfeld Gültigkeit haben?

Mit ähnlichen Fragestellungen beschäftigte sich schon in den 30er Jahren der engl. Wissenschaftler R. Fisher im Agrarbereich, der somit als Wegbereiter vieler Lösungsansätze herauszustellen ist. Zum Lösungskonzept von Robust Design gehören als wesentliche Techniken:
- Identifikation und Priorisierung der bestimmenden Parameter und deren Klassifizierung in vom Entwickler bestmöglich einzustellende Parameter[1], in beliebig einstellbare Parameter und in Störgrößen, auf die kein oder ein nur geringer Einfluss genommen werden kann.
- Das Prinzip der Nichtlinearität, was voraussetzt, dass die Wirkung eines Produktes/Prozesses funktional beschreibbar ist. Da alle einstellbaren Größen in der Praxis nur mit Toleranzen einhaltbar sein werden, ist der Unempfindlichkeitsbereich der Wirkleistungskurve anzusteuern.

---

[1] Anm.: Variable oder Parameter heißen in der Versuchstechnik auch Einflussgrößen oder Faktoren.

https://doi.org/10.1515/9783110724516-002

- Die Verlustfunktion, die jede Abweichung vom Sollwert in Geld quantifiziert und im Weiteren dazu herangezogen werden kann, anwendungsgerechtere Parametertoleranzen festzulegen.

und

- Die Matrixexperimente, die dazu genutzt werden können, mit minimalem Versuchsaufwand günstigste Parametereinstellungen im Sinne einer Optimierung der Wirkung vornehmen zu können.

Die Robust-Design-Philosophie wird in Japan und in den USA vermehrt auch als äußerst wirksame DACE-Simulationstechnik[2] benutzt, mit deren Hilfe einerseits optimale Verhältnisse während einer Entwicklung gefunden und andererseits eine zuverlässige Vorausschau der späteren Wirkung erreicht werden kann. Um die Methode fruchtbar nutzen zu können, muss man sich jedoch den mathematischen Hintergrund in groben Zügen erarbeiten, um danach zu erkennen, welche wirtschaftlichen Perspektiven sich in der Anwendung eröffnen.

2.2 Der Qualitätsbegriff

Im Mittelpunkt der Taguchi-Philosophie steht das Bestreben, eine akzeptierbare Produktqualität zu erzeugen, die den Kundenbedürfnissen gerecht werden. Die Qualität ist somit als minderwertig zu betrachten, wenn die tatsächliche Produktleistung von der Sollleistung weit abweicht. Die Leistung kann zwischen mehreren Produkteinheiten oder bei unterschiedlichen Umweltbedingungen variieren oder sie kann sich verschlechtern, bevor die Lebensdauer eines Produktes erschöpft ist. Jegliche Abweichungen von Leistungsvorgaben verursachen jedoch Verluste für den Nutzer eines Produktes, meist auch für den Hersteller und in einem erweiterten Sinne auch für die Gesellschaft, dem somit entgegenzuwirken ist.

Taguchi hat demgemäß folgende Definition der Qualität gegeben:

> Die Qualität eines Produktes sollte anhand des gesellschaftlichen Gesamtverlustes (Unqualität) auf Grund von Abweichungen in der Produktleistung und auf Grund gefährlicher Nebenwirkungen gemessen werden.

Bei einer idealen Qualität[3] ist also der Qualitätsverlust gleich null. Je größer somit die messbaren Verluste sind, desto niedriger ist die Qualität. Mit einem Abfall der Qualität entstehen unnötige Kosten (Betriebskosten, Gewährleistungskosten, F&E-Kosten

---

2 Anm.: DACE (Digital Analysis of Computer Experiments).

3 Definition:Die ideale Qualität ist dann gegeben, wenn ein Produkt zu jedem Zeitpunkt seiner Verwendung die geplante Leistung erbringt, und zwar unter allen vorgesehenen Betriebsbedingungen und während der gesamten Lebensdauer, ohne Nebenwirkungen hervorzurufen. Das Medikament Contergan (Handelsbez. für Thalidomid) war sicherlich ein ausgezeichnetes Beruhigungsmittel, hat aber zu schrecklichen Verlusten infolge von Missbildungen geführt.

etc.), die eigentlich vermeidbar gewesen wären. Ein Verdienst von Taguchi ist es, Qualitätsabweichungen in *Geld* messbar gemacht zu haben und Methoden bereitzustellen, die der Optimierung der Qualität im umfassenden Sinne dienen.

2.3 Systemverhalten

Eine ganz triviale Feststellung ist es, dass man die Leistung eines Produktes/Prozesses natürlich nur dann gezielt beeinflussen kann, wenn man weiß, welche Parameter welche Wirkung hervorrufen. Am Anfang einer Robust-Design-Analyse sollte deshalb eine *Parameteridentifikation* und *Parametereingrenzung* /TOU 94/ stehen. Die Leistung oder Wirkung kann gemäß Bild 2.1 zurückgeführt werden auf drei Parameterarten, und zwar

Stellgrößen (M), Steuergrößen (z) und *Störgrößen (x),*

auf deren Verknüpfung dann die quantifizierte Wirkung eines Produktes/Prozesses ($y = f (M, x, z)$) beruht und als Ziel ($\eta_{min/max}$) zu optimieren ist.

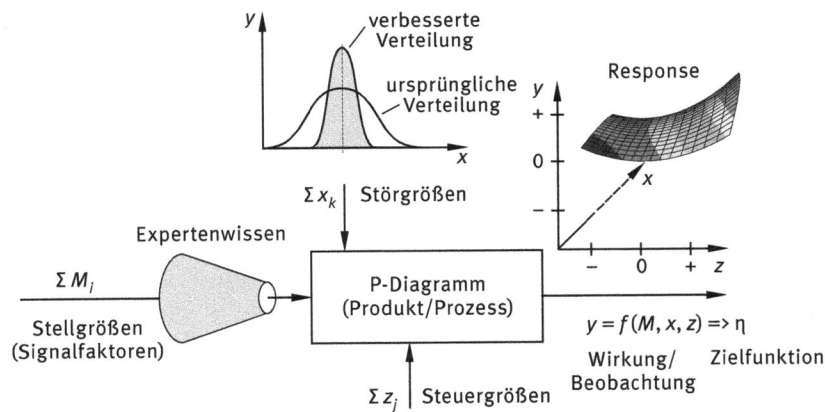

Bild 2.1: Zusammenhang zwischen Systemgrößen und Systemwirkung

Meist wird der damit erzeugte Wirkzusammenhang kompliziert und nicht einfach funktional angebbar sein. Ein mathematisches Modell ist für ein gezieltes Optimieren jedoch notwendig, da man ansonsten nur rein zufällig (trial and error) zu günstigen Einstellungen kommen wird. Wichtig ist es daher zu wissen: *Was muss und kann unter Optimalitätsgesichtspunkten eingestellt werden? Was ist frei einstellbar, um bestimmte Wirkeffekte zu erhalten?* und *Auf welche Einflüsse kann kein oder nur ein geringer Einfluss genommen werden?* Diese Modellierung /UER 06/ erzieht insgesamt zu mehr Transparenz und Systematik, wovon der gesamte Entwicklungsprozess profitiert.

2.4 Wirkungsfunktion

Der funktionale Verlauf der Wirkung in Abhängigkeit von den Parametern (s. Bild 2.2) und deren Einstellungen gibt eine wichtige Information über die Güte eines Produktes oder Prozesses. Teilanalysen werden dabei belegen, dass einige Parameter eine lineare und andere Parameter eine nichtlineare Wirkung zur Folge haben.

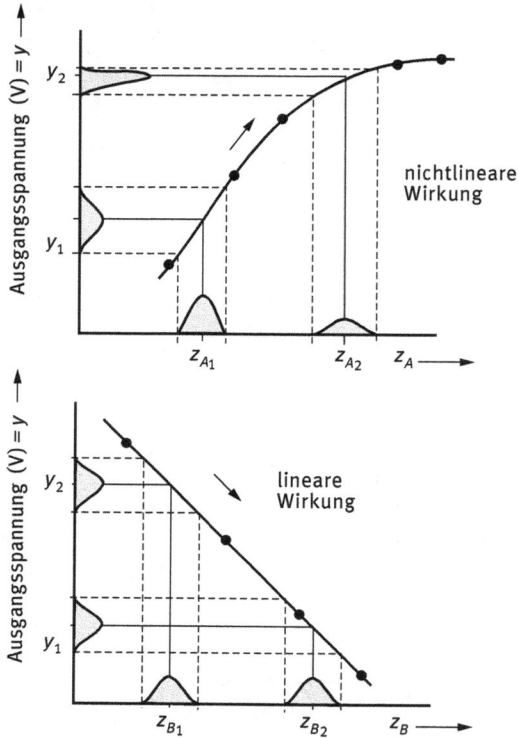

Bild 2.2: Zerlegung der Steuergrößenwirkung in lineare und nichtlineare Wirkanteile (Kompensationsprinzip)

Streuungen bei linear verknüpften Parametern erzeugen unverstärkte Streuungen der Wirkung. Dies ist völlig anders bei nichtlinear verknüpften Parametern. Je nachdem wie die Einstellung ist, können Parameterstreuungen sich entweder stark oder schwach auf die Wirkung hin verstärken. Das *Prinzip der Nichtlinearität* schlägt diesbezüglich vor, alle nichtlinear verbundenen Parameter mit ihrer Einstellung in dem nur schwach nichtlinearen Bereich zu optimieren, da dann große Streuungen bei der Parametereinstellung nur zu geringen Wirkungsstreuungen führen. Aus der gegenläufigen Kompensation ergibt sich sodann ein robustes Verhalten.

2.5 Qualitätsverlustfunktion

Oberstes Prinzip jeder Produktentwicklung ist, dass stabiles Verhalten mit bestimmten Soll-Einstellungen erreicht wird. Dem steht entgegen, dass jede reale Fertigung nur mit Abweichungen möglich ist, sodass letztlich Ist-Einstellungen vorliegen. Taguchi hat diesen Zusammenhang über die *Qualitätsverlustfunktion* (s. Bild 2.3) transparent gemacht.

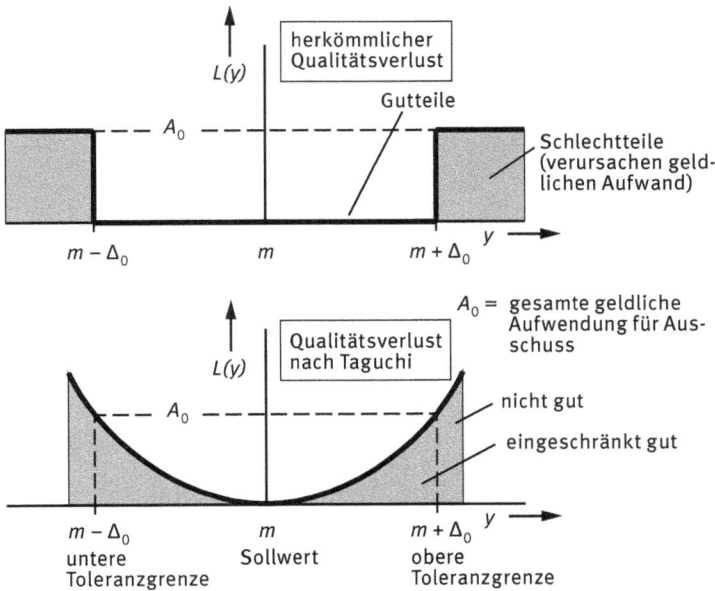

Bild 2.3: Gegenüberstellung des „Gut-Schlecht-Denkens" zur Qualitätsverlustfunktion

Der Qualitätsverlust ist null, wenn tatsächlich Sollwerte gefertigt werden. Jede Abweichung (Toleranz) führt zu einem Qualitätsmangel, der in Geld bewertet seine Bedeutung ausweist. Zweckmäßig ist es dabei, die Fertigungstoleranzen unterhalb der Kundentoleranz zu fixieren, sodass Endkunden faktisch keinen Qualitätsverlust bemerken. Die Qualitätsverlustfunktion $L(y)$ entspricht insofern viel besser der Realität des Produktgebrauchs, in dem sie kontinuierlich bewertet. Das einfache „Gut-Schlecht-Denken" gibt das Nutzerverhalten nicht richtig wieder, da ein Kunde nicht so extrem kategorisiert.

2.6 Simulation des Betriebsverhaltens

Um Produktleistungen mit einer hohen Sicherheit vorhersagen und absichern zu können, bedarf es bei jeder Art von Entwicklung bestätigende Experimente. Aus Erfahrung weiß man, dass Experimente meist umfangreich, langwierig und teuer sind. Taguchi hat sich auch dieses Problems angenommen und ein abgewandeltes Konzept[4] für hochvermengte *Matrixexperimente* /NED 92a/, /NED 92b/, /NED 92c/ unter Verwendung orthogonaler Felder (haben die gleiche Anzahl von Kombinationen je Spalte) entwickelt. Ein Matrixexperiment stellt den jeweils minimalen Umfang an erforderlichen Kombinationen dar und führt unter bestimmten Voraussetzungen zu einer optimalen Parameterkonstellation. Meist kann hierdurch der Versuchsaufwand in etwa halbiert werden, wodurch sich ein entscheidender Zeitvorteil bei einer Produktentwicklung ergibt. Dieser Vorteil kann durch Rechnereinsatz noch ausgebaut werden.

Exp. Nr.	Spalten-Nr. und zugeordneter Faktor				Beobachtungen			Zielfunktion
	1 (A)	2 (B)	3 (C)	4 (D)	y_1	...	y_4	η(dB)
1	1	1	1	1	...	...	...	η_1
2	1	2	2	2	...	...	...	η_2
3	1	3	3	3	...	...	...	η_3
4	2	1	2	3	...	...	...	η_4
8	3	2	1	3	...	...	...	η_8
9	3	3	2	1	...	...	...	η_9

Bild 2.4: Standardisiertes, orthogonales Feld $L_9(3^4)$ nach Taguchi

Für die Zielfunktion (Optimierungskriterium) wählte er bestimmte charakteristische Funktionen (beinhalten Mittelwert und Streuung) und interpretiert diese als Testfunktionen (s. Kap. 7.2). Die Analogie dazu sah er in der Regeltechnik, wo ebenfalls Sprungfunktionen auf zu analysierende Systeme aufgebracht werden, um deren Antwort zu studieren.

---

4 Anm.: *Matrixexperimente* haben ihren Ursprung in der Theorie der so genannten *Gewichtsbestimmungs-Pläne* (weighing designs). Dies sind hochvermengte teilfaktorielle bzw. fraktioniert faktorielle Pläne, die in der Versuchsmethodik schon bekannt waren.

2.7 Statistische Auswertung

Eine besondere Stärke der Versuchsmethodik liegt in den Möglichkeiten zur statistischen Auswertung. Hier hat Taguchi zwei Verfahren (ANOM und ANOVA) übernommen und diese zweckgerecht angepasst. Das ANOM-Verfahren (**AN**alysis **Of M**eans) dient dazu, die Optimierungsrichtung für die einzelnen Steuergrößen festzulegen. Hierzu ist im Bild 2.5 eine prinzipielle Auswertung gezeigt (s. S. 39–40 und S. 83–85).

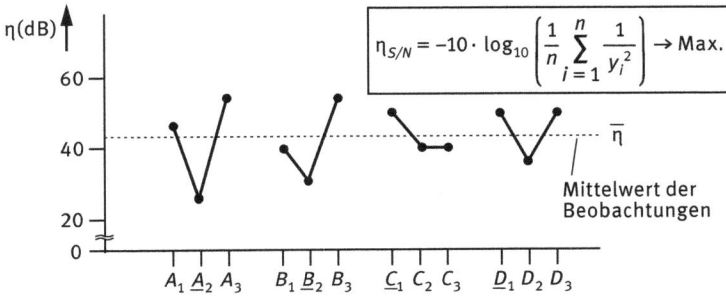

$$\eta_{S/N} = -10 \cdot \log_{10}\left(\frac{1}{n} \sum_{i=1}^{n} \frac{1}{y_i^2}\right) \to \text{Max.}$$

Faktoren, z. B.	Stufen		
	1	**2**	**3**
A. Temperatur (°C)	T_1	$\underline{T_2}$	$T_3^{\,*}$
B. Druck (mbar)	p_1	$\underline{p_2}$	$p_3^{\,*}$
C. Zeit (min)	$\underline{t_1}^{\,*}$	t_2	t_3
D. Vorbehandlung	$\underline{\text{keine}}^{\,*}$	Verf. 1	Verf. 2

Legende: $\underline{}$ = Ausgangsstufe, * = ermittelte Optimalstufen

Stufen: $1 \equiv A_1, B_1, C_1, D_1$
$2 \equiv A_2, B_2, C_2, D_2 \quad \Rightarrow \quad \boxed{\eta_{S/N_{opt}} = f(A_3, B_3, C_1, D_1)}$
$3 \equiv A_3, B_3, C_3, D_3$

Bild 2.5: Beispielhafte Versuchsauswertung nach dem ANOM-Verfahren

Dargestellt werden die durchschnittlichen Faktorwirkungen mit ihren Einstellungen in Bezug auf die zu optimierende Zielfunktion $\eta_{S/N}$ (Signal-to-Noise = S/N-Ratio). Das Merkmal y_i steht in diesem Fall (Maximierungsproblem = the Larger the Better) im Nenner. Die Umwichtung einer Wirkung zu einer Zielfunktion wird später genauer beschrieben.

Die optimale Faktoreinstellung ist dann gegeben, wenn die Wirkungs- oder Zielfunktion ein Extremum (Minimum bzw. Maximum je nach Formulierung) einnimmt. Dies ist dann gegeben, wenn der Faktorgraph den entsprechenden Wert einnimmt.

Aus der Auftragung kann auch ein Rückschluss auf die Bedeutung eines Faktors bezüglich seiner Wirkung gezogen werden: Eine weite Spannweite ist gleichbedeutend mit einer starken Wirkung und umgekehrt weist eine kleine Spannweite auf eine schwache Wirkung hin. In der Legende zur Auswertung ist dies herausgestellt: Markiert sind die Ausgangsstufen durch Unterstreichung. Das Ergebnis der ANOM-Analyse ist hingegen, dass die mit einem Stern versehene Einstellung besser ist.

Die Auswertung mit dieser „Optimalkonstellation von Faktoren" ist mathematisch meist ein *lokales Optimum*, d. h., es ist möglich, dass daneben noch ein einziges *globales Optimum* existiert. Dies kann jedoch nur mit einer Vielzahl von Einstellungen oder einem evolutionären bzw. genären Ansatz (EVOP etc.) gefunden werden.

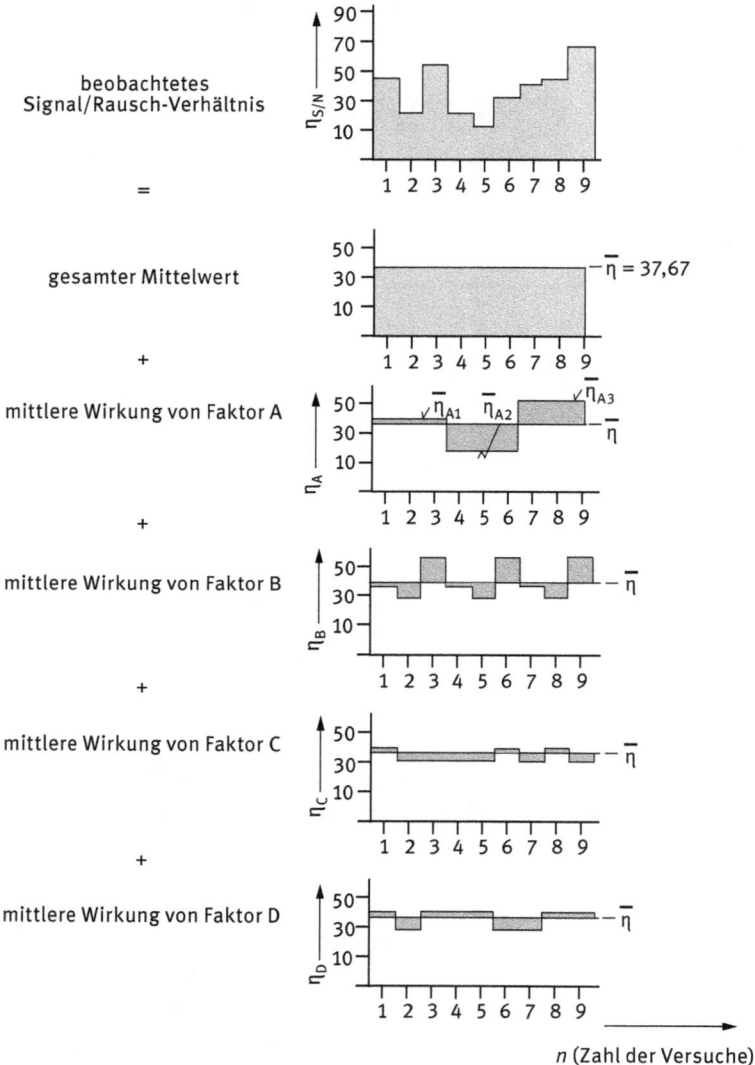

Bild 2.6: Prinzipielle Signalzerlegung in Gleichstrom- und Wechselstromsignale (s. auch /PHA 89/)

Das aussagefähigere Auswerteverfahren ist allerdings das ANOVA-Verfahren (**AN**alysis **O**f **VA**riance), welches eine detaillierte Faktoranalyse bis zur prozentualen Wirkung jedes Faktors auf die Zielfunktion gestattet. In der Darstellung gemäß dem vorstehenden Bild 2.6 wird von der Erkenntnis ausgegangen, dass ein beliebiger Funktionsverlauf stets in die Wirkung eines Gleichstromsignals mit überlagerten Wechselstromsignalen zerlegt werden kann.

Demgemäß ist in der Auftragung zunächst der Mittelwert $\overline{\eta}$ eliminiert worden, der für das Gleichstromsignal steht. Die Verläufe der anderen Amplitudengrößen von A, B, C, D stellen die sinnentsprechenden Wechselstromsignale dar. Die Überlagerung aller Signale bzw. deren äquivalenten Flächen sind in ihrer Summe gleich der Fläche unter der Zielfunktion. Hieraus kann wieder geschlossen werden, dass die Größe der einzelnen Amplituden gleichbedeutend zu der entsprechenden Faktorwirkung ist. Dies ist somit völlig anlog zur vorhergegangenen Spannweitenbetrachtung.

Die Auswertung über die Amplitudenflächen ist weiter noch hilfreich als Entscheidungskriterium für das „Poolen" von Faktoren, um die Fehlervarianz in einem Experiment abzuschätzen, bei dem keine Wiederholungseinstellungen gefahren worden sind. Für das Poolen werden stets die Faktoren mit der kleineren Gewichtung (hier: C und D, s. auch Kap. 4.2) auf die Zielfunktion herangezogen.

Der Kern des ANOVA-Verfahrens besteht jedoch in der Varianzzerlegung (s. Kap. 12.3), die einen quantifizierten Rückschluss über die tatsächliche Bedeutung eines Faktors zulässt. Gewöhnlich wird eine derartige Analyse mit Standardsoftware durchgeführt. Im Bild 2.7 ist nur eine prinzipielle Auswertung angedeutet. Wesentliche Kenngrößen sind hierin der F-Wert (Maß für die Faktorsignifikanz) und der p-Wert (prozentuale Bedeutung eines Faktors auf die Wirkung), die insofern die „Stellhebel" zur Optimierung darstellen.

Angemerkt sei zu der vorstehenden Problembehandlung noch, dass die hier behandelbaren Parameter/Faktoren bzw. deren Charakteristik sowohl „metrisch, ordinal (= Schulnoten) oder attributiv" sein können.

Faktor	FHG	SQ	V	F	SQ'	$p[\%]$
A	f_A	SQ_A	V_A	F_A	SQ'_A	p_A
B	f_B	SQ_B	V_B	F_B	SQ'_B	p_B
C	f_C	SQ_C	V_C	F_C	SQ'_C	p_C
D	f_D	SQ_D	V_D	F_D	SQ'_D	p_D
Fehler e	f_e	SQ_e	V_e			100

Legende: f = Freiheitsgrad F = Fisher-Wert aus Tabelle im Teil V
  SQ = Abweichungsquadratsumme vom SQ' = korrigierte Abweichungs-
    Mittelwert   quadratsumme
  V = Schätzwert für Faktorvarianz p = Prozent-Bedeutung eines Faktors

Bild 2.7: Mehrfaktorielle ANOVA-Tabelle der Faktoreinflüsse auf die Systemwirkung in schematischer Darstellung

3 Grundzüge des Quality Engineerings

Quality Engineering umfasst eine Methodensammlung, die darauf zielt, die Herstellkosten und die Qualitätsverlustkosten zu senken. Diese wirken der gängigen Auffassung entgegen, dass eine höhere Qualität nur durch verschärfte Restriktionen, hochgenaue Herstellverfahren und eine sorgfältige Qualitätskontrolle gewährleistet werden kann. Völlig diametral sollen die QE-Methoden /KAC 85/ wirken. Ihre Zielsetzung ist es, eine „befriedigende" Qualität selbst mit ungünstigen Konstellationen, wie weiteste Toleranzen, gröbste Oberflächen, Werkstoffe niedrigster Spezifikation, einfachste Fertigungsoperationen etc., erreichen zu wollen.

Nach Taguchi unterscheidet man QM-Werkzeuge mit einer *offline-* oder *online-Wirkung*. Unter offline ist demgemäß ein Regelkreis im Stadium der Produkt- und Prozessentwicklung zu verstehen, während online den direkten Eingriff bezeichnet. In einem weiteren Sinne können auch Maßnahmen abgegrenzt werden, welche die Gebrauchsphase betreffen, also die Kundenbedingungen und die Einhaltung von Gewährleistungsverpflichtungen beeinflussen.

So umfassend definiert auch die ISO 9001 und die IATF 16949 die Anforderungen an die Qualität sowie die dazu erforderlichen Elemente. Einige höherwertige QM-Ansätze werden auch dabei verlangt.

3.1 Der Qualitätsverlust

Zuvor wurde Qualität mit Hilfe des Verlustes eingeführt, der aufgrund nicht erbrachter Sollleistungen und unerwünschter Nebeneffekte vorliegt. In der Praxis ist die Erfassung des Verlustes immer schwierig, weil ein Produkt für recht unterschiedliche Zwecke sowie abweichende Betriebs- und Funktionsbedingungen eingesetzt werden kann. Gerade dies spricht aber für eine Verlustquantifizierung, um insbesondere die Auswirkungen alternativer Entwicklungen oder verbesserter Herstellverfahren auf das Nutzungsspektrum analysieren und im Weiteren dafür die richtigen Entscheidungen treffen zu können.

Im Allgemeinen ist es üblich, den Ausschussanteil oder den Nacharbeitungsumfang einer Produktion als Qualitätsmaßstab heranzuziehen. Dieser Maßstab ist aber unvollständig und irreführend. Er unterstellt, dass alle Produkte innerhalb der Spezifikationstoleranzen gleich gut sind, während alle Produkte außerhalb der Toleranzgrenzen als unbrauchbar eingestuft werden. Dies ist jedoch ein Trugschluss, denn ein Kunde wird eine derartige scharfe Abgrenzung nicht machen können. Für ihn werden alle Produkte, die gerade noch innerhalb oder knapp außerhalb der Toleranzgrenzen liegen, entweder gleich gut oder gleich schlecht sein. Wahrscheinlich wird er nur die akzeptieren, die nahe beim Sollwert liegen, da nur diese die beste Leistung vorweisen.

https://doi.org/10.1515/9783110724516-003

Die Qualität eines Produktes wird also erfahrungsgemäß umso schlechter werden, je weiter der Istwert vom Sollwert des Leistungsversprechens abweicht. Für diesen Sachverhalt kann das folgende einleuchtende Praxisbeispiel herangezogen werden:

Beispiel: Etwa 1980 stand die Firma Sony /WAL 94/ vor dem Problem, dass die amerikanischen Kunden die in Lizenz für Sony in USA gefertigten Fernsehgeräte für qualitativ schlechter hielten, als die von Sony-Japan importierten Geräte. Dies war insofern nicht sofort zu erklären, als dass der technische Aufbau völlig identisch war und einige Komponenten aus Japan zugeliefert wurden.

Als Qualitätsmaßstab nahmen die Kunden die so genannte Farbsättigung des Bildes an, welches man eigentlich in einer Vorfelduntersuchung (z. B. durch QFD[1]) hätte feststellen können.

Stellt man, wie im Bild 3.1 gezeigt, dieses sensible Merkmal beider Produktphilosophien gegenüber, so ergeben sich recht unterschiedliche Merkmalverteilungen.

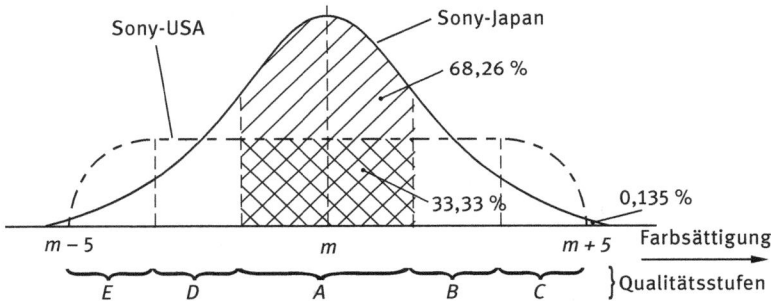

Bild 3.1: Verteilungen der Farbsättigung von Fernsehgeräten aus unterschiedlichen Losen

Der *Sollwert m* für absolute Farbechtheit war dabei mit den symmetrischen Toleranzgrenzen $m \pm 5$ vorgegeben. Die Auswertung ergab, dass fünf Sättigungseinheiten gerade einer Streuung von $3\,\sigma$ entsprechen. Bei den von Sony-Japan produzierten Geräten zeigte sich insgesamt eine Normalverteilung, d. h. 99,73 % aller Geräte lagen innerhalb und nur 0,27 % lagen außerhalb der Toleranz.

Bei den von Sony-USA hergestellten Geräten zeigte sich eine relative Konstanz des Merkmals, wobei fast alle Geräte mit großer Streuung (etwa 100 %) gleichmäßig innerhalb der Toleranz lagen.

Der Qualitätsunterschied wird erst deutlich, wenn man die beiden Kurvenverläufe analysiert. Sony-Japan ist in der Produktion auf Sollwerte (Null-Fehler-Strategie) fixiert und stellt größtenteils Geräte der Qualitätsstufe *A* mit einer sehr guten Farb-

---

1 Anm.: QFD (= Quality Function Deployment) ist eine Methode, Kundenwünsche gezielt zu erfassen und in Entwicklungsziele umzusetzen. Vision ist, Produkte genau für die Kunden Maß zu schneidern.

sättigung her. Wegen der Streuung des Prozesses fallen aber auch in viel geringerem Umfang Geräte der Klassen *B*, *C* und *D*, *E* an.

Sony-USA ist in der Produktion ausschließlich bemüht, innerhalb der Toleranz (AQL)[2] zu bleiben, d. h., es fallen eigentlich nur 33,3 % Geräte der Klasse *A* an und mit gleicher Häufigkeit Geräte der Klasse *B* und *C*. Insofern ist die Anzahl an Spitzengeräten eigentlich klein und es überwiegen Geräte mit einer mäßigen Qualität.

Was ist aus diesem Beispiel zu lernen? *Erstens* treten bei jeder Art von Herstellung Abweichungen der maßgeblichen Merkmale auf, die die empfundene oder messbare Qualität eines Produktes beeinflussen. *Zweitens* sollten Toleranzgrenzen nur unter Einbezug der Kundenerwartungen festgelegt werden, da letztlich nur dieser Maßstab zählt. *Drittens* führt jede Abweichung vom Sollwert zu einem quantifizierbaren Qualitätsverlust, der Umsatzeinbuße und Gewährleistung bedeuten kann. Ziel muss es sein, mit möglichst großen Merkmalstoleranzen zu operieren, die infolge ihrer „Entsprechung mit den Erwartungen" jedoch nur einen kleinen Qualitätsverlust beim Kunden hervorrufen. In der Fertigung muss dies laufend überwacht werden, welches ja auch die Aufgabe von SPC ist.

Um diese Zusammenhänge transparent zu machen, hat Taguchi die Verlustfunktion kreiert und damit eine Erkenntnis von Deming /DEM 82/ aufgegriffen. Zunächst stellt er fest, dass es eine falsche Vorstellung von Produktqualität ist, solche innerhalb der Toleranzgrenzen als gut und solche außerhalb der Toleranzgrenzen als schlecht einzustufen, da für eine derartige Bewertung nur die Kundenakzeptanz maßgebend sein kann. Die oft ingenieurmäßig festgesetzten Toleranzen berücksichtigen nur funktionale und technologische Erfordernisse.

Im umseitigen Bild 3.2 ist die noch herrschende westliche und die moderne japanische Qualitätsauffassung in Form der Verlustfunktion $L(y)$ ausgedrückt. Hierin wird auch das Bestreben zur absoluten Perfektion der Japaner sichtbar. Oberstes Ziel ist es hiernach, die bestmögliche Produktion zu realisieren, die alle Abweichungen vom Sollwert vermeidet, dies laufend überwacht und gegebenenfalls korrigiert.

Die westliche Auffassung von Qualität, insbesondere in Deutschland, war viele Jahre schlichter, da der Zwang zur Spitzenleistung nicht gegeben war. Aus der Nachkriegssituation folgend hatte Quantität meist Vorrang vor Qualität.

Nach „normalem" Verständnis führen also Produkte, die innerhalb der Leistungstoleranz liegen, zu keinen Verlusten, während an den Toleranzgrenzen sprungartig ein Verlust (Nacharbeit, Verschrotten = A_0 etc.) messbar ist. Dies lässt sich wie folgt ausdrücken:

$$L(y) = \begin{cases} 0 \,, & \text{wenn } |y - m| \leq \Delta_0 \\ A_0 \,. \end{cases}$$

---

2 Anm.: AQL = Acceptable Quality Level.

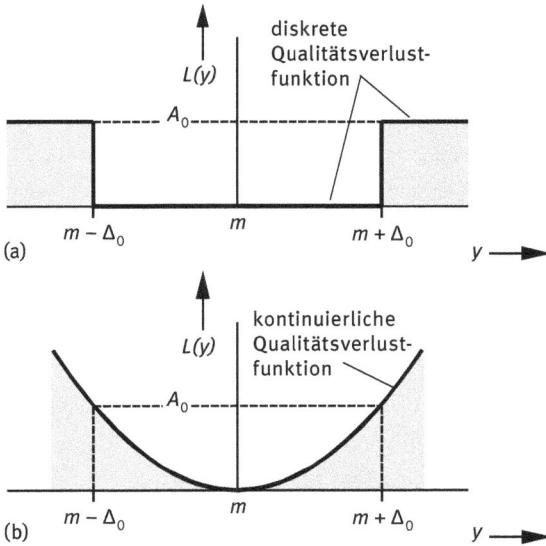

Bild 3.2: Definitionsbereiche und Verlauf der Qualitätsverlustfunktion
a) Treppenfunktion (Gut-Schlecht-Denken)
b) quadratischer Verlauf (kontinuierliche Bewertung)

In der Abbildung zeigt dies die Sprungfunktion mit dem angedeuteten *Gut-* und *Schlechtbereich* beim Merkmal *y*. Wie das Beispiel Sony allerdings schon zeigte, trifft dies nicht das reale Käuferverhalten, da jede Abweichung vom Sollwert meist als ein tatsächlicher Verlust wahrzunehmen ist.

3.2 Die Qualitätsverlustfunktion

In den meisten Fällen lässt sich der Qualitätsverlust sinnvoll durch eine quadratische Verlustfunktion annähern. Qualitativ ist dies genau das Verhalten, welches man von einer Straffunktion /GIM 91/ erwartet.

Ist *y* das Qualitätsmerkmal (erreichter Istwert) *eines einzelnen Produktes* und *m* gleich der Sollwert für *y*, so kann die quadratische Verlustfunktion angesetzt werden als

$$L(y) = k(y - m)^2 \ . \tag{3.1}$$

Hierin wird die Konstante *k* als *Verlustkoeffizient* bezeichnet, wodurch die Abweichungsquadrate noch einmal verstärkt werden.

Der Verlauf der Kurve ist im vorstehenden Bild 3.2 schon dargestellt worden. Im Punkt *y = m* (Istwert ist gleich dem Sollwert) ist der Verlust und somit auch die Kurvensteigung gleich null. Der Verlust $L(y)$ wächst demgemäß langsam in der Nähe von m an; je größer der Abstand von m wird, umso schneller wächst der Verlust.

Der vorstehende Zusammenhang bedeutet aber keineswegs, dass alle Kunden, die ein Produkt mit einem bestimmten Qualitätsmerkmal y erhalten, auch einen entsprechenden Qualitätsverlust in Höhe von $L(y)$ als negativ empfinden. $L(y)$ kann stattdessen als ein Qualitätsmaßstab interpretiert werden, der hilft, Vergleiche herzustellen oder Bewertungen durchzuführen.

Die Konstante k muss deshalb aus den Leistungsgrenzen für y ermittelt werden. Per Definition ist die Leistungsgrenze derjenige Wert des Merkmals, bei dem das Produkt in den meisten Fällen aller Anwendungen keine Akzeptanz mehr finden wird. Seien nun $m \pm \Delta_0$ die besagten Leistungsgrenzen und A_0 der Verlust[3] gerade bei $y = m \pm \Delta_0$, so ergibt sich aus

$$L(y) = k(y - m)^2 , \quad \text{mit } L(y) = A_0$$

an der Stelle $y = m + \Delta_0$

$$A_0 = k(m + \Delta_0 - m)^2$$

oder

$$k = \frac{A_0}{\Delta_0^2} . \tag{3.2}$$

Für die Verlustfunktion kann so

$$L(y) = \frac{A_0}{\Delta_0^2}(y - m)^2 \tag{3.3}$$

angesetzt werden. Über den Verlustkoeffizienten k wird also die Empfindlichkeit eines Produktes bzw. Prozesses auf Toleranzabweichungen gesteuert.

Bei dem zuvor diskutierten Beispiel der Farbsättigung von Fernsehgeräten ist die Toleranzgrenze für nicht mehr ausreichende Farbsättigung technisch mit $m \pm 5$ angesetzt worden. Etwa die Mehrzahl der Kunden glaubt, dass bei dieser Farbsättigung das Gerät defekt sei. Für Reparaturkosten müssen dann 200 $ gegenüber einem Neupreis des Gerätes von 600 $ aufgewandt werden.

Als Verlustfunktion ergibt sich somit

$$L(y) = \frac{200}{25}(y - m)^2 = 8(y - m)^2 .$$

Geräte, die mit beispielsweise einer Farbsättigung von $m \pm 4$ den Kunden erreichen, sind somit mit einem „fiktiven oder vorgeprägten" Qualitätsverlust von $L(m \pm 4) = 128$ $ zu bewerten (im Sinne von weniger wert oder anfälliger bezogen auf das, was eigentlich möglich ist). Insofern verlangt die Null-Fehler-Strategie streng $L(y) = 0$ bzw. $L(m \pm \Delta_0) \approx 0$, wobei in der Praxis kleine Unempfindlichkeitstoleranzen zugelassen werden müssen, da diese prozessbedingt sind und kostenbeeinflussend wirken.

---

[3] Anm: A_0 stellt die Kosten für Reparatur, Ersatz bzw. Ausschuss dar; hierin enthalten sollten auch alle Verluste aufgrund von Ausfallzeiten und Transport sein sowie weiter anfallende Folgekosten.

3.3 Typische Formen der quadratischen Verlustfunktion

Die vorstehend eingeführte Verlustfunktion ist immer dann maßgebend, wenn das Qualitätsmerkmal y einen endlichen Sollwert ($\neq 0$) besitzt und wenn der Qualitätsverlust symmetrisch ist. Derartige Qualitätsmerkmale werden nach Taguchi als *Zielwert-Qualitätsmerkmale* (nominal the best type characteristic) bezeichnet, entsprechend spricht man auch von der *Zielwert-Qualitätsverlustfunktion* /FOW 95/, dessen Verlauf im nachfolgenden Bild 3.3 noch einmal dargestellt ist.

Alle anderen Verläufe müssen näher spezifiziert werden, siehe hierzu auch Kapitel 7.

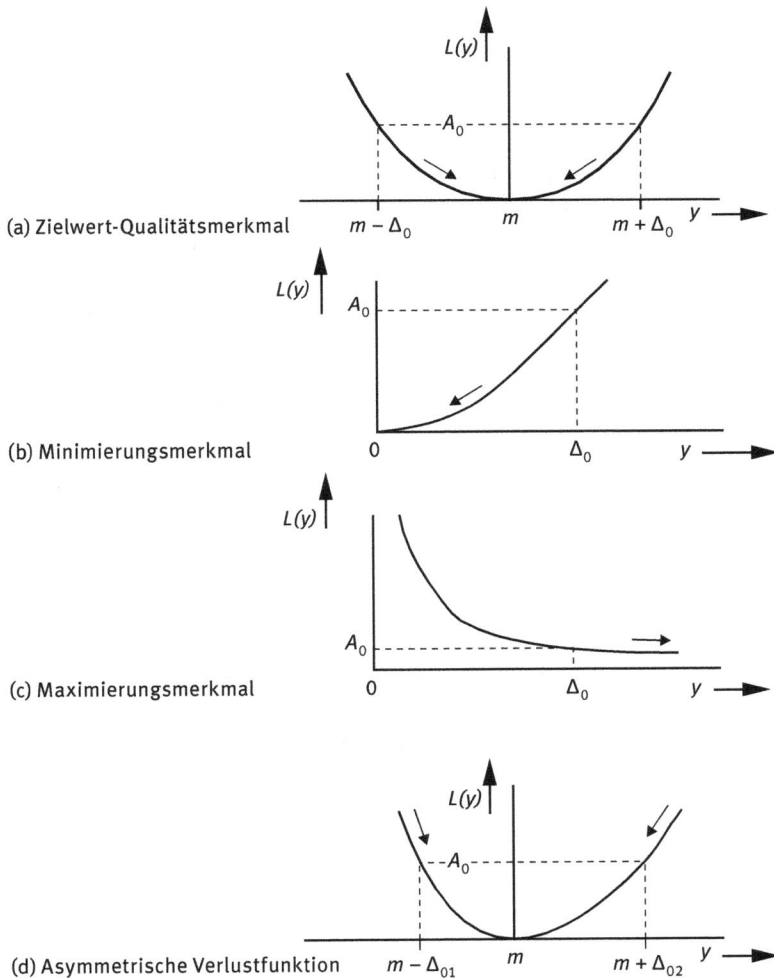

(a) Zielwert-Qualitätsmerkmal

(b) Minimierungsmerkmal

(c) Maximierungsmerkmal

(d) Asymmetrische Verlustfunktion

Bild 3.3: Verschiedene Formen der Qualitätsverlustfunktion nach /PHA 89/

In der Praxis können noch die im Bild 3.3 skizzierten anderen Fälle[4] vorkommen, womit dann aber ein breites Anwendungsfeld abgedeckt ist:

– *Minimierungscharakteristik* (smaller the better type characteristic)
Einige Qualitätsmerkmale können nie negative Werte annehmen; demgemäß beträgt ihr Idealwert null. Nimmt das Merkmal zu, so verschlechtert sich die Leistung des Produktes. Derartige Merkmale nennt man somit Minimierungsmerkmale.

Beispiel: Austrittsstrahlung von Bildschirmgeräten, Antwortzeit eines Computers, Luftverschmutzung durch Autoabgase etc.

Berücksichtigt man also, dass idealerweise $m = 0$ ist, so folgt für die Verlustfunktion

$$L(y) = k \cdot y^2 = \frac{A_0}{\Delta_0^2} \cdot y^2 \ . \tag{3.4}$$

Dies ist eine einseitige Verlustfunktion mit ansteigendem Verlauf, da y keine negativen Werte annehmen kann.

– *Maximierungscharakteristik (larger the better type characteristic)*
Gewisse Qualitätsmerkmale können ebenfalls keine negativen Werte annehmen; hier ist aber null der schlechteste Wert. Mit zunehmendem Wert verbessert sich jedoch die Produktleistung, d. h., der Qualitätsverlust wird kleiner. Der Optimalwert des Qualitätsmerkmals ist unendlich, welches einem Verlust von null entspricht. Derartige Merkmale nennt man Maximierungsmerkmale.

Beispiel: Haftkraft eines Klebers, Lichtausbeute einer Glühlampe

Die Verlustfunktion ist somit anzusetzen als

$$L(y) = k \cdot \frac{1}{y^2} \tag{3.5}$$

bzw. die Verlustkonstante mit

$$k = A_0 \cdot \Delta_0^2 \ .$$

– *Asymmetrische Verlustfunktion*
Manchmal kann die Abweichung eines Qualitätsmerkmals in eine Richtung viel schädlicher sein, als die Abweichung in die andere Richtung. In derartigen Fällen kann für jede Richtung ein anderer Verlustkoeffizient vorgegeben werden. Dies ist der Normalfall bei „Ausschuss-Nacharbeits-Problemen".
Eine asymmetrische Verlustfunktion ist demnach anzusetzen als

$$L(y) = \begin{cases} k_1(y - m)^2 \ , & \text{für } y > m \\ k_2(y - m)^2 \ , & \text{für } y \leq m \ . \end{cases}$$

---

[4] Anm.: In den meisten Softwareprodukten (z. B. Win Robust) sind diese Charakteristiken voreingestellt. Die Software greift dann auch auf die richtige Optimierungsfunktion (S/N-Ratio) zu.

Die durch die Verlustfunktion geschaffene Möglichkeit der Quantifizierung der Produktqualität kann nicht nur für die Außenbeziehung (Unternehmen/Kunde), sondern auch für die Innenbeziehung (jeder ist zugleich Kunde/Lieferant) angewandt werden. So durchläuft im Regelfall eine Produktherstellung mehrere Produktionsstufen, wobei jede die Qualität der Folgestufen beeinflusst. Über die Verlustfunktion besteht somit die Möglichkeit, die Leistungsfähigkeit jeder Stufe in Bezug auf das Gesamtergebnis zu bewerten. Bei sehr teuren Veredelungsverfahren lässt sich somit die Wertgestehung bzw. deren Nichterfüllung transparent festmachen.

3.4 Ursachen für Qualitätsabweichungen

Die Streuung der Produktleistung ist eine Folge der Veränderungen einzelner Qualitätsmerkmale. In der Praxis ist dies meist auf eine Vielzahl von Ursachen zurückzuführen, die insgesamt als Störgrößen bzw. Störeinflüsse bezeichnet werden.

Die *produktbezogenen Ursachen* können wie folgt eingegrenzt werden:

1. *Externe Variationen:* Die hauptsächlichsten externen Streuungseffekte (Störgrößen) für Abweichungen in der Produktleistung sind das Gebrauchsumfeld und die Belastungen, denen ein Produkt ausgesetzt ist.

   Beispiel: unterbrechende Schmierung, Staubeinwirkung, wechselnde Temperaturen, Korrosion, stoßartige Belastungen, Bedienungsfehler

2. *Qualitätsschwankungen bei der Herstellung:* Die in einem Herstellungsprozess unvermeidlichen Streuungen führen bei den Produkten zu Schwankungen der Produktparameter.

   Beispiel: Nennwerte oder Leistungsdaten können nur mit Toleranzen gewährleistet werden.

3. *Leistungsabbau:* Mit zunehmendem Gebrauch wird sich die Leistung eines Produktes verschlechtern, sodass größere Abweichungen zwischen den Ist- und Sollwerten auftreten können.

   Beispiel: Verschleiß, Vergrößerung von Spiel, Materialermüdung etc.

Im Bild 3.4 sind bei einigen gebräuchlichen Produkten die wesentlichsten Störfaktoren identifiziert worden. Zielsetzung einer vorausschauenden Produktentwicklung muss es demgemäß sein, auf eine Kompensation dieser Störfaktoren hinzuarbeiten.

Die Herstellungsprozesse, die meist die Hauptursache für die Streuung der Produktparameter darstellen, unterliegen selbst wiederum vielfältigen Einflüssen. Für die Herstellung hochwertiger Produkte ist es daher notwendig, auch diese Streuungsursachen zu beherrschen.

Rasierapparat	Mangelschmierung, Wärme
Digitaluhr	Feldüberlagerungen
PKW	Wind- und Fahrgeräusche

Telefon	Rauschen, Übersprechungen
PC	Gebläse-/Laufwerkgeräusche
Lampe	An/Aus, Überhitzung

Bild 3.4: Störgrößen-Identifikation an Gebrauchsprodukten

Nach Taguchi werden diese Ursachen ebenfalls zu den Störgrößen gezählt. Wie zuvor können auch die herstellungsbezogenen *Störgrößen* in die folgenden Kategorien eingeteilt werden:

4. *Prozessexterne:* Jeder Prozess findet in einem bestimmten Umfeld (Temperatur, Feuchtigkeit usw.) statt, das oft in Beziehung zu markanten Störgrößen (Maßabweichungen o. ä.) steht. Die unterschiedliche Beschaffenheit von Rohstoffen und Bedienungsfehler bezüglich der Prozessstreuung sind ebenfalls zu den externen Störgrößen zu rechnen.

5. *Ungleiche Prozessbedingungen:* Wenn mehrere Einheiten gleichzeitig in einzelnen Herstellungsstufen eine Bearbeitung erfahren, kann es vorkommen, dass einzelne Einheiten unterschiedlichen Prozessbedingungen ausgesetzt sind. Beispielsweise werden bei der Herstellung von gedruckten Leiterplatten gleichzeitig bis zu tausend Lötungen durchgeführt. Aufgrund ihrer Position auf der Platte ist jede Lötverbindung unterschiedlichen Prozessbedingungen ausgesetzt, welches in der Folge zu Qualitätsabweichungen führt.

6. *Prozessdriften:* Das durchschnittliche Qualitätsmerkmal eines Produktes kann bei bestimmten Losgrößen während der Herstellung abdriften. Ursache hierfür ist gewöhnlich die Abnutzung des Bearbeitungsmediums (Werkzeug, Chemikalie etc.).

Wie bereits schon herausgestellt, besteht das grundlegende Ziel des Robust Designs in einer Verbesserung der Qualität durch Minimierung der von den Variationsursachen ausgehenden nachteiligen Wirkungen. Darum müssen in jedem Robust-Design-Projekt die dominierenden Störgrößen identifiziert werden, um diese dann auch variieren um das Gebrauchsumfeld simulieren zu können.

3.5 Prozessbezogener, durchschnittlicher Qualitätsverlust

Bei jeder Art von Herstellung (Klein- und Großserie) treten gewöhnlich Schwankungen des charakteristischen Qualitätsmerkmals y von Einheit zu Einheit auf. Im folgenden Bild 3.5 ist eine repräsentative Verteilung von y als Ergebnis aller Einflussgrößen gegeben. Diese findet man durch Messung der n Einzelqualitätsmerkmale y_i über ein Los bei der Qualitätsüberwachung /PHA 89/ mittels SPC.

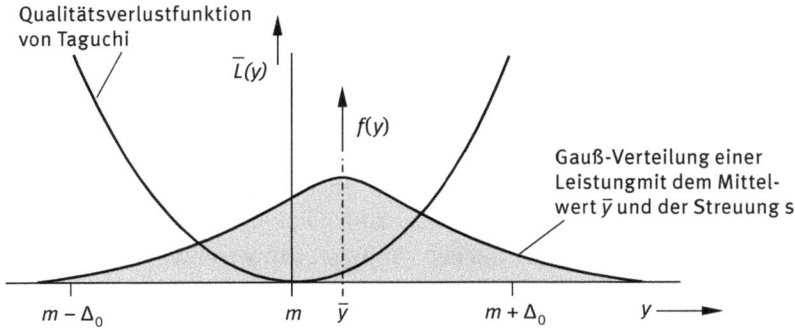

Bild 3.5: Dichtefunktion eines normalverteilten Qualitätsmerkmals und Verlustfunktion

Bezogen auf diese Auswertung kann dann als durchschnittlicher Qualitätsverlust (Erwartungswert eines Qualitätsmerkmals) über alle n Qualitätsmerkmale angegeben werden

$$\overline{L}(y) = \frac{1}{n} \sum_{i=1}^{n} L(y_i) = \frac{k}{n} \left[(y_1 - m)^2 + (y_2 - m)^2 + \cdots + (y_n - m)^2 \right] . \qquad (3.6)$$

Unter Benutzung des arithmetischen Mittelwertes

$$\overline{y} = \frac{1}{n} \sum_{i=1}^{n} y_i \qquad (3.7)$$

und der Varianz

$$s^2 = \frac{1}{n-1} \sum_{i=1}^{n} (y_i - \overline{y})^2 \qquad (3.8)$$

kann nach Umformung alternativ angegeben werden

$$\overline{L} = k \left[(\overline{y} - m)^2 + \frac{n-1}{n} s^2 \right] . \qquad (3.9)$$

Liegt ein größerer Losumfang ($n > 100$) vor, so kann die vorstehende Gleichung auch geschrieben werden als

$$\overline{L} \approx k \left[(\overline{y} - m)^2 + s^2 \right] . \qquad (3.10)$$

Damit wird sichtbar, dass der durchschnittliche Qualitätsverlust aus den beiden Anteilen

– $k(\overline{y} - m)^2$, welches die systematische Abweichung des durchschnittlichen y-Wertes (Mittelwertabweichungen) vom Sollwert m erfasst,

und

– $k \cdot s^2$, welches die mittlere quadrierte Zufallsabweichung bzw. der Varianz von y gegenüber seinem Sollwert m erfasst,

besteht.

Im Allgemeinen ist es leicht, den ersten Term durch Justieren anzupassen. Eine Verringerung des zweiten Terms ist hiergegen problematischer, da dazu die Streuung aller Einflussgrößen verkleinert werden muss. Die Streuung s lässt sich im Wesentlichen durch die folgenden drei Maßnahmen reduzieren:

- *Ausfiltern (screening) schlechter Produkte:* Alle Produkte, die eine bestimmte Toleranzgrenze überschreiten, werden als schlecht angesehen und eliminiert. Letztlich führt diese Vorgehensweise zu unwirtschaftlich hohen Stückkosten.
- *Ursachenbeseitigung:* Wenn die Ursachen für Toleranzüberschreitungen gefunden und beseitigt werden, wird folglich auch die Varianz reduziert.
- *Anwendung von Robust Design:* Bestrebung ist es hier, die Produktleistung für jede Art von streuenden Störgrößen (Toleranzabstimmung) unempfindlich zu machen.

3.6 Vorteil der Nichtlinearität

Bei vielen Produkten steht das Qualitätsmerkmal bzw. die Wirkung über eine mehr oder weniger komplizierte mathematische Funktion in Beziehung zu den einzelnen Produktparametern und den Störgrößen. Der gewünschte Sollwert des Qualitätsmerkmals wird dann meist auch durch viele Variationsmöglichkeiten der Parameter einstellbar sein. Analysiert man die Parameter, so wird man feststellen, dass unterschiedliche Funktions-Antwort-Verläufe vorkommen. Ein wirksamer Ansatz des Robust-Designs besteht in der Ausnutzung der *Nichtlinearität*, mit dessen Hilfe die Kombination von streuenden Parameterwerten gefunden wird, die zu kleinsten Abweichungen des Qualitätsmerkmals vom gewünschten Sollwert führt.

Die Nutzung der Nichtlinearität soll durch das folgende mathematische Modell verdeutlicht werden:

- Es liegen mit z_i dominante Steuergrößen (deren Wert frei gewählt werden kann) vor, deren Wirkung durch Störgrößen x_i überlagert ist. Das Qualitätsmerkmal $y = f(x, z)$ ist somit funktionell abhängig von den Variationen und den teils nur schwer beherrschbaren Störeinflüssen.
- Die Abweichung Δy eines Qualitätsmerkmals von seinem Zielwert, welches wiederum durch Variationen Δz_i der Steuergrößen hervorgerufen wird, kann wie folgt dargestellt werden:

$$\Delta y(x, \Delta z) = \frac{\partial f(x, z)}{\partial z_1} \cdot \Delta z_1 + \frac{\partial f(x, z)}{\partial z_2} \cdot \Delta z_2 + \cdots + \frac{\partial f(x, z)}{\partial z_n} \cdot \Delta z_n . \tag{3.11}$$

Dies entspricht einer Taylor-Entwicklung bzw. dem Linearanteil einer Reihenentwicklung.

– Wenn die Steuergrößen nicht voneinander abhängig sind, kann die Varianz (s_y^2) von y gemäß dem Fehlerfortpflanzungsgesetz von Gauß[5] aus den Varianzen ($s_{z_i}^2$) der einzelnen Steuergrößen bestimmt werden:

$$s_y^2 = \left(\frac{\partial f}{\partial z_1}\right)^2 \cdot s_{z_1}^2 + \left(\frac{\partial f}{\partial z_2}\right)^2 \cdot s_{z_2}^2 + \cdots + \left(\frac{\partial f}{\partial z_n}\right)^2 \cdot s_{z_n}^2 . \tag{3.12}$$

Mit s_y kann somit auch die Streuung des Qualitätsmerkmals ($s_y \equiv \Delta y$) angegeben werden, welches aus der Kongruenz von Gl. (3.11) mit Gl. (3.12) folgt.

Des Weiteren liegen mit $(\partial f / \partial z_i)^2$ so genannte Sensitivitätskoeffizienten vor, die selbst wiederum Funktionen der Steuergrößen sind. Man kann somit von einem robusten Produkt oder Prozess sprechen, wenn die Sensitivitätskoeffizienten als solches klein sind. Hierhinter steht die Zielsetzung, dass bei robusten Produkten die Herstellungstoleranzen für die Steuergrößen z_i erweitert werden sollen, trotz streuender Störgrößen x_i.

Die Technik der Matrixexperimente (Prinzip des inneren und äußeren Feldes) versucht dies ganzheitlich zu realisieren, wodurch wirtschaftliche Vorteile in der Herstellung entstehen.

Ein in der Literatur oft benutztes Beispiel /PHA 89/ zur *Ausnutzung der Nichtlinearität* ist das im umseitigen Bild 3.6 dargestellte Kompensationsproblem. Die Sensitivitätskoeffizienten sind dabei durch die Steigungen der Kurven gegeben bzw. können durch die Nichtlinearität gesteuert werden. Als Kontrollfaktoren wirken hier die Steuergrößen $z_i (\equiv A, B)$.

Im zu betrachtenden Fall soll eine Stromversorgungsschaltung für ein Elektronikgerät optimiert werden, wobei vereinfachend nur zwei Steuergrößen mit einer jeweils abgrenzbaren Wirkung betrachtet werden.

Die Ausgangsspannung y soll eine Funktion des Transistorverstärkungsfaktors A und des Teilwiderstandes B sein. Zwischen y und A liegt ein nichtlinearer und zwischen y und B ein linearer Zusammenhang vor.

Durch alternative Einstellung auf $A_1 = 20\,\text{V}$, $B_2 = 40\,\text{k}\Omega$ oder $A_2 = 40\,\text{V}$, $B_1 = 20\,\text{k}\Omega$ kann die gewünschte Ausgangssollspannung von 110 V erreicht werden.

Eine weitere Zielvorgabe soll sein, möglichst billige Komponenten einzusetzen, um das Gerät wettbewerbsfähiger zu machen.

Bei einem billigen Transistor A ist mit Spannungstoleranzen von $\pm 30\,\%$ zu rechnen. Wählt man als Arbeitsspannung 20 ± 6 V, so schwankt die Ausgangsspannung zwischen 99 V und 121 V. Verschiebt man die Arbeitsspannung nach 40 ± 12 V, so streut die Ausgangsspannung nur noch zwischen 123 V und 127 V (entspricht nur $\pm 1{,}6\,\%$).

---

5 Anm.: C. F. Gauß (1777–1855) begründete die statistische Ausgleichsrechnung, insbesondere Normalverteilung und Fehlerfortpflanzungsgesetz. (auch Abweichungsfortpflanzungsgesetz).

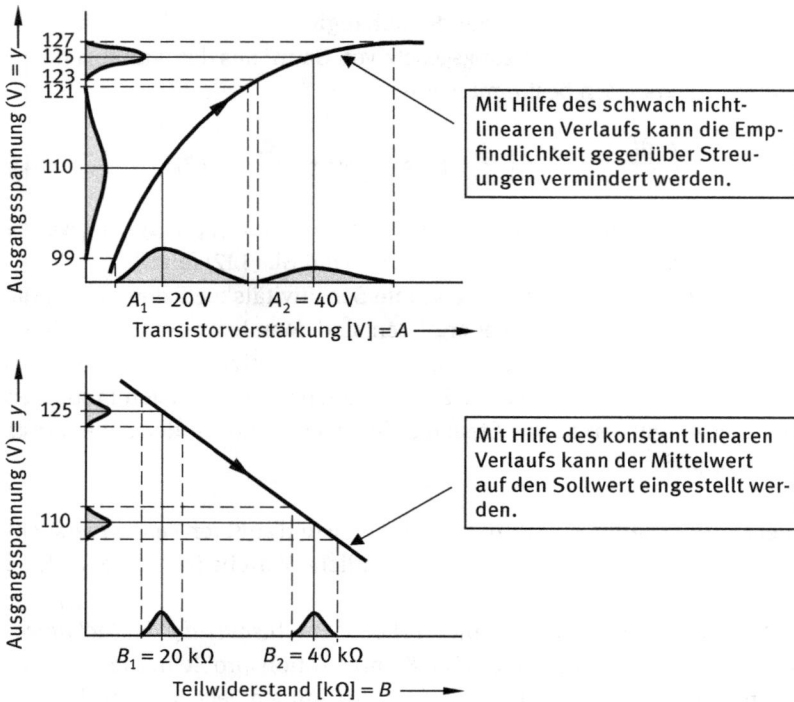

Mit Hilfe des schwach nicht-linearen Verlaufs kann die Empfindlichkeit gegenüber Streuungen vermindert werden.

Mit Hilfe des konstant linearen Verlaufs kann der Mittelwert auf den Sollwert eingestellt werden.

Bild 3.6: Parameterielle Abhängigkeiten bei einer Stromversorgungsschaltung nach /PAH 89/

Die Anpassung an die Ausgangsspannung von 110 V wird über den Teilwiderstand B kompensiert. Übertragen auf die Herstellung wird somit die Parameter- und Toleranzeinstellung transparenter und somit das Qualitätsmerkmal beherrschbarer. Dies setzt jedoch voraus, dass Faktorwirkungen immer feststellbar sind. Gegebenenfalls sind hierfür einige Vorversuche erforderlich.

In der Praxis ist es meist möglich, die Streuung eines Qualitätsmerkmals durch Kosten verursachende und kostenneutrale Maßnahmen zu beeinflussen:

1. Man reduziert die Toleranzgrenzen der Produktparameter immer mehr, damit das Qualitätsmerkmal seinen Sollwert sicher erreicht → *tolerance design*: teuer und überwachungsintensiv.

oder

2. Man verschiebt die Nennwerte der Produktparameter so, dass das Qualitätsmerkmal unempfindlich auf Toleranzabweichungen der Produktparameter reagiert → *parameter design*: kostenneutral, einfach zu beherrschen, braucht kaum Überwachung.

3.7 Parameter-Klassifikation

Aus den vorstehenden Betrachtungen wird deutlich, dass die Voraussetzung einer Kosten- und Produktoptimierung zunächst die Parameteridentifikation ist. Wenn ein Parameter festlegt, sollten als Nächstes erst wirtschaftliche Toleranzen (/KAP 90/, /ZEL 94/) gewählt werden. Gegebenenfalls sind diese über eine Produktionsstatistik abzustimmen.

Innerhalb des Robust Designs wird dazu ein symbolisches P-Diagramm (s. Bild 3.7) verwendet. Es stellt die beobachtete Wirkung y (= Qualitätsmerkmal) eines Produktes in Abhängigkeit von seinen Eingangsparametern /FKM 92/ dar.

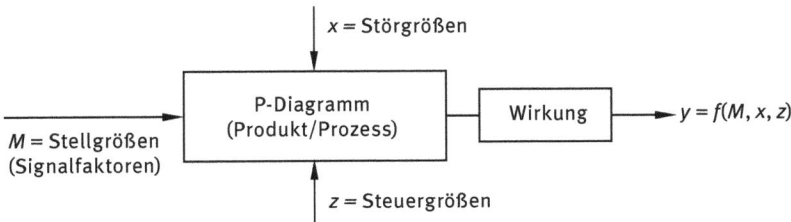

Bild 3.7: P-Diagramm als Produkt/Prozess-Wirkungsbeziehung

Diese Parameter können einen sehr unterschiedlichen Einfluss auf das Qualitätsmerkmal haben, weshalb man die folgenden drei Klassen bilden kann:

1. *Stellgrößen (M)* sind die vom Anwender aus Erfahrung eingestellten Parameter. Sie sollen den gewünschten Wert für die Wirkung eines Produktes hervorrufen. Ihre Einstellung erfolgt nach dem entwicklungstechnischen Kenntnisstand über das Produkt bzw. sie sind bestmöglich vorzuwählen.
2. *Störgrößen (x)* verursachen eine Abweichung (*Versuchsstreuung*) der Wirkungsgröße y von der durch M erzeugten Sollzielgröße. Meist kann auf Störgrößen nur ein geringer oder kein Einfluss genommen werden.
3. *Steuergrößen (z)* können regelmäßig frei gewählt werden. Durch ihre Einstellung lassen sich optimale Werte für Produkte und Prozesse erreichen. Mit der Einstellung der Steuergrößen kann sich die Wirkung ändern oder konstant bleiben. Meist sind die Auswirkungen nicht direkt erkennbar.

Für eine erfolgreiche Bearbeitung eines Projektes ist es meist wichtig, die Steuergrößen mit Einfluss auf die Herstellkosten von denen ohne Einfluss zu unterscheiden:
- Die optimale Einstellung von Steuergrößen ohne Kostenwirkung erfolgt gewöhnlich durch relativ eindeutige Parameterwerte auf Basis eines gewachsenen Knowhow-Standes.

bzw.

- Die optimale Einstellung von Steuergrößen mit Kostenwirkung erfolgt hingegen durch die Festlegung von Toleranzgrenzen.
  Die Toleranzgrenzen müssen eventuell durch Verlustminimierung abgeschätzt werden.

Weiterhin werden Robust-Design-Projekte noch nach den Einstellungen der Parameter klassifiziert: So sind *statische* Aufgabenstellungen solche, bei denen die Größen unabhängig von der Zeit feste Werte einnehmen werden. Bei *dynamischen* Aufgaben können hingegen die Größen zeitlich variieren, wodurch naturgemäß ein sehr komplexes Problem entsteht; eine Optimierung wird demgemäß auch nur eine Momentaufnahme wiedergeben.

3.8 Probleme der Produkt- und Prozessentwicklung

Jedes vielparametrige System zeichnet sich durch eine hohe Kombinatorik /SIE 17/ bei den Einstellmöglichkeiten aus. Unter technologischen und wirtschaftlichen Gesichtspunkten besteht somit die Aufgabe, optimale Parameterkombinationen zu finden. Ideal ist es dabei, wenn die lokalisierten Störeinflüsse methodisch kompensiert und abgeschwächt werden können, sodass die Einstellungen „robust" sind.

Die drei wesentlichen Ziele einer Produkt- und Prozessentwicklung sind somit letztlich:
- ein gut abgestimmtes Systemkonzept,
- Ermittlung günstiger Einstellwerte für alle Parameter eines Systems

und
- Festlegung der *Toleranzgrenzen* oder der *zulässigen Streuungen* eines jeden Parameters.

Dies ist gewöhnlich eine interdisziplinäre Aufgabenstellung, die zwischen den beteiligten Fachdisziplinen E & K, Fertigung, Marketing und Qualitätsmanagement zu lösen ist.

3.8.1 Behauptung am Markt

Der Markt hat sich zu einem Anbietermarkt gewandelt, infolgedessen können heute Abnehmer unter mehreren Zulieferanten wählen. Für alle Zulieferanten stellt sich somit ein strategisches Ausrichtungsproblem, und zwar seine Fähigkeiten so einzusetzen, dass eine langfristige Kundenbeziehung entsteht.

Rekapituliert man jetzt noch einmal den *Qualitätsverlust* als die „life-cycle-costs" eines Produktes und alle Aufwendungen aufgrund von Abweichungen der Produktfunktionen von den Sollwerten, so ist der Qualitätsverlust auch ein Indikator für Zufriedenheit und Wirtschaftlichkeit. Zielsetzung muss es demnach immer sein, den Qualitätsverlust klein zu halten. Für Zulieferanten gibt es daher bestimmte Verhaltensmuster, die unter Wettbewerbsgesichtspunkten meist von Erfolg gekrönt sind:

1. Die Herstellungskosten werden systematisch minimiert und bei gleicher Qualität wie die Mitwettbewerber geliefert. Meist kann so der Stückgewinn maximiert werden.

2. Die Herstellkosten werden etwa auf dem gleichen Niveau wie bei den Mitwettbewerbern gehalten und der Qualitätsverlust wird systematisch minimiert.

oder

3. Es werden gleichzeitig die Herstellkosten und der Qualitätsverlust minimiert. Hierzu ist eine zielgerichtete methodische Vorgehensweise erforderlich, was durch eine hohe Kundenzufriedenheit belohnt wird.

Insbesondere auf die strategische Alternative drei ist Design of Experiments ausgerichtet, dessen Prinzipien und Verfahren daher von hoher praktischer Relevanz sind. Eine Vielzahl von Unternehmen hat durch die Anwendung dieser Methoden eine große Perfektion erreicht und konnte so die Empfindlichkeit von Produktionsprozessen gegenüber Störgrößen minimieren. Hierdurch ist es möglich, qualitativ hochwertige Produkte zu niedrigen Kosten herzustellen und so einen Wettbewerbsvorteil zu erlangen.

3.8.2 Möglichkeiten der Qualitätssicherung

In der allgemeinen Systemtheorie kann das Leben eines Produktes in vier Phasen abgegrenzt werden, und zwar in

1. product design (Produktentwicklung und -konstruktion),
2. manufacturing process (Gestaltung des Produktionsverfahrens),
3. manufacturing (Produktion)

und

4. customer usage (Kundengebrauch).

In jeder dieser Phasen sind Qualitätssicherungsmaßnahmen notwendig und können sich im Sinne der Kostenbeherrschung, Leistungsqualifizierung etc. als erfolgreich erweisen. Im umseitigen Bild 3.8 ist eine Übersicht gegeben, bei der einzelne Maßnahmen den Produktrealisationsstufen zugeordnet sind.

Hierbei werden in der japanischen und amerikanischen industriellen Praxis alle präventiven QM-Maßnahmen in der Produktentwicklung und in der Planung des Produktionsverfahrens als *offline quality control* bzw. alle kurativen QM-Maßnahmen in der Produktion und während des Gebrauchs als *online quality control* bezeichnet. Zur Gebrauchsphase zählen dabei auch die Kundenbetreuung und der Gewährleistungsaufwand.

Produktionsprozess

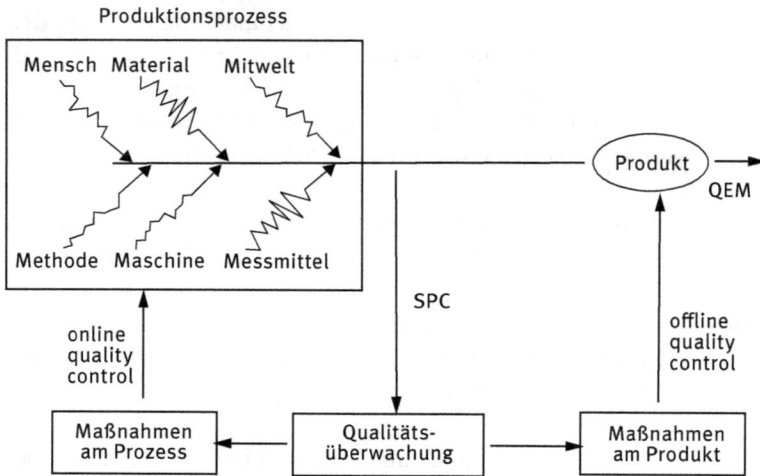

Bild 3.8: Prozess-Regel-Kreis bzw. Ursache-Wirkungs-Diagramm

Der letzte Begriff *online* ist dabei insofern missverständlich, als dass er faktisch nur ausdrückt, dass Abweichungen von Qualitätsmerkmalen messend erfasst werden, um entsprechend gegensteuern zu können. Dies leistet in der Praxis SPC (Statistical Process Control). Die Reaktion darauf besteht jedoch möglicherweise in einer grundsätzlichen Produkt- oder Prozessänderung, welche wiederum nur *offline* mit einer gewissen Verzögerung erfolgen kann.

Quality-Engineering-Methoden sind demgemäß präventive Ansätze, die in E & K ausgeprägt werden müssen, damit sie letztlich im Prozess wirksam werden. In Japan beruht bei weitem größte Teil der Qualitätskosten aus präventiven Maßnahmen, da man erkannt hat, dass diese einen 10 bis 100fachen Effekt haben. SPC verliert somit generell an Bedeutung /WIR 14/.

Hingegen wird bis heute in vielen westlichen Unternehmen die Prävention immer noch vernachlässigt und viel Geld für Nacharbeit und Reparatur (Behebung „technischer Schulden„) aufgewandt. So weisen verschiedene Analysen der DGQ aus:

– 10 % der so genannten Qualitätskosten werden nur für Fehlerverhütung ausgegeben.
– 40 % der Qualitätskosten werden für Herausprüfen von Fehlern ausgegeben.
und
– 50 % der Qualitätskosten werden für die Fehlerbehebung am Ende der Produktionskette ausgegeben.

Dass dies strategisch falsch ist, beweisen letztlich die Erfolge der japanischen und amerikanischen Industrie mit ihren wettbewerbsfähigen Gütern auf dem Weltmarkt.

Produkt-realisationsstufen	Qualitätssicherungs-maßnahmen	Störgrößenminderung			Bemerkung
Produkt-entwicklung (product design)	a) Konzeptfindung (concept design)	ja	ja	ja	beinhaltet Innovationen, um die Empfindlichkeit gegenüber Störgrößen zu reduzieren
	b) Parameter-festlegung (parameter design)	ja	ja	ja	wichtigste Phase für die Reduzierung der Störgrößen; die robust-design-Methode ist anzuwenden
	c) Toleranz-festlegung (tolerance design)	ja	ja	ja	kostengünstigste Auswahl von Rohstoffen und Festlegung von Soll/Ist-Schwankungen
Herstellungs-verfahren (manufacturing process design)	a) Konzeptfindung (concept design)	nein	ja	nein	beinhaltet Innovationen, um die Qualitätsschwankungen in der laufenden Produktion zu reduzieren
	b) Parameter-festlegung (parameter design)	nein	ja	nein	wichtige Phase für die Reduzierung von Qualitätsschwankungen in der laufenden Produktion, die auf Variationen im Herstellungsprozess zurückzuführen sind
	c) Toleranz-festlegung (tolerance design)	nein	ja	nein	Methode für die Bestimmung von Toleranzgrenzen für die Parameter des Herstellungsverfahrens
Produktion (manufacturing)	a) Aufspüren und Korrektur (detection and correction)	nein	ja	nein	Methode für das Aufspüren und Korrigieren von Problemen
	b) Fehler-lokalisierung (feedforward control)	nein	ja	nein	Methode zur Kompensierung bereits erkannter Probleme
	c) Ausfiltern (screening)	nein	ja	nein	gedacht als letzte Alternative, günstig bei unzulänglichem Herstellungsprozess
Kundengebrauch (customer usage)	Garantieleistungen und Kundendienst (warranty and repair)	nein ①	nein ②	nein ③	① *externe* ② *laufende* ③ *Leistungsabbau*

Bild 3.9: Maßnahmen zur Qualitätssicherung während der Produktrealisation nach /FOW 95/

4 Matrixexperimente

Ein wesentlicher Aspekt einer Produktentwicklung ist, dass man die Reaktion der Produktleistung in Abhängigkeit von allen Parametern kennt und *quantifizieren* kann, womit man auch Informationen über das spätere Betriebsverhalten gewonnen hat. Wenn dieser Zusammenhang unbekannt ist, muss man Experimente durchführen. Wie allgemein bekannt, sind aber in der Praxis Experimente nicht nur langwierig, sondern auch teuer, weshalb es ein Gebot der Wirtschaftlichkeit ist, den experimentellen Aufwand zu straffen. Vor diesem Hintergrund hat Taguchi die Technik der *Matrixexperimente* mit so genannten *orthogonalen Feldern* /QUE 92a/, /QUE 92b/ weiterentwickelt und geschickt in ein Konzept verpackt.

Ein Matrixexperiment besteht demnach aus einem minimalen Umfang von Experimenten, in denen die Einstellungen der verschiedenen zu untersuchenden Produkt- oder Prozessparameter (Steuer- und Störgrößen) von Experiment zu Experiment simultan verändert werden. Nach Durchführung eines Matrixexperimentes werden alle gewonnenen Daten analysiert, wodurch die Auswirkungen der verschiedenen Faktoren transparent werden. In der QM-Nomenklatur werden Matrixexperimente auch als Versuchsanordnungen (experimental arrangements) bezeichnet, und die einzelnen Experimente nennt man Behandlungen (treatments). Die Parameter werden demgemäß als Faktoren (factors) und die Faktoreinstellungen (settings) werden als Stufen (level) bezeichnet.

4.1 Prinzipieller Ablauf eines Matrixexperiments

Als exemplarischer Anwendungsfall wird in der Literatur /PHA 89/ die Optimierung eines so genannten CVD-Prozesses[1] diskutiert, der auch hier für die Einführung in die Methodik dienen soll. In diesem Prozess werden dünne Siliziumscheiben beschichtet, wobei das Ziel darin besteht, eine möglichst hohe Oberflächenqualität (d. h. wenige bis keine Defekte) zu er-reichen. Bekannt ist, dass die Oberflächenqualität hauptsächlich von den *vier unabhängigen* Faktoren: *Temperatur, Druck, Einstellzeit* und *Reinigungsmethode* abhängt. Für die Führung des Prozesses sind dies Steuergrößen, die möglichst optimal eingestellt werden müssen.

Eine Zusammenstellung der Faktoren mit ihren Stufen zeigt die folgende Tabelle im umseitigen Bild 4.1. Die gewählten Werte wurden zufällig angenommen.

Die derzeit verwandten Ausgangsstufen sind in der Tabelle unterstrichen, weiter sind aber noch die angegebenen Stufen möglich und vielleicht besser. Da im Prozess das beste Ergebnis erzielt werden soll, ist die optimale Kombination der Faktorstufen,

---

1 Anm.: CVD = Chemical Vapour Deposition ist ein physikalisches Beschichtungsverfahren.

https://doi.org/10.1515/9783110724516-004

Faktoren	Stufen		
	1	**2**	**3**
A. Temperatur (°C)	$T_0 - 25$	T_0	$T_0 + 25$
B. Druck (mbar)	$p_0 - 200$	p_0	$p_0 + 500$
C. Einstellzeit (min)	t_0	$t_0 + 8$	$t_0 + 16$
D. Reinigungsmethode	keine	Verf. 1	Verf. 2

Bild 4.1: Steuergrößen mit zu variierenden Variablen und attributiven Merkmalen

welche minimale Oberflächendefekte bilden, gesucht. Wollte man in konventioneller Experimentiertechnik die optimale Einstellung suchen, so müssten $3^4 = 81$ Experimente ohne Wiederholung durchgeführt werden, was bekanntlich einen hohen Aufwand darstellt.

Schneller kommt man hier zum Ziel, wenn man ein Matrixexperiment nach dem Hochvermengungsprinzip durchführt. Im Beispiel sei hierfür vorausgesetzt, dass die Parameter unabhängig sind und keine Wechselwirkungen (d. h., keine gegenseitige Beeinflussungen) vorliegen. Im vorliegenden Fall der vier Faktoren mit drei Stufen kann hierzu das standardisierte orthogonale Feld L_9 (siehe Bild 4.2) von Taguchi/Wu gewählt werden (s. Teil IV, S. 254).

Exp. Nr.	Spalten-Nr.			
	1	**2**	**3**	**4**
1	1	1	1	1
2	1	2	2	2
3	1	3	3	3
4	2	1	2	3
5	2	2	3	1
6	2	3	1	2
7	3	1	3	2
8	3	2	1	3
9	3	3	2	1

Bild 4.2: Orthogonales Feld $L_9(3^4)$ mit 9 Versuchen

Die Spalten dieses Feldes sind gegenseitig *orthogonal*. Orthogonalität ist hier im kombinatorischen Sinne gemeint, d. h., in jeder Spalte treten alle Faktorstufen-Kombinationen (Niveaus) mit gleicher Häufigkeit auf. Wahrscheinlichkeitstheoretisch liegt somit eine ausgleichende Eigenschaft vor, da kein Faktor bevorzugt wird.

G. Taguchi verwendet für seine Matrixexperimente eine Analogie aus der Regeltechnik, die weit verbreitet und insofern auch bekannt ist:

> Die Eigenschaften eines dynamischen Systems lassen sich durch die Frequenzgangfunktion beschreiben. Dies ist die Beobachtung des Systemoutputs infolge verschiedener Sinussignale unterschiedlicher Frequenz als Input. Mit Hilfe der Fourier-Analyse wird dann die Verstärkung und der Phasengang analysiert.
> Ein Matrixexperiment ist in diesem Sinne eine identische Eigenschaftsanalyse unter Verwendung von Mehrfachfrequenzen.

Die Übertragung auf den CVD-Prozess mit seinen Steuergrößen zeigt Bild 4.3. Wesentlich ist dabei, für die Beobachtung ein *eindeutiges Qualitätskriterium* zu wählen und gewöhnlich die Reproduzierbarkeit über Wiederholungen zu gewährleisten.

Exp. Nr. i	Spalten-Nr. und zugeordneter Faktor				beobachteter $\varnothing$-Fehler y_{ik} in 3 Sektionen	Zielfunktion S/N-Ratio η_i (dB)
	1 Temperatur (A)	2 Druck (B)	3 Einstellzeit (C)	4 Reinigungs-methode (D)		
1	1	1	1	1	10,00	$\eta_1 = -20$
2	1	2	2	2	3,00	$\eta_2 = -10$
3	1	3	3	3	31,00	$\eta_3 = -30$
4	2	1	2	3	17,00	$\eta_4 = -25$
5	2	2	3	1	177,00	$\eta_5 = -45$
6	2	3	1	2	1.778,00	$\eta_6 = -65$
7	3	1	3	2	177,00	$\eta_7 = -45$
8	3	2	1	3	1.778,00	$\eta_8 = -65$
9	3	3	2	1	3.162,00	$\eta_9 = -70$
						$\overline{\eta} = -41{,}67$

Bild 4.3: Ausgewertetes Matrixexperiment ohne Wechselwirkungen bei einem CVD-Prozess (hier als Sonderfall ohne Wiederholungen für die Einstellungen; ausgewertet über j = drei Scheiben, in k = drei Regionen)

Als Ergebnis sind in der letzten Spalte die in eine Zielfunktion η_i umgewichteten Beobachtungen y_i ohne Wiederholungen angegeben.

– Je Stufeneinstellung wird in drei Bereichen die Anzahl der Oberflächendefekte pro Abschnittsgebiet, und zwar auf drei Siliziumscheiben absolut ausgezählt.

– Für das vorliegende *Minimierungs*problem (s. Liste der Standardprobleme in Bild 7.1, S. 84) wird dann eine Summenzahl η_i für jeden Versuch i definiert:

$$\eta_i = (Faktor) \cdot \log(\text{Quadratsumme der Defekte für } j\text{-Scheiben}/k\text{-Regionen})^2$$

bzw.

$$\eta_i = -10 \cdot \log\left(\sum_{j=1}^{3}\sum_{k=1}^{3} y_{jk}^2\right) \quad \rightarrow \quad \text{MAXIMUM!} \tag{4.1}$$

– Die Zielfunktion wird durch den Vorfaktor negativ, insofern hat die Funktion bei $\eta_i = 0$ ihr absolutes Optimum.
– Die Summenstatistik η_i wird innerhalb der Taguchi-Methodik auch Signal/ Rausch-Verhältnis (Signal-to-Noise Ratio = S/N-Ratio) benannt und in dB angegeben.

Im Weiteren geht es nun darum, aus den ermittelten Zielwerten η_i die Einzelwirkungen der Prozessfaktoren (A, B, C und D) statistisch abzusichern:
– Als Erstes wird dazu der arithmetische Gesamtmittelwert über alle Zielwerte gebildet:

$$\overline{\eta} = \frac{1}{9}\sum_{i=1}^{9}\eta_i = -41{,}67\,\text{dB}\,. \tag{4.2}$$

– Die Wirkung einer Faktorstufe ist die mittlere Abweichung (= linearer Kontrast), die die Faktorstufe vom Gesamtmittelwert verursacht. Hierbei wird die durchschnittliche S/N-Ratio je Einstellung bewertet:

$$
\begin{aligned}
&\overline{\eta}_{A_1} = \frac{1}{3}(\eta_1 + \eta_2 + \eta_3) = -20\,\text{dB}\,, &&\overline{\eta}_{B_1} = \frac{1}{3}(\eta_1 + \eta_4 + \eta_7) = -30\,\text{dB}\,,\\[6pt]
&\overline{\eta}_{A_2} = \frac{1}{3}(\eta_4 + \eta_5 + \eta_6) = -45\,\text{dB}\,, &&\overline{\eta}_{B_2} = \frac{1}{3}(\eta_2 + \eta_5 + \eta_8) = -40\,\text{dB}\,,\\[6pt]
&\overline{\eta}_{A_3} = \frac{1}{3}(\eta_7 + \eta_8 + \eta_9) = -60\,\text{dB}\,, &&\overline{\eta}_{B_3} = \frac{1}{3}(\eta_3 + \eta_6 + \eta_9) = -55\,\text{dB}\,,\\[6pt]
&\overline{\eta}_{C_1} = \frac{1}{3}(\eta_1 + \eta_6 + \eta_8) = -50\,\text{dB}\,, &&\overline{\eta}_{D_1} = \frac{1}{3}(\eta_1 + \eta_5 + \eta_9) = -45\,\text{dB}\,,\\[6pt]
&\overline{\eta}_{C_2} = \frac{1}{3}(\eta_2 + \eta_4 + \eta_9) = -35\,\text{dB}\,, &&\overline{\eta}_{D_2} = \frac{1}{3}(\eta_2 + \eta_6 + \eta_7) = -40\,\text{dB}\,,\\[6pt]
&\overline{\eta}_{C_3} = \frac{1}{3}(\eta_3 + \eta_5 + \eta_7) = -40\,\text{dB}\,, &&\overline{\eta}_{D_3} = \frac{1}{3}(\eta_3 + \eta_4 + \eta_8) = -40\,\text{dB}\,.
\end{aligned}
\tag{4.3}
$$

(Die Einheit dB nutzt Taguchi als verallgemeinerte physikalische Quantifizierung.)
– Diese Durchschnittswerte werden nun in einem Diagramm (Bild 4.4) grafisch dargestellt. Man bezeichnet weiter diese separierten Wirkungen als Faktorstärke oder

---

2 Anm.: In der Mathematik werden beliebige Messgrößen logarithmiert, um sie zu „glätten" und „normalverteilt" zu machen. Dies ist immer dann notwendig, wenn die Größen weit streuen.

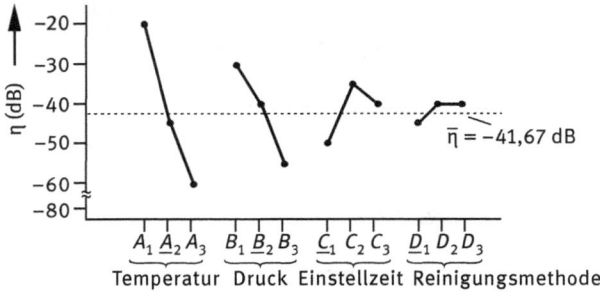

$\bar{\eta} = -41,67$ dB

Temperatur Druck Einstellzeit Reinigungsmethode

Bild 4.4: Darstellung der Optimierungsrichtungen aller Faktoren (nach /FOW 95/)

Hauptwirkungen. Das gezeigte Verfahren zur optimalen Faktoreneinstellung wird allgemein als *Mittelwertanalyse* (ANOM = analysis of means) bezeichnet.

– Die Auswirkung einer Stufenveränderung (z. B. von A_2 nach A_1 bzw. A_2 nach A_3) auf die Wirk- oder Zielfunktion wird klassisch als *Effekt* bezeichnet:

$$E_{A_{1,2}} = \bar{\eta}_{A_1} - \bar{\eta}_{A_2} \quad \text{bzw.} \quad E_{A_{2,3}} = \bar{\eta}_{A_2} - \bar{\eta}_{A_3} \, .$$

– Aus der Versuchsführung (im Bild 4.3) kann die Vermutung abgeleitet werden, dass die Einstellung A_1, B_2, C_2, D_2 hinsichtlich der Wirkung zu bevorzugen ist. Dies wird bezüglich des Faktors B durch die ANOM jedoch nicht bestätigt. In der umseitigen Tabelle des Bildes 4.5 sind noch einmal die optimalen Prozesseinstellungen im Vergleich zur Anfangseinstellung aufgelistet.

Faktor \ Stufen	Einstellungen			S/N-Ratio		
	1	2	3	1	2	3
A. Temperatur	T – 25*	<u>T</u>	T + 25	–20*	<u>–45</u>	–60
B. Druck	p – 200*	<u>p</u>	p + 500	–30*	<u>–40</u>	–55
C. Einstellzeit	<u>t</u>	t + 8*	t + 16	<u>–50</u>	–35*	–40
D. Reinigungsmethode	<u>keine</u>	CM 1*	CM 2	<u>–45</u>	–40*	–40*

Bild 4.5: Durchschnittliche *S/N*-Ratio für jede Faktorstufe
(Ausgangsstufe ist unterstrichen; Optimalstufe ist mit * hervorgehoben)

– Erst später (s. Kapitel 4.4) kann gezeigt werden, dass sich für die als optimal angesehenen Faktoreinstellungen gewöhnlich auch das beste Signal/Rausch-Verhältnis einstellt bzw. dies der absoluten Minimierung der Oberflächendefekte entspricht, was aber noch statistisch abzusichern ist.

4.2 Analyse der Streuungen

Mit dem zuvor betrachteten ANOM-Verfahren konnte nur die Optimierungsrichtung für die Faktoren bestimmt werden. Ein besseres Verständnis für die Wirkungen von Faktoren erhält man weiter durch die Zerlegung in *Einzelvarianzen*. Das entsprechende Verfahren heißt Varianzanalyse[3] oder ANOVA-Verfahren (analysis of variance, s. auch Kapitel 6), welches ursprünglich von R. A. Fisher entwickelt worden ist. Definitionsgemäß weist die Varianz das Abweichungsquadrat bezüglich des Mittelwertes aus.

Mittels der Varianzanalyse kann somit die Bedeutung einer beliebigen Anzahl von Faktoren auf eine Wirkungs- bzw. Zielfunktion festgestellt werden. Damit werden dem Experimentator die wesentlichen Stellschrauben zur Optimierung einer Wirkung eindeutig transparent.

Im Bild 4.6 ist beispielsweise die grafische Zerlegung des Output-Signals $\eta_{S/N}$ beim zuvor betrachteten CVD-Prozess gezeigt, welches ebenfalls Hinweise zur Faktorwertigkeit gibt.

Die Analogie zu diesem Verfahren findet man in der Fourier-Analyse: Ein elektrisches Signal wird dabei in seine Schwingungsbestandteile zerlegt, um die relative Bedeutung jeder Einzelschwingungsamplitude bewerten zu können. Je größer dann die Amplitude einer Schwingung ist, umso größer ist ihre Leistung und desto wichtiger ist sie für die Beschreibung des Signals.

Das standardisierte ANOVA-Verfahren (s. /KRO 94/ und Kap. 12.4) läuft nun recht schematisch ab, und zwar über die folgenden Stufen:

I. Bildung der *Mittelwertquadrate aller Beobachtungen bzw. Zielwerte* (dieser Wert wird auch als Korrekturfaktor CF in der Fehlerrechnung bezeichnet)

$$SQ_m = \frac{(\sum \eta_i)^2}{n} = \frac{(375)^2}{9} = 15.625\,dB^2 \equiv CF .$$ (4.4)

($f_m = 1$ entsprechender Freiheitsgrad)[4]

II. Bildung der *totalen Fehlerquadratsumme*

$$SQ_{gesamt} = \sum \eta_i^2 - CF = 19.425 - 15.625 = 3.800\,dB^2$$ (4.5)

($f_{gesamt} = 8$)

---

3 Anm.: Aufgabe der Varianzanalyse ist es allgemein festzustellen, ob Faktoren für ein Ergebnis signifikant sind, d. h. inwieweit das Ergebnis von ihnen abhängt. Im 95-%-Vertrauensbereich ist ein Effekt „zufällig", bei 99 % ist er „signifikant" und bei 99,9 % ist er „hoch signifikant".
4 Anm.: FHG = Stufen – 1; bezeichnet die Anzahl der noch unabhängigen Vergleiche, die man von einer Stufe ausgehend noch einstellen kann.

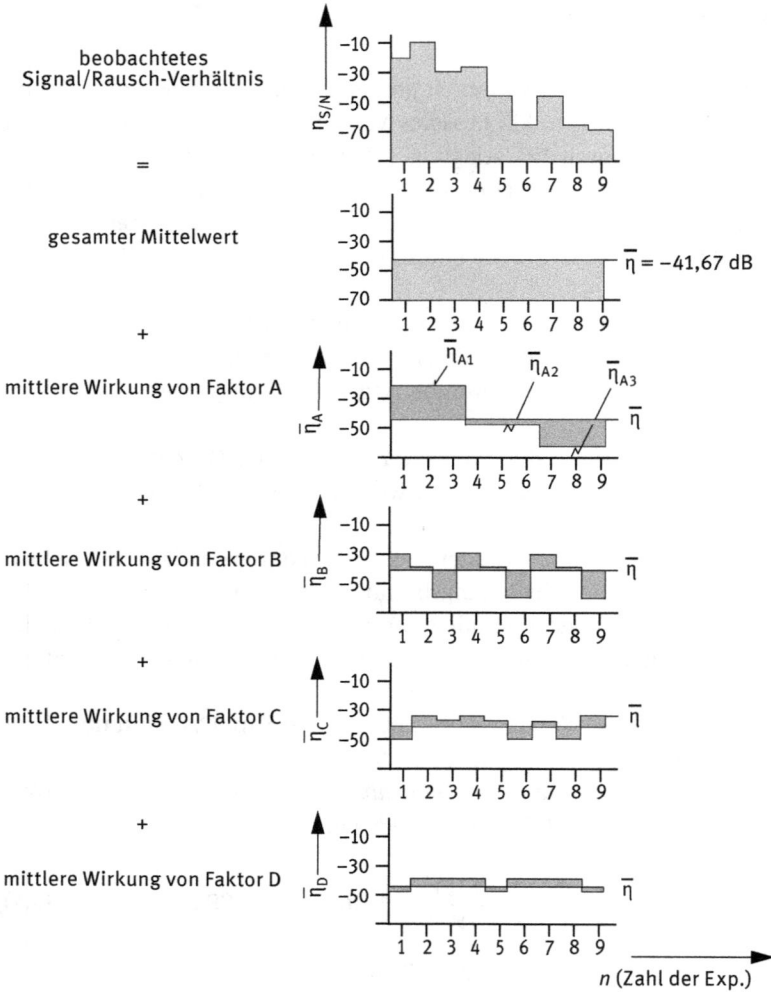

Bild 4.6: Zerlegung des beobachteten Signal/Rausch-Verhältnisses in gemittelte Einzelwirkungen (siehe auch Bild 4.3) über dem Mittelwert nach /PHA 89/

III. Bildung der *Summen der quadrierten Abweichungen aller Faktoren*

$$SQ_A = \frac{\left(\sum \eta_{A_1}\right)^2}{n_{A_1}} + \frac{\left(\sum \eta_{A_2}\right)^2}{n_{A_2}} + \frac{\left(\sum \eta_{A_3}\right)^2}{n_{A_3}} - CF$$

$$= \frac{(-60)^2}{3} + \frac{(-135)^2}{3} + \frac{(-180)^2}{3} - 15.625 = 2.450\,\text{dB}^2\,, \qquad (4.6)$$

$$(f_A = 1 + 1 + 1 - 1 = 2)$$

$$SQ_B = \frac{\left(\sum \eta_{B_1}\right)^2}{n_{B_1}} + \frac{\left(\sum \eta_{B_2}\right)^2}{n_{B_2}} + \frac{\left(\sum \eta_{B_3}\right)^2}{n_{B_3}} - CF$$

$$= \frac{(-90)^2}{3} + \frac{(-120)^2}{3} + \frac{(-165)^2}{3} - 15.625 = 950\,\text{dB}^2 \,, \qquad (4.7)$$

$$SQ_C = 350\,\text{dB}^2 \,,$$

$$SQ_D = 50\,\text{dB}^2 \,.$$

IV. Schätzung der *Varianzen der einzelnen Faktoren* als Quotient aus der quadrierten Abweichung mit den zugehörigen Freiheitsgraden

$$V_A = \frac{SQ_A}{f_A} = \frac{2.450}{2} = 1.225\,\text{dB}^2 \,, \qquad (4.8)$$

entsprechend ergeben sich

$$V_B = \frac{950}{2} = 475\,\text{dB}^2 \,,$$

$$V_C = \frac{350}{2} = 175\,\text{dB}^2 \,,$$

$$V_D = \frac{50}{2} = 25\,\text{dB}^2 \,.$$

V. Fehlerdiskussion: Bei der Durchführung von Matrixexperimenten können im Allgemeinen zwei Arten von Fehlern auftreten:
$F1$ =*Einstellfehler* (= Stufen der Matrix werden nicht getroffen) und
$F2$ =*Streuungsfehler* (= divergierende Stufeneinstellungen)
Der Fehler $F1$ ist gewöhnlich null, wenn im Experiment die Stufeneinstellungen (Niveaus) der Matrix mit entsprechender Sorgfalt eingestellt werden. Der Streuungsfehler $F2$ tritt regelmäßig auf. Bei *Experimenten ohne Wiederholungen* kann er nach folgender Regel abgeschätzt werden: Man zieht die Quadratsumme der Faktoren mit den geringsten quadrierten Abweichungen zusammen ($SQA_{C+D} = 400$), diese sollen etwa die halbe Anzahl der FHGs ausmachen, und dividiert durch die FHGs (Poolen), man erhält so

$$V_{F2} = \frac{SQ_{C+D}}{f_{C+D}} = \frac{400}{4} = 100\,\text{dB}^2 \,. \qquad (4.9)$$

Die Fehlervarianz steht dabei stellvertretend für die Streuung der Messwerte.

VI. Berechnung *der kritischen F_i-Werte* (= Verhältnis der Faktorvarianz zur Fehlervarianz)

$$F_A = \frac{V_A}{V_{F2}} = \frac{1.225}{100} = 12{,}25, \qquad F_B = 4{,}75 \,,$$

$$F_C = 1{,}75 \,, \qquad\qquad\qquad F_D = 0{,}25 \,. \qquad (4.10)$$

Der ausgewiesene *Fisher*-Wert[5] ist allgemein eine Testgröße, die Varianzunterschiede mit einer gewissen Vertrauenswahrscheinlichkeit feststellt. Bezugsgrößen sind tabellierte Grenzwerte (s. F-Werte, Teil V, S. 276 ff.).

VII. *Prozentuale Bedeutung* eines Faktors

$$SQ'_A = SQ_A - f_A \cdot V_{F2} = 2.450 - 2 \cdot 100 = 2.250\,\text{dB}^2 \,, \tag{4.11}$$

$$p_A = \frac{SQ'_A}{SQ_{\text{gesamt}}} \cdot 100 = \frac{2.250}{3.800} \cdot 100 = 59,21\,\%\ \text{etc.} \tag{4.12}$$

sowie

$$SQ'_{F2} = SQ_{F2} + (f_{\text{gesamt}} - f_{F2}) \cdot V_{F2} = 800\,\text{dB}^2 \,,$$

$$p_{F2} = \frac{SQ'_{F2}}{SQ_{\text{gesamt}}} \cdot 100 = 21,05\,\% \,.$$

Die ermittelten Größen können jetzt in einer Übersichtstabelle zusammengefasst werden und sollten im vorliegenden Fall nicht absolut, sondern nur in ihrer Tendenz interpretiert werden, da die Fehlervarianz geschätzt worden ist.

Des Weiteren kann jetzt noch ein *Konfidenzintervall* bzw. ein *Vertrauensbereich* für den *Mittelwert* abgeschätzt werden (dies ist später wichtig, um die Qualität des gewählten additiven Modells überprüfen zu können). Für die Bestimmung des Intervalls kann ein u-Intervall (bei Normalverteilung mit bekannter Varianz) oder ein t-Intervall (Studentverteilung mit unbekannter Varianz) angesetzt werden.

Faktor/Bedeutung	FHG	SQ	V	F	SQ'	p[%]
A = Temperatur	2	2.450	1.225	12,25[++]	2.250	59,21
B = Druck	2	950	475	4,75	750	19,74
C = Einstellzeit	2	350[*]	175	1,75	150	–
D = Reinigungsmethode	2	50[*]	25	0,25	–	–
Fehler (F1 = 0; F2)	4	400[*]	100			21,05[+]

[*] Kennzeichnet die Summe der quadrierten Abweichungen, um die Fehlervarianz V_{F2} schätzen zu können. Dieses Verfahren wird allgemein „pooling" genannt. Es wird angewandt, wenn keine Wiederholungen vorliegen.

[++] Da $F_{\text{krit}}(2/4; 99\,\%) = 18,00$, ist keiner der Werte signifikant; Faktor A liegt mit 12,25 auf der Grenze zwischen „zufällig und signifikant".

[+] Der Prozentwert ist die zusammengefasste Wirkung aus C, D und F2.

Bild 4.7: Bedeutungsanalyse der Faktoren in der ANOVA-Tabelle

---

5 Anm.: Nullhypothese H_0: $F_A < F_{\text{krit}}$. Es gibt mit $x\,\%$ einen nur zufälligen Unterschied. Alternativhypothese H_1: $F_A \geq F_{\text{krit}}$. Es gibt mit $x\,\%$ einen signifikanten Unterschied.

Mittels des *Konfidenzintervalls* kann weiter die Streuung des Gesamtmittelwerts abgeschätzt werden. Die Varianz des Fehlers ist vorstehend schon durch Pooling eingegrenzt worden, somit folgt für die Fehlerstreuung

$$S_{F2} = \sqrt{V_{F2}} = \sqrt{100} = 10\,\text{dB}\,. \tag{4.13}$$

Damit kann z. B. ein zweiseitiger 95-%-Vertrauensbereich[6] begrenzt werden, um dessen Grenzen die Werte bei Versuchswiederholungen wahrscheinlich fallen werden. Der Bereich ergibt sich für die Faktorstufen /KLE 20/ zu

$$\pm\, u_{1-\alpha/2} \cdot \frac{S_{F2}}{\sqrt{n}} = \pm 2{,}24 \cdot \frac{10}{\sqrt{9}} = \pm 7{,}47\,\text{dB}\,. \tag{4.14}$$

4.3 Modellansatz für die Faktorwirkungen

Zu den vorstehenden Experimenten ist kein direkter funktionaler Zusammenhang zwischen den Faktoren und der Beobachtung bekannt. Bei so genanntem superponierbaren Verhalten (additives Wirken unabhängiger Faktoren) kann jedoch eine Beobachtung als Signalspektrum (s. Bild 4.6) über dem Mittelwert dargestellt werden. Der *Zielfunktionsansatz*[7] für die additive Wirkung der Faktoren A, B, C, D ohne Wechselwirkung lautet somit:

$$\hat{\eta}_i(A_j, B_j, C_j, D_j) = \overline{\eta} + a_j + b_j + c_j + d_j + \cdots + F_i \quad (i = 1, \ldots, 9\,; j = 1, \ldots, 3) \tag{4.15}$$

Hierin ist $\overline{\eta}$ der Gesamtmittelwert über die gemessenen η_i des Versuchsprogramms und F_i eine Fehlergröße für die Versuchsstreuung (aufgrund der Approximation und der Messung). Des Weiteren bezeichnen die a_j, b_j, c_j und d_j die entsprechenden Stufeneffekte der Faktoren, d. h. die jeweils kumulierten Abweichungen der Faktoren vom Mittelwert.

Im Gleichungssystem (4.15) liegen somit 12 (= 4 · 3) unbekannte Variablen und eine Fehlergröße vor, die nur mittels der vier zusätzlichen Gleichungen

$$\begin{aligned}
\sum a_j &= a_1 + a_2 + a_3 = 0 \\
\sum b_j &= b_1 + b_2 + b_3 = 0 \\
\sum c_j &= c_1 + c_2 + c_3 = 0 \\
\sum d_j &= d_1 + d_2 + d_3 = 0
\end{aligned} \tag{4.16}$$

bestimmt werden können, und zwar durch Einsetzen.

---

6 Anm.: Zu einem 95-%-Vertrauensbereich (d. h. 5 % Irrtum) kann aus der NV-Tabelle im Teil V, S. 283 ff. $u_{1-\alpha/2} = 2{,}24$ abgelesen werden.
7 Anm.: In der statistischen Literatur wird hingegen mit $\overline{\eta} \equiv \mu$ gearbeitet. Im Manuskript bezeichnet $\overline{\eta}$ eine gemittelte Zielgröße.

Jede Gleichung erfasst danach einen Faktoreffekt über alle Stufen, und zwar als Abweichung vom Gesamtmittelwert[8]. Für alle Faktoren kann eine derartige Gleichung erstellt werden. Letztlich lässt sich damit quantifizieren, welche Einstellung eines Faktors welche Mittelwertüberschreitung (d. h. Ausschlag) erzeugt. Aus den Effektdifferenzen lassen sich die Größenordnungen der Variablen bestimmen. Beispielsweise soll dies nachfolgend für die Variablen a_j gezeigt werden:

$$a_1 = \overline{\eta}_{A_1} - \overline{\eta} = \frac{1}{3}(\eta_1 + \eta_2 + \eta_3) - \overline{\eta}$$

$$= \frac{1}{3}(-20 - 10 - 30) - (-41{,}67) = +21{,}67 \, \text{dB} \, ,$$

$$a_2 = \overline{\eta}_{A_2} - \overline{\eta} = \frac{1}{3}(\eta_4 + \eta_5 + \eta_6) - \overline{\eta}$$

$$= \frac{1}{3}(-25 - 45 - 65) - (-41{,}67) = -3{,}33 \, \text{dB} \, ,$$

$$a_3 = \overline{\eta}_{A_3} - \overline{\eta} = \frac{1}{3}(\eta_7 + \eta_8 + \eta_9) - \overline{\eta}$$

$$= \frac{1}{3}(-45 - 65 - 70) - (-41{,}67) = -18{,}33 \, \text{dB}$$

(4.17)

bzw.

$$a_1 + a_2 + a_3 = 21{,}67 - 3{,}33 - 18{,}33 = 0 \, . \tag{4.18}$$

Wenn für das vorliegende Systemverhalten ein stetig approximierendes Modell als hinreichend zutreffend anzusehen ist, so kann die vorstehende Gleichung (4.15) auch zur Vorausschätzung der gemittelten Faktorwirkung bei einer gewünschten Einstellung herangezogen werden.

Dies sei ebenfalls beispielhaft am Faktor A für Stufe 3 gezeigt, für den die Wirkung (entsprechend den Einstellungen im Bild 4.3) abgeschätzt werden soll

$$\hat{\eta}_{A_3} = \frac{1}{3}(\eta_7 + \eta_8 + \eta_9)$$

$$= \frac{1}{3}[(\overline{\eta} + a_3 + b_1 + c_3 + d_2 + F_7)$$

$$+ (\overline{\eta} + a_3 + b_2 + c_1 + d_3 + F_8)$$

$$+ (\overline{\eta} + a_3 + b_3 + c_2 + d_1 + F_9)]$$

$$= \frac{1}{3}(3\overline{\eta} + 3a_3) + \frac{1}{3}(b_1 + b_2 + b_3) + \frac{1}{3}(c_1 + c_2 + c_3)$$

$$+ \frac{1}{3}(d_1 + d_2 + d_3) + \frac{1}{3}(F_7 + F_8 + F_9)$$

$$= (\overline{\eta} + a_3) + F_{A3} \approx -60 \, \text{dB} \, . \tag{4.19}$$

---

8 Beweis: $\quad \overline{\eta}_{A_1} + \overline{\eta}_{A_2} + \overline{\eta}_{A3} - 3\overline{\eta} = 0$

$$\frac{3}{3}\left(\frac{\eta_1 + \eta_2 + \eta_3}{3}\right) + \frac{3}{3}\left(\frac{\eta_4 + \eta_5 + \eta_6}{3}\right) + \frac{3}{3}\left(\frac{\eta_7 + \eta_8 + \eta_9}{3}\right) - 3\overline{\eta} = 0 \, .$$

Wegen den zuvor aufgestellten Ausgleichsbedingungen für die Wirkungsabweichungen werden dann die $\sum b_j$, $\sum c_j$ und $\sum d_j$ jeweils zu null.

Einer gesonderten Betrachtung bedarf der Fehlerterm in der Schätzfunktion. Für die Fehlervarianz gilt entsprechend der allgemein gültigen Beziehung

$$S_F^2 = \frac{1}{n-1} \sum_{i=1}^{n} (F_i - \mu_F)^2 \approx \frac{1}{n} \sum_{i=1}^{n} F_i^2 \approx 10^2 \quad \text{(mit } n = 9) \,, \qquad (4.20)$$

hierin kann der Mittelwert aller Fehler μ_F in der Regel gleich null gesetzt werden. Entsprechend gilt dann für den mittleren Versuchsführungsfehler

$$F_{mi} = \frac{S_F}{\sqrt{n}} = \frac{10}{3} = 3,33\,\text{dB} \,. \qquad (4.21)$$

Damit kann für die gemittelte Faktorwirkung folgender Schätzwert angegeben werden:

$$\hat{\eta}_{A_3} \approx \overline{\eta} + a_3(+F_{mi}) \approx -41,67 - 18,33 \approx -60\,\text{dB} \quad (\pm 3,33\,\text{dB}) \,,$$

und zwar innerhalb der vorausgesagten zweiseitigen Toleranzgrenzen. Aus den Beobachtungen folgt im Mittel ebenfalls $\overline{\eta}_{A_3} = -60\,\text{dB}$.

Insofern kann eigentlich angenommen werden, dass das angenommene Modell für das analysierte Beispiel recht gut zutrifft. Wäre diese Übereinstimmung nicht gegeben, so müsste man die Additivität des Modells in Frage stellen und weiter auf Wechselwirkungen prüfen. *Additivität heißt also, dass die Gesamtwirkung aus den Faktoren in etwa gleich ist der Aufsummierung aller Einzelwirkungen.* Dieses Prinzip wird auch in der linearen Mechanik als gültig für die Wirkung von Kräften auf Tragstrukturen und deren Deformationen angesehen. Die Deformation ergibt sich summiert aus der Überlagerung aller Einzelwirkungen (Superpositionsprinzip), d. h. den auftretenden Teildeformationen.

4.4 Voraussage des S/N-Verhältnisses unter Optimalbedingungen

Die Hauptaufgabe eines Matrixexperiments ist die Bestimmung von optimalen Verhältnissen für die Faktoreinstellungen. Im behandelten Beispiel des CVD-Prozesses war dies die Kombination A_1, B_1, C_2 und D_2. Mit der Varianzanalyse wurde ergänzend festgestellt, dass es nur zwei dominierende Faktoren nämlich A und B gibt, C und D haben einen nur geringen Anteil an der Wirkung. Somit ist im Weiteren von Interesse zu ermitteln, welches Signal/Rausch-Verhältnis sich bei der ermittelten Einstellung ergeben wird. Man kann dies messen oder vorausschätzen.

Unter Heranziehung eines additiven Modellverhaltens kann für das S/N-Verhältnis folgende Schätzung unter ausschließlicher Berücksichtigung der Dominanzfaktoren gemacht werden:

$$\hat{\eta}_{\text{opt}} \approx \overline{\eta} + a_1 + b_1 = \overline{\eta} + (\overline{\eta}_{A_1} - \overline{\eta}) + (\overline{\eta}_{B_1} - \overline{\eta})$$
$$\approx -41{,}67 + (-20 + 41{,}67) + (-30 + 41{,}67) = -8{,}33 \,\text{dB} \,, \tag{4.22}$$

d. h., es kann bei dieser angenäherten Optimaleinstellung[9] mit

$$\overline{y} = \sqrt{10^{-\frac{\hat{\eta}_{\text{opt}}}{10}}} = \sqrt{10^{0{,}833}} = \sqrt{6{,}8} \approx 2{,}6 \;\frac{\text{Fehler}}{\text{Flächeneinheit}} \tag{4.23}$$

durchschnittlichen Defekten in den abgegrenzten Bezugsflächen der Scheibe gerechnet werden.

Des Weiteren kann der Modellansatz auch dazu genutzt werden, die Veränderung zwischen zwei Prozessbedingungen vorauszusagen. Diese Prognose gilt innerhalb der festgelegten Faktorintervalle oder (mit Einschränkung) auch außerhalb.

Nehmen wir an, es sollte abgeschätzt werden, welche Änderung sich zwischen der Ausgangsstufenkombination A_2, B_2 und der optimalen Stufenkombination A_1, B_1 unter Vernachlässigung von C und D voraussichtlich ergibt. Hierzu kann dann folgende Schätzung angesetzt werden:

$$\Delta\eta \approx \eta_{i_{\text{opt}}} - \eta_{i_{\text{Anfang}}} \approx (\overline{\eta}_{A_1} - \overline{\eta}_{A_2}) - (\overline{\eta}_{B_1} - \overline{\eta}_{B_2})$$
$$= (-20 + 45) - (-30 + 40) = 5 \,\text{dB} \,. \tag{4.24}$$

Bezüglich der Defekte hat dies nur geringe Auswirkungen, weil das Optimum sehr nahe bei der Ausgangskombination liegt.

4.5 Modellkonsistenz

Den bisher durchgeführten Betrachtungen liegen bestimmte Annahmen basierend auf vereinfachten Modellvorstellungen zu Grunde. Deshalb ist es wichtig, ein Bestätigungsexperiment mit der ermittelten optimalen Faktorstufen-Kombination durchzuführen und den *beobachteten y- bzw. η-Wert* mit der *Voraussage zu vergleichen*. Hierbei gilt folgende Regel:

> Liegen der prognostizierte $\hat{\eta}$ und der beobachtete η-Wert relativ nahe beieinander, so kann daraus geschlossen werden, dass das benutzte Modell die Abhängigkeit zwischen der Wirkfunktion und den Faktoren A, B, C, D weitestgehend richtig beschreibt. Ist dies nicht festzustellen, d. h. Be-

---

9 Anm.: Aus den Beobachtungswerten des Matrixexperiments könnte man evtl. auch schließen, dass B_2 die optimalere Einstellung wäre; dies kann ebenfalls überprüft werden mittels: $\hat{\eta}_{i_{\text{opt}}} \approx \overline{\eta} + (\overline{\eta}_{A_1} - \overline{\eta}) + (\overline{\eta}_{B_2} - \overline{\eta}) = -18{,}33 \,\text{dB}$, welches aber nicht zutrifft.

obachtungswert und Voraussagewert weichen gravierend voneinander ab, so war die Annahme eines additiven Zusammenhangs[10] nicht zutreffend. In diesem Fall liegen möglicherweise Wechselwirkungen zwischen den Faktoren vor, welches wiederum ein erweitertes Modell mit Wechselwirkungsbelegung der Matrix oder gar ein quadratisches Modell erforderlich macht. Wechselwirkungen bedeuten in diesem Fall, dass zusätzliche Wirkungseffekte aus bestimmten Einstellungen von Faktoren zueinander ausgehen.

Um zu einer näheren Klärung dieser Verhältnisse zu kommen, muss die Varianz des Vorhersagefehlers möglichst zutreffend abgeschätzt werden, damit die Abweichungen zwischen den η-Werten bewertet werden können.

In der Realität wird es zwischen Vorhersage und Experiment immer gewisse Abweichungen geben, die in einem *Vorhersagefehler* zusammengefasst werden können. Diesen kann man sich aus zwei Teilen zusammengesetzt denken, und zwar

– wird ein Teil auf (physikalische) Einstellfehler zurückgehen

und

– der andere Teil den (messtechnischen) Wiederholungsfehler enthalten.

Die Fehlervarianz V_{F2} ist zuvor schon in der ANOVA-Tabelle (vgl. Bild 4.7, S. 44) angegeben worden. Allgemein kann eine Varianz geschätzt werden zufolge der Beziehung

$$V = \frac{\text{Summe der quadrierten Abweichungen}}{\text{Freiheitsgrad des Faktors}} \, .$$

Alternativ lässt sich eine *Fehlervarianz* auch mit dem Poolingverfahren für Beobachtungswerte ohne Wiederholung schätzen, welches vorstehend schon gezeigt wurde. Mit dem Faktor C, D und den entsprechenden Fehlerquadraten ergibt sich auch

$$SQ_C = 3(\overline{\eta}_{C_1} - \overline{\eta})^2 + 3(\overline{\eta}_{C_2} - \overline{\eta})^2 + 3(\overline{\eta}_{C_3} - \overline{\eta})^2 = 350\,\text{dB}^2$$
$$SQ_D = 3(\overline{\eta}_{D_1} - \overline{\eta})^2 + 3(\overline{\eta}_{D_2} - \overline{\eta})^2 + 3(\overline{\eta}_{D_3} - \overline{\eta})^2 = 50\,\text{dB}^2 \tag{4.25}$$

und somit für die gepoolte Fehlervarianz

$$V_{F2} = \frac{(SQ_{C+D})}{(f_{C+D})} = \frac{400}{4} = 100\,\text{dB}^2 \, . \tag{4.26}$$

Um das bisher benutzte additive Modell abzusichern, soll ebenfalls ein Toleranzintervall unter alleiniger Nutzung der Dominanzfaktoren A, B abgeschätzt werden. Die Varianz des Modellfehlers ergibt sich zunächst aus der Addition der Fehler- und Wiederholungsanteile zu

$$V_{FM} = \left(\frac{1}{n_0}\right) \cdot V_{F2} + \left(\frac{1}{n_r}\right) \cdot V_{F2} \tag{4.27}$$

---

10 Anm.: Wechselwirkungen sind von ihrem Charakter immer multiplikativ und führen bei additiven Modellen zu Abweichungen.

Hierin bezeichnet n_0 den erforderlichen *minimalen Versuchsumfang*, der sich zu

$$\frac{1}{n_0} = \frac{1}{n} + \left(\frac{1}{n_{A_1}} - \frac{1}{n}\right) + \left(\frac{1}{n_{B_1}} - \frac{1}{n}\right) = \frac{1}{9} + \left(\frac{1}{3} - \frac{1}{9}\right) + \left(\frac{1}{3} - \frac{1}{9}\right) = \frac{5}{9} \qquad (4.28)$$

ergibt. Bei dem durchgeführten Experiment ist keine Wiederholung (also $n_r = 0$) vorgenommen worden, weshalb für den Modellfehler unter Vernachlässigung des Wiederholungsterms

$$V_{FM} = \left(\frac{5}{9}\right) \cdot V_{F2} = 55,55 \, \text{dB}^2$$

anzusetzen ist. Der Modellfehler bzw. das zugehörige Toleranzintervall (entspricht dem Konfidenzintervall) ergibt sich dann zu

$$\pm t_{n-1;1-\alpha/2} \cdot \sqrt{\frac{V_{FM}}{n}} = \frac{2,306 \cdot \sqrt{55,55}}{\sqrt{9}} = \pm 5,73 \, \text{dB} \, ,$$

wobei als maßgebende Prüfgröße der $t_{8;97,5\,\%}$-Wert[11] (s. Kap. 4.2) heranzuziehen ist. Vergleicht man jetzt das Konfidenzintervall des Modells mit dem Konfidenzintervall der Beobachtungswerte (s. S. 45: ±7,47 dB), so sollte dies „innerhalb" liegen, sonst ist das mathematische Modell zu ungenau. Im vorliegenden Fall ist diese Bedingung erfüllt, weshalb das Modell als hinreichend zutreffend akzeptiert werden kann. Die vorliegende Abweichung wird allgemein als „Bias" bezeichnet.

4.6 Wechselwirkungen zwischen den Faktoren

Bei dem einführenden Beispiel des CVD-Prozesses ist anfänglich unterstellt worden, dass sich die Parameter bezüglich der Wirkung gegenseitig nicht beeinflussen, in diesem Fall findet das lineare Modell auch die besten Voraussetzungen. Es können aber Verhältnisse vorliegen, bei denen eine gegenseitige Beeinflussung von Parametern vorliegt, d. h. bestimmte Einstellungen von Parametern erzeugen einen gemeinsamen Effekt.

Bei vielen chemo-physikalischen Vorgängen, bei denen Druck, Temperatur und Zeit einwirken, ist eine gegenseitige Abhängigkeit auf das Ergebnis zu vermuten. Somit bestehen bezüglich des Ergebnissignals *Wechselwirkungen*, die gewöhnlich für eine Beurteilung nicht vermengt werden dürfen. Vermengungen sind hiernach Doppelbelegungen von Matrixspalten, d. h. die Überlagerung einer Faktorwirkung mit einer Wechselwirkung. Dies bewirkt, dass der alleinige Effekt eines Faktors nicht separierbar ist, sondern einen Summeneffekt darstellt (s. auch Beispiel 9 in Teil II). Insofern

---

11 Anm.: In der Statistik wird der *t*-Wert als Prüfgröße herangezogen, wenn gemittelte Werte gegen den Erwartungswert abzusichern sind.

kann dies bei starken Wechselwirkungen zu völlig falschen Rückschlüssen für eine Systemoptimierung führen. Aus diesem Grunde sollte eine Überprüfung auf Wechselwirkungen immer vorgenommen werden, wie z. B. nachfolgend gezeigt.

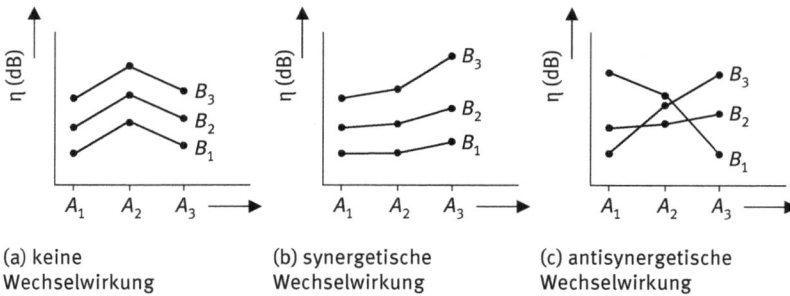

(a) keine
Wechselwirkung

(b) synergetische
Wechselwirkung

(c) antisynergetische
Wechselwirkung

Bild 4.8: Beispielhafte Auswertungen der Faktor-Wechselwirkungen

Falls *Fall a* vorliegt, besteht *keine Wechselwirkung* zwischen den Faktoren A und B. Das Kennzeichen dafür ist, dass die Pfade für die Faktorwirkung A bezüglich der Stufenkombinationen B_1, B_2 und B_3 parallel zueinander sind. Parallele Pfade drücken aus, dass bei einer Stufenänderung von A_1 nach A_2 nach A_3 die korrespondierende Änderung für den η-Wert jeweils dieselbe ist, und zwar unabhängig von der Stufeneinstellung für B. Analoges muss gelten für Veränderungen der B-Stufen, und zwar wieder unabhängig für die Stufen des Faktors A. Einem derartigen Verhalten passt sich das additive Modell besonders gut an.

Wenn Wechselwirkungen vorliegen, sind also Faktorwirkungen voneinander abhängig, welches durch die *Fälle b und c* angedeutet sei. Meist sind Wechselwirkungen dominanter als eine Nichtlinearität.

Im *Fall b* sind die Pfade nicht parallel, sie besitzen aber alle eine ähnliche Richtung (synergetische Wechselwirkung). Bei einem derartigen Verhalten erweisen sich die durch das additive Modell berechneten Optimalstufen aber noch weitestgehend als richtig.

Im *Fall c* sind die Pfade nicht nur parallel, sondern auch die Richtungen sind teils gegenläufig (antisynergetische Wechselwirkung). In solchen Fällen ist das additive Modell meist nicht zutreffend, d. h. die Ergebnisse sind äußerst vorsichtig zu bewerten.

Zu dem Leitbeispiel CVD-Prozess soll im Bild 4.9 eine Wechselwirkungsanalyse exemplarisch für die Faktoren A und B durchgeführt werden. Die Musterlösung ist im Teil II auf S. 222) zu finden. Damit erhält der Leser die Möglichkeit, die bisherigen Ausführungen kritisch zu begleiten. Vorweggenommen wird man tatsächlich eine überwiegend synergetische Wechselwirkung feststellen. Diese ist aber nicht so geartet, dass das bisherige Ergebnis in Frage gestellt werden müsste.

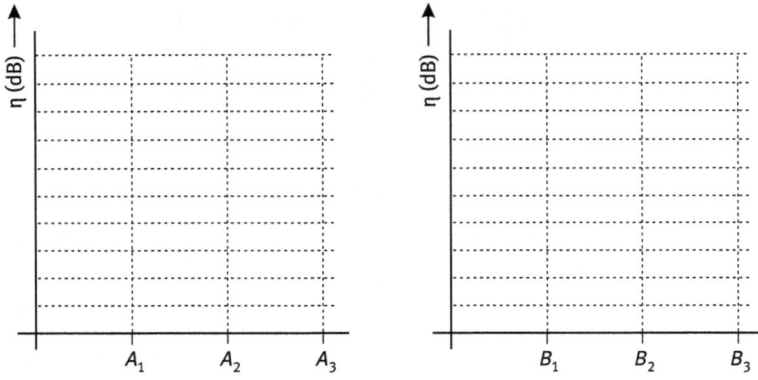

Bild 4.9: Grafische Analyse der Wechselwirkungen des CVD-Prozesses

5 Ergänzende Elemente der Versuchsplanung

Um Versuchsmethodik erfolgreich zu betreiben, sollte die Anzahl der Faktoren bzw. Einflussgrößen so klein wie möglich (< 6–12) gehalten werden und eine ungefähre Kenntnisse über das Modellverhalten /HOF 11/ vorliegen. Eines der grundlegenden Probleme besteht deshalb in der Faktorreduzierung auf die Hauptwirkungen und die Planung des Lösungsweges. Für diese Vorgehensweise steht der so genannte PTCA-Kreis, der den Grundgedanken der Konzentration auf das Wesentliche umfasst.

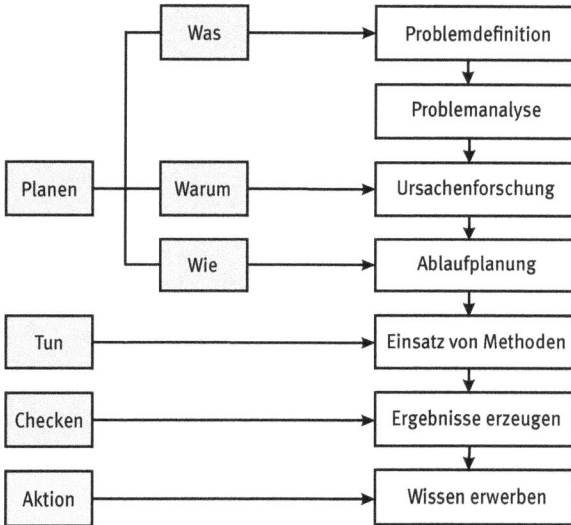

Bild 5.1: Aktionsmodell des PTCA-Konzepts (Planen, Tun, Checken, Aktion)

Die Versuchstechniken müssen demzufolge als industrielle Optimierungsansätze /GUN 99/ aufgefasst werden, welche im Gegensatz zu rein numerischen Optimierungsverfahren fast immer zu einer lokalen Lösung führen, die aber nicht unbedingt das absolute Optimum darstellen muss.

5.1 Problemstruktur

Eine zentrale Aufgabe innerhalb der Versuchsplanung ist die Ermittlung der potenziellen Einflussgrößen auf ein Problem sowie die Auswahl der letztlich experimentell zu untersuchenden Faktoren. Dazu müssen zunächst alle Parameter (einschließlich der Störgrößen), die eine mögliche Wirkung auf ein Problem haben können, gesammelt werden. Da bei Vorliegen einer größeren Anzahl von Parametern diese jedoch aus Ka-

https://doi.org/10.1515/9783110724516-005

pazitäts- und Kostengründen nicht alle untersucht werden können, müssen die aus-
selektiert werden, die ein großes Einflusspotenzial auf das Problem erwarten lassen.
Dies wird von dem *Satz von Pareto* untermauert, wonach 80 % eines Problems nur von
20 % aller Einflüsse hervorgerufen wird.

Ein oft gemachter Fehler in der Praxis ist jedoch die zu spontane Fixierung auf einzelne vermeintliche Ursachen. Meist führt dies zu unbefriedigenden Problemlösun-
gen, womit die Notwendigkeit von Systematik bei der Festlegung der Faktoren für ein
Versuchsprogramm unterstrichen ist. Vielfach bewährt hat sich hierbei die im Bild 5.2
dargestellte Strategie, die auch hier verfolgt werden soll.

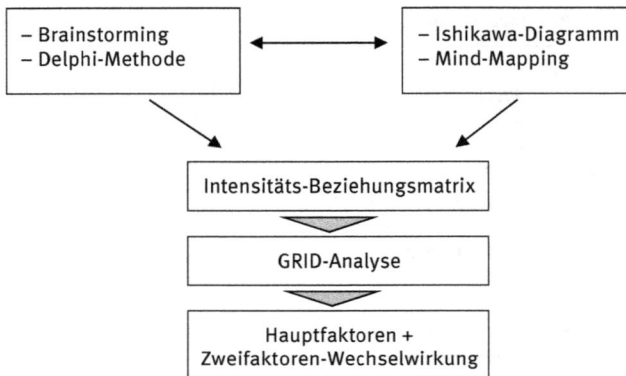

Bild 5.2: Systematische Vorgehensweise zur Ermittlung aller Einflussgrößen auf ein Problem

Grundlegend ist in dieser *Screening-Phase* natürlich die Teambildung, die sich aus
Experten unterschiedlicher Disziplinen (E & K, Produktion/Maschinenbediener, QS,
Versuchstechniker etc.) sowie einem der statistischen Versuchsmethodik kundigen
Moderator zusammensetzen sollte. Ziel ist es, ein vorhandenes Problem /FLA 95/ völ-
lig transparent zu analysieren. Bei den aufgeführten heuristischen Methoden (Brain-
Storming und Delphi) geht es um ein weitgefasstes Sammeln von Einflussgrößen:
–   *Brain-Storming* verfolgt als Zweck, dass unter Nutzung des gesamten Wissens der
    Teammitglieder eine Übersicht über alle problemrelevanten Einflussgrößen ent-
    wickelt werden kann.
–   *Delphi* nutzt hingegen die Befragung von ausgewählten Experten aus, die schrift-
    lich ihre *Meinung* zum Problem und vermutete Ursachen abgeben. Meist läuft die-
    se Befragung mehrstufig (mindestens jedoch zweistufig) ab. Anwendung sollte
    diese Vorgehensweise aber nur finden, wenn es zeitlich oder räumlich unmöglich
    ist, die Experten zu versammeln.

In der Regel wird es so sein, dass innerhalb dieser Sammlungsphase eine große Anzahl an Einflussgrößen anfallen wird. Deshalb ist es weiterhin wichtig, diese ursachenbezogen zu strukturieren. Hierzu bietet sich das *Mind-Mapping-Verfahren* nach T. Buzan oder/und das *Ishikawa-Diagramm* an.

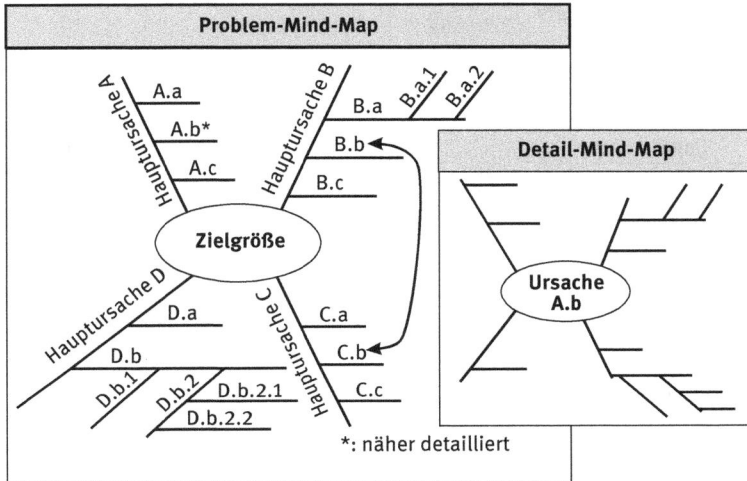

Bild 5.3: Struktur eines Mind-Maps (nach /MAY 97/)

Mind-Mapping ist recht vielseitig anwendbar, und zwar unterstützend zu Brainstorming oder Delphi und auch eigenständig als Strukturierungselement bei komplexen Systemzusammenhängen. Bei der Entwicklung eines Mind-Maps werden, ausgehend von der Zielgröße, an abzweigenden Ästen die lokalisierten Hauptursachen angetragen. Von diesen Hauptästen zweigen weitere Äste ab, welche wiederum noch weiter verzweigt werden können. Auf diese Weise können die an den Hauptästen angeordneten Ursachen bis zu den Einflussgrößen detailliert und präzisiert werden.

Falls ein Mind-Map zu unübersichtlich wird, kann es sinnvoll sein, einzelne Äste in weitere Mind-Maps näher zu detaillieren. Vermutete Wechselwirkungen zwischen einzelnen Einflussgrößen können beispielsweise durch Relationspfeile hervorgehoben werden.

Das Ishikawa- oder Ursache-Wirkungs-Diagramm ist ein sehr systematisiertes Analysewerkzeug. Vorgabe ist hierbei, eine Wirkung rekursiv auf Hauptursachen und diese weiter auf *Unter*-Ursachen zurückzuführen. Eine Hilfestellung kann hierbei die Orientierung an die so genannten 5 Ms (Mensch, Material, Maschine, Methode und Messung) bzw. auch bei Berücksichtigung von Störgrößen ein 6tes M (Mitwelt) sein. Diese Ms werden dann als Hauptursachen in das Ishikawa-Diagramm übernommen und diesen die zuvor ermittelten Ursachen zugewiesen.

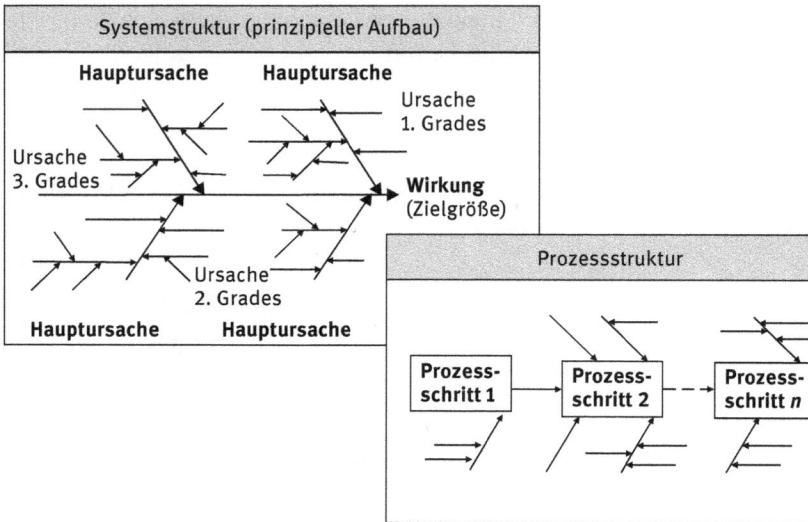

Bild 5.4: Struktur des Ishikawa-Diagramms (nach /MAY 97/)

Eine Variante des Basis-Ishikawa-Diagramms stellt das Prozess-Ishikawa-Diagramm dar, welches zur Strukturierung von mehreren hintereinander geschalteten Vorgängen in einem Prozess verwendet werden kann. Die einzelnen Prozessschritte werden dazu in einem horizontal angeordneten Ablaufdiagramm erfasst. Für die einzelnen Prozessschritte werden die möglichen Ursachen angetragen und die unmittelbare Wirkung abgeleitet. Auf diese Weise entsteht eine Übersicht über den ganzen Realisierungsprozess.

5.2 Problemaufbereitung

Auch nach der erfolgten Strukturierung wird es so sein, dass die Anzahl der Einflussgrößen noch relativ groß sein wird. Durch einfache Reflexion und Bewertung sollte man weiterhin versuchen, eine Eingrenzung auf maximal 6–12 Einflussgrößen vorzunehmen. Für ein wirtschaftliches Versuchsprogramm sind dies aber immer noch zu viele Einflussgrößen, weshalb es Aufgabe sein muss, hierunter die wichtigsten einzugrenzen.

Ein in der Versuchsplanung bewährtes Verfahren ist die Selektion mittels der *Intensitäts-Beziehungsmatrix* /HOL 95/ und der nachgeschalteten *GRID-Analyse*.

Die Intensitäts-Beziehungsmatrix ist eine Auflistung aller Einflussgrößen in einem matriziellen Schema und dient im Allgemeinen der Priorisierung von Einflussgrößen bezüglich eines Ziels. Die Relativierung erfolgt hierbei zeilenweise, in dem eine Einflussgröße mit allen anderen bezüglich ihrer Wirkung gewichtet wird. Es ergibt sich dann das im Bild 5.5 beispielhaft ausgewertete Schema, wobei vereinfachend zehn fiktive Einflussgrößen EG_i spalten- und zeilenweise eingeführt worden sind. Die Rangordnung beruht auf qualitativer Gewichtung, und zwar:

- Jede in einer Zeile eingeordnete Einflussgröße (z. B. EG 1) wird mit jeder anderen Einflussgröße (EG 2 bis EG 10 etc.) gewichtet.
  Die Relationierung erfolgt nach dem Prinzip: unwichtig, gleich wichtig oder wichtiger. Hierzu werden entsprechende Punkte (0, 1, 2) vergeben.
- Aus jeder Zeile kann weiter eine Aktivsumme und je Spalte eine Passivsumme[1] gebildet werden. Das somit für eine Einflussgröße gefundene Wertepaar gibt eine weitreichende Information über die Wichtigkeit.
  Beispielsweise hat EG 6 die Aktivsumme 15 und die Passivsumme 3, hieraus kann eine „hohe Stärke" bei „geringer Abhängigkeit" von anderen Einflussgrößen prognostiziert werden.
  Demgegenüber hat EG 1 eine Aktivsumme von 7 und eine Passivsumme von 11, d. h., es handelt sich um eine insgesamt „schwache" Einflussgröße mit „großer" Abhängigkeit.

		EG 1	EG 2	EG 3	EG 4	EG 5	EG 6	EG 7	EG 8	EG 9	EG 10	Aktivsumme	Rang
Nr.	Einflussgröße	1	2	3	4	5	6	7	8	9	10		
1	EG 1		0	1	0	2	0	1	2	1	0	7	6
2	EG 2	2		1	1	2	0	2	1	2	2	13	②
3	EG 3	1	1		1	2	1	0	2	1	1	10	④
4	EG 4	2	1	1		1	0	2	1	2	2	12	③
5	EG 5	0	0	0	1		0	0	1	2	0	4	7
6	EG 6	2	2	1	2	2		1	2	1	2	15	①
7	EG 7	1	0	2	0	2	1		1	2	1	10	④
8	EG 8	0	1	0	1	1	0	1		2	2	8	5
9	EG 9	1	0	1	0	0	1	0	0		1	4	7
10	EG 10	2	0	1	0	2	0	1	0	1		7	6
⋮												⋮	
Passivsumme		11	5	8	6	14	3	8	10	14	11	90	

Spaltenköpfe oben: → als/wie; wichtiger? (= 2); gleich wichtig? (= 1); unwichtiger? (= 0); ist

Bild 5.5: Intensitäts-Beziehungsmatrix
(Legende: $\sum$ über Hauptdiagonale immer = 2, ansonsten 2 spiegelt 0, 1 spiegelt 1, 0 spiegelt 2)

---

[1] Anm.: Bei $n = 10$ EGs ist max. Punkt $= (n - 1) \cdot 2 = 18$ Punkte, d. h. Aktivsumme + Passivsumme = max. Punkt.

Wie zuvor schon herausgestellt, ist das primäre Bemühen, die wesentlichen Haupteinflussgrößen zu finden. In dem Schema werden dies die mit der höchsten Zeilenpunktezahl in der Aktivsummenspalte sein. Um im Weiteren übersichtlich zu bleiben, sollte man in ein Versuchsprogramm aber nicht mehr als sechs bis maximal zehn Einflussgrößen aufnehmen.

Eine tiefere Beurteilung zur Wichtigkeit von Einflussgrößen ermöglicht insbesondere die GRID-Analyse in dem in Bild 5.6 gezeigten Portfolio-Schema. Die GRID-Analyse ist ein universelles Verfahren, um eine Vielzahl von Einflussfaktoren ordnen zu können. Bei DoE dienen die vier Felder zur Herausfilterung der wichtigen Einflussgrößen bezüglich ihrer Stärke auf die Zielgröße. Jede Einflussgröße wird über ihre Passiv- und Aktivsumme in ein Feld platziert.

1. Feld: Starke Hauptwirkungen
2. Feld: Schwächere Hauptwirkungen
3. Feld: In der Regel unbesetzt

und

4. Feld: Einflussgrößen mit möglichen Wechselwirkungen

Die Abgrenzung der Felder erfolgt bei $\sum$ Punktezahl: $n = 90 : 10 = 9$.

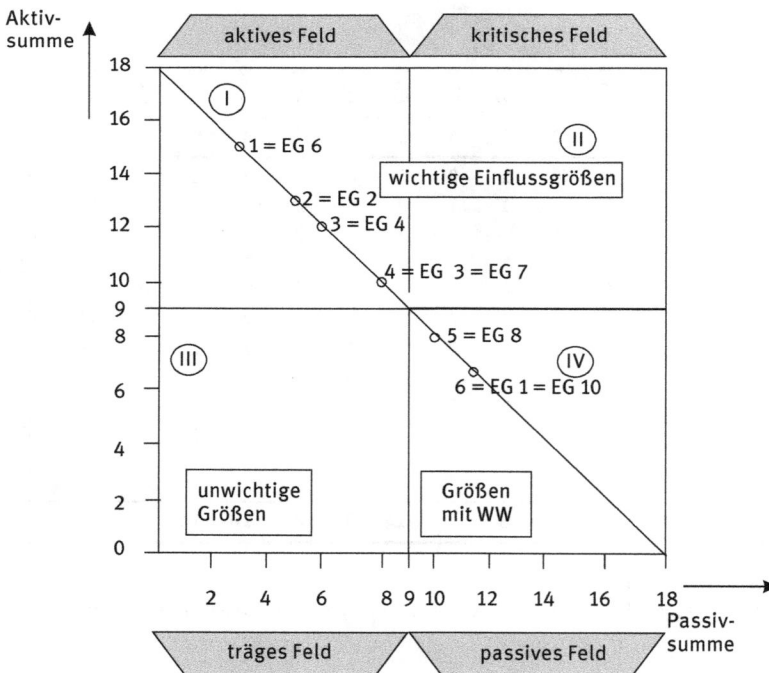

Bild 5.6: GRID-Analyse der Aktivsummenauswertung

Eine Erfahrungsregel ist, dass sich die Haupteinflussgrößen in absteigender Ordnung an der Diagonale ausrichten. Größere Abstände sind dabei ein Hinweis auf die Stärke von Wechselwirkungen zu anderen Einflussgrößen. Falls in der Praxis eine sehr große Anzahl von Einflussgrößen einzuordnen ist, hat es sich als hilfreich erwiesen, die Felder nach der 80/20-Regel von Pareto abzugrenzen.

5.3 Lineare Regression

Wie schon mehrfach festgestellt, wird in der Vielzahl der Fälle der direkte mathematische Zusammenhang zwischen den Einflussgrößen und der Wirkung/Zielgröße unbekannt sein. Für die tendenzielle Bewertung des Produkt- oder Prozessverhaltens wäre es aber sehr vorteilhaft, wenn dieses Verhalten bekannt ist, da dann Inter- und Extrapolationen möglich sind.

Die Mathematik bietet zur Herstellung von Zusammenhängen zwischen *quantitativen Größen* die so genannte Regression /BAC 96/ an. Ziel ist es, die Wirkung von Einflussgrößen x_i auf eine Zielgröße y modellmäßig zu beschreiben. Gesucht ist also die Funktion

$$y = y(x_1, x_2, x_3, \ldots) \, ,$$

welche jedoch nur näherungsweise aufgestellt werden kann.

Um eine geeignete Schätzung vornehmen zu können, muss man zunächst ein Modellverhalten als linear, gemischt linear oder quadratisch annehmen. Bewährte Ansätze (s. /DER 93/) sind hiernach:
-   linear

$$\hat{y} = b_0 + b_1 \cdot x_1 + b_2 \cdot x_2 + b_3 \cdot x_3 \, , \tag{5.1}$$

-   linear mit Wechselwirkungsgliedern

$$\hat{y} = b_0 + b_1 \cdot x_1 + b_2 \cdot x_2 + b_3 \cdot x_3 + b_{12} \cdot x_1 \cdot x_2 + b_{13} \cdot x_1 \cdot x_3 + b_{23} \cdot x_2 \cdot x_3 \tag{5.2}$$

oder
-   quadratisch mit Wechselwirkungsgliedern

$$\hat{y} = b_0 + b_1 \cdot x_1 + b_2 \cdot x_2 + b_3 \cdot x_3 + b_{12} \cdot x_1 \cdot x_2 + b_{13} \cdot x_1 \cdot x_3 + b_{23} \cdot x_2 \cdot x_3$$
$$+ b_{11} \cdot x_1^2 + b_{22} \cdot x_2^2 + b_{33} \cdot x_3^2 \tag{5.3}$$

Die in den Ansätzen[2] eingehenden Koeffizienten b_i können aus den Versuchsdaten eines Experiments bestimmt werden, wie das folgende Schema zeigen soll.

---

2 Anm.: Der Zusammenhang $y = y(x)$ gilt natürlich nur für normierte Größen x_i; die entsprechenden physikalischen Größen ($A, B, C, \ldots$) müssen zuvor auf dieses Intervall (s. hierzu Beispiel 3) bezogen werden.

Exp.-Nr.	I	x_1	x_2	x_3	x_1x_2	x_1x_3	x_2x_3	y_i
1	+	−	−	−	+	+	+	y_1
2	+	+	−	−	−	−	+	y_2
3	+	−	+	−	−	+	−	y_3
4	+	+	+	−	+	−	−	y_4
5	+	−	−	+	+	−	−	y_5
6	+	+	−	+	−	+	−	y_6
7	+	−	+	+	−	−	+	y_7
8	+	+	+	+	+	+	+	y_8
	b_0	b_1	b_2	b_3	b_{12}	b_{13}	b_{23}	$\overline{y}$

Bild 5.7: 2^3-Versuchsplan mit 2F-WW (I = Identitätsspalte)

Bei der Bestimmung der Koeffizienten ist dem Spaltenschema folgend vorzugehen, z. B.

$$b_0 \equiv \overline{y} = \frac{\sum_{i=1}^{n} y_i}{n}, \quad \text{(1. Spalte nur +-Werte)} \tag{5.4}$$

$$b_1 = \frac{-y_1 + y_2 - y_3 + y_4 - y_5 + y_6 - y_7 + y_8}{8} \tag{5.5}$$

$$b_{12} = \frac{y_1 - y_2 - y_3 + y_4 + y_5 - y_6 - y_7 + y_8}{8} \tag{5.6}$$

etc.

Mittels der Regression wird eine „Punktwolke" von Daten im x-y-Koordinatensystem so ausgeglichen, bis alle Punkte ausgemittelt sind, d. h., es wird verlangt, dass die Summe SQ der Abstandsquadrate zwischen den Beobachtungswerten y_i und den Regressionswerten $\hat{y}_i$ minimal wird:

$$SQ = \sum_{i=1}^{n} (y_i - \hat{y}_i)^2 \quad \rightarrow \quad \text{MINIMUM!} \tag{5.7}$$

Für die Güte der Anpassung werden die Residuen

$$d_i = y_i - \hat{y}_i \tag{5.8}$$

und das Bestimmtheitsmaß /HAR 85/

$$B = \frac{\sum_{i=1}^{n} (\hat{y}_i - \overline{y})^2}{\sum_{i=1}^{n} (y_i - \overline{y})^2}, \quad \text{mit } \overline{y} = \frac{1}{n} \sum_{i=1}^{n} y_i \tag{5.9}$$

herangezogen. Das Bestimmtheitsmaß hat die Eigenschaft

$$0 \leq B \leq 100\%,$$

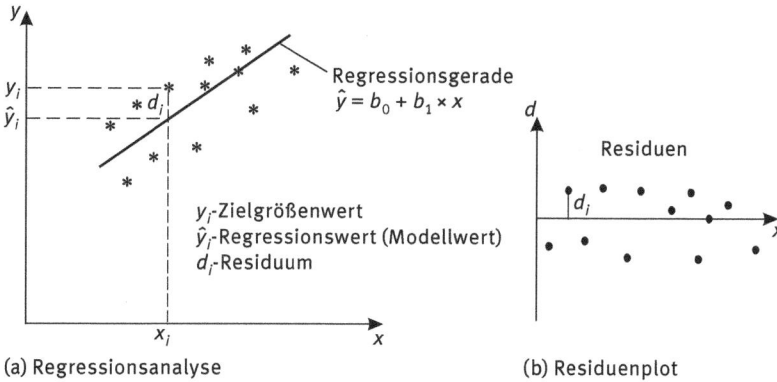

(a) Regressionsanalyse

(b) Residuenplot

Bild 5.8: Regressionsgerade und Residuengrafik

mit den Extremfällen

$B = 100\%$, wenn alle $\hat{y}_i = y_i$ sind (d. h. optimal angepasst) und

$B = 0\%$, wenn alle $\hat{y}_i = \overline{y}$ sind (d. h. keine Anpassung).

Je größer also das Bestimmtheitsmaß ist, desto besser ist die Modellanpassung gelungen. Leider existiert keine Güteskala für das Bestimmtheitsmaß, weshalb man nicht eindeutig in gute und schlechte Approximationen unterscheiden kann. Die Erfahrung zeigt aber, dass die erste Ursache für eine schlechte Modellanpassung in nicht erfassten Wechselwirkungen liegt oder als zweite Ursache eine quadratische Approximation zu prüfen ist. Diesen Möglichkeiten wird insbesondere im Beispiel 4 (S. 174 ff.) nachgegangen, welches dieses Kapitel also sinnvoll ergänzt.

5.4 Versuchstechniken von Shainin

Die Versuchstechniken von D. Shainin[3] werden oft in Konkurrenz zur Taguchi-Methodik gebracht, obwohl hier eine völlig andere Zielrichtung verfolgt wird. Im Mittelpunkt von Shainin steht die Streuungsreduzierung bei messbaren Zielgrößen. Vielfach werden auch Shainin-Techniken zur Reduzierung der Problemgröße (Homing-In-Technik) benutzt, um anschließend einen übersichtlicheren Versuchsplan nutzen zu können. Das Zusammenwirken aller Techniken zeigt das nachfolgende Bild 5.9.

---

[3] Anm.: Dorin Shainin hat in den USA eine Unternehmensberatung für „statistische QS-Methoden" gegründet. Das Lehrkonzept Shainin TM® ist als Warenzeichen geschützt.

<10 ... 20 Einflussgrößen

Multi-Variations-Karten	Paarweiser Vergleich	Komponenten-Suche
– Typisierung von Störeinflüssen – grafische Stichproben-auswertung	– Eingrenzung der Hauptstörein-flüsse – Vergleich der Merkmalsauspra-gungen von Gut-/Schlechtteilen	– Eingrenzung der Haupt-störeinflüsse – Wechselseitiges Vertauschen der Komponenten von Gut/Schlecht.

Eingrenzung und Identifizierung

6...12

Variablensuche
– Identifizierung der Haupt-einflussgrößen
– 5 bis 10 Einflussgrößen

≤ 6

Vollfaktorieller Versuch
– Identifizierung der Hauptein-flussgrößen
– 4 oder weniger Einflussgrößen

Verifizierung

Prozessvergleich
– Bewertender Vergleich zweier Prozesse

3-4

Scatter Diagramm
– Optimierung der Haupteinfluss-größe
– Festlegung der Toleranz

Optimierung

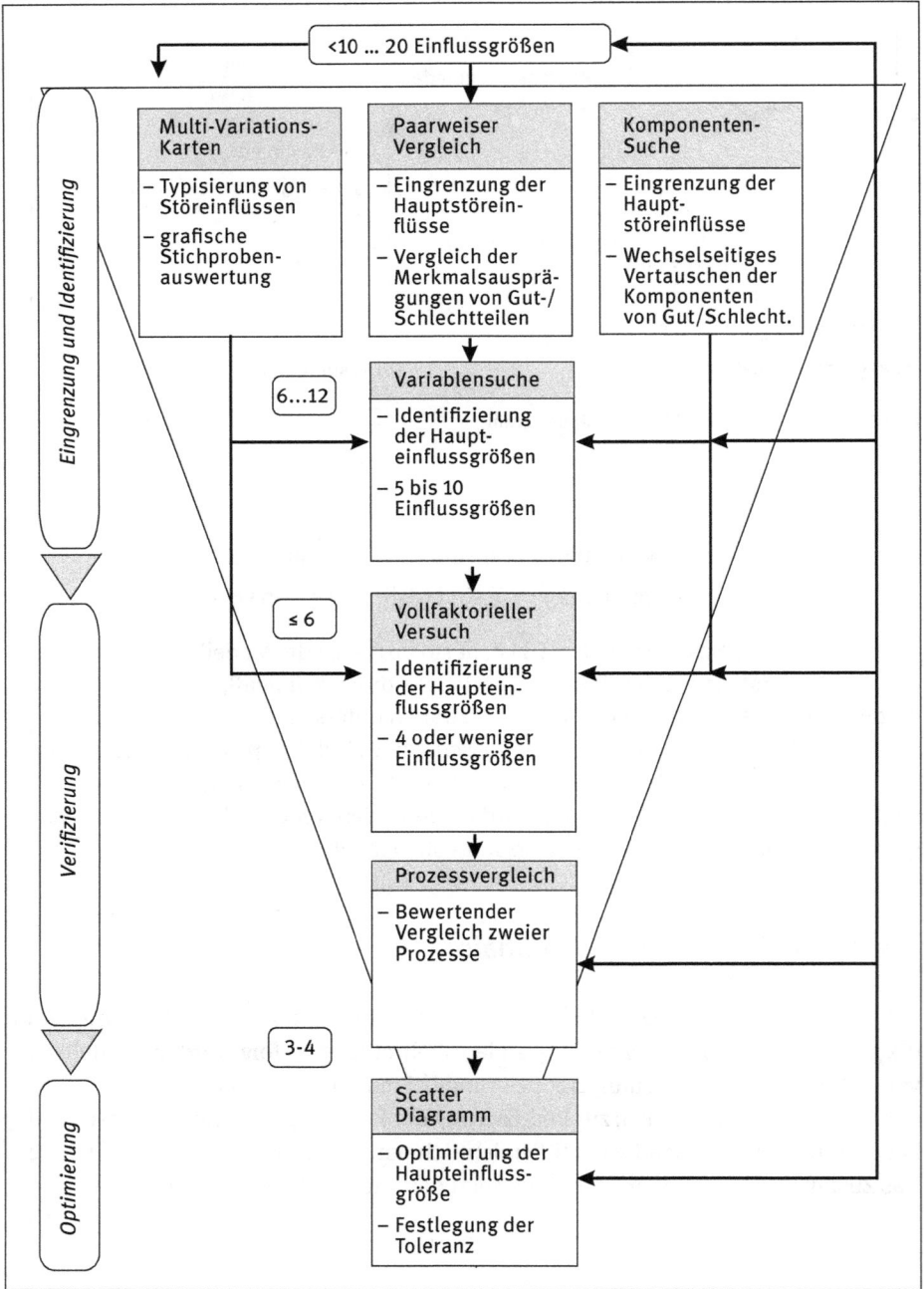

Bild 5.9: Systematik zur Streuungsreduzierung nach /BOT 90/

Shainin geht davon aus, dass der Praktiker meist vor einem unübersehbaren Problem von Verflechtungen und Abhängigkeiten stehen wird. Er formulierte daher den Leitsatz:

Lasst nicht die Ingenieure raten, sondern lasst Daten und Fakten sprechen!

Seine Methoden zielen deshalb darauf, eine große Zahl von Abhängigkeiten (10–20 Faktoren) in mehreren Stufen auf kleiner vier oder besser noch zwei bis drei herunterzudrücken. Hierzu nutzt Shainin größten Teils bewährte Techniken der Statistik, welche ein Anwendungsrisiko weitestgehend ausschließen. Durch die Problemreduzierung auf wenige Haupteinflüsse ist meist auch eine gute Wirtschaftlichkeit in Relation zum Aufwand gegeben.

Voraussetzung einer sinnvollen Anwendung ist, das Hardware (d. h. Objekte) vorliegt, an denen die notwendigen Daten gewonnen werden können.

Shainin deklariert seine Techniken /MIT 90/ deshalb als die aktive Suche nach den Dominanzfaktoren (Red X[4]/Rotes X und Pink X/Rosa X), die erfahrungsgemäß etwa 90 % des Streuungsproblems verursachen. Nachfolgend sollen die vier wirksamsten Techniken kurz dargestellt werden.

5.4.1 Multi-Vari-Bild

Das Ziel der Streuungsanalyse ist es, Ursachen für Streuungen von quantitativen oder qualitativen Merkmalen zu finden. Hierbei wird gleichzeitig eine große Anzahl von möglichen Ursachen auf nur noch wenige Ursachen (inkl. Red X) eingeengt. Als Instrument hierzu wird das Multi-Vari-Chart benutzt, welches von der Darstellungsform eine gewisse Ähnlichkeit mit einer Regelkarte /REI 99/ aufweist. Die entsprechende Datensammlung muss dabei einen stratifizierenden Charakter haben, um feststellen zu können, ob das Hauptstreuungsmuster „lagebedingt, zyklisch oder zeitbedingt" ist.

Beispiele für die auftretenden Streuungsmuster sind
– lagebedingt:
  – Streuungen innerhalb einer einzelnen Einheit (z. B. Porositäten in einem Metallgussteil) oder quer durch eine einzelne Einheit, die aus mehreren Teilen besteht (z. B. Leiterplatte mit vielen elektronischen Komponenten),
  – Streuungen durch die Lage/Position einer Charge (z. B. von Nest zu Nest bei einem Formverfahren),
  – Streuungen von Maschine zu Maschine, von Bediener zu Bediener oder von Werk zu Werk.

---

4 Anm.: Red-X® ist ein eingetragenes Warenzeichen von Shainin.

- zyklisch:
  - Streuungen zwischen aufeinander folgenden Einheiten, die aus einem Prozess entnommen werden,
  - Streuungen zwischen Gruppen von Einheiten,
  - Streuungen von Charge zu Charge,
  - Streuungen von Los zu Los.

- zeitlich:
  - Streuungen von Stunde zu Stunde, von Schicht zu Schicht, von Tag zu Tag, von Woche zu Woche usw.

Im nachfolgenden Bild 5.10 sind die drei Streuungsarten dargestellt, die normalerweise bei einem Qualitätsmerkmal möglich sind. In der Praxis soll dies so gemacht werden, dass drei bis fünf Einheiten zu einem Zeitpunkt entnommen und geprüft werden.

Zwischen den Stichproben soll ein angemessener Zeitabstand liegen. Der Vorgang ist so lange zu wiederholen, bis mindestens 80 % der nichtbeherrschten Streuung innerhalb des Qualitätsmerkmals erfasst sind. Dies ist eine notwendige Voraussetzung für die Schlussfolgerungen aus einer Multi-Vari-Analyse.

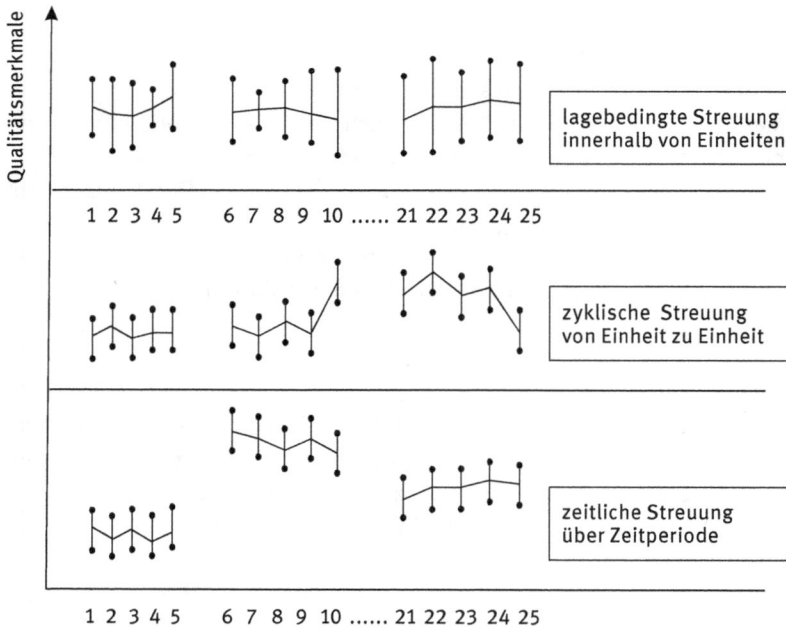

Bild 5.10: Streuungsarten bei Produkten/Prozessen mit messbaren QS-Merkmalen

Der markante Effekt bei der lagebedingten Streuung ist, dass etwa über einem Mittelwertniveau die Größt- und Kleinstwerte stark schwanken. Bei der zyklischen Streuung sind größere Niveauunterschiede innerhalb verschiedener Einheiten festzustellen, und bei der zeitlichen Streuung treten zu bestimmten Zeitpunkten markante Unterschiede auf. Aus dem Charakter der Analyse („Schnappschuss" unter Zeitraffung) folgt, dass eine bestimmte Prüf- und Auswertemethodik eingehalten werden muss. Während bei klassischen Regelkarten ein bewusst zufallsbedingtes Los ausgewertet wird, gilt für die Multi-Vari-Analyse, dass weder die Fertigungsreihenfolge noch die Prüffolge zufallsbedingt sein darf. Ziel ist es ja, rückschließen zu können auf Einheiten oder Losen mit markanten Abweichungen.

Das Erkennen der Abweichungen führt dann zu den Ursachen und zur systematischen Fehlerbehebung. Kein anderes Verfahren der Qualitätstechnik ermöglicht einen ähnlichen zielgerichteten Eingriff in Produkte/Prozesse, dies weiß vor allem derjenige zu schätzen, der in Unternehmen häufig mit Fehlersuche bei Prozessabweichungen befasst war.

Ein Beispiel für eine praktische Auswertung ist die im Bild 5.11 gezeigte Ankerwelle für einen hochtourigen Elektromotor. Hier besteht die Forderung, dass die Flanschaufnahme „zylindrisch" sein soll. Das Qualitätsmerkmal ist also die Durchmesserdifferenz bzw. die „Parallelität" über der Länge. Wenn der Wellenabschnitt konisch ist, zeigt sich mit der Zeit ein Lockern des Flansches, worin ein Gefahrenmoment für die Umwelt besteht.

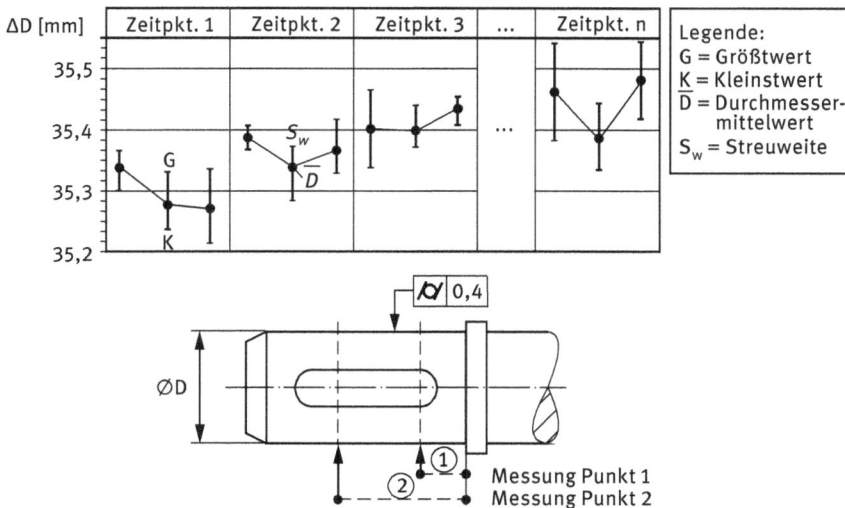

Bild 5.11: Streuungsanalysekarte für die Überwachung der Zylindrizität eines Wellenabsatzes

Trotz aller Bemühungen ist es in dem betreffenden Fall der Herstellerfirma nicht gelungen, die vorgegebene Zylindrizität der Wellenabsätze auf der vorhandenen NC-Maschine einzuhalten. Das Qualitätsmerkmal streut innerhalb einer Einheit, von Einheit zu Einheit und auch von Zeit zu Zeit. Dafür müssen also mehrere Ursachen (Maschine, Werkzeug, Bediener) verantwortlich sein.

Mittels einer reinen Regelkartenauswertung (Gruppenmittelwerte und Streuung) erhält man die Information, dass das Qualitätsmerkmal wegdriftet, gewöhnlich wird dies auf Werkzeugverschleiß zurückgeführt. Ob dies die einzige Ursache ist, lässt sich jedoch nicht feststellen. Erst mit einer Multi-Vari-Analyse ist man in der Lage, alle Ursachen für den auftretenden Effekt zu finden, insofern ist dieses Verfahren eine große Hilfe für die Praxis.

Entdeckt hat man dann:

- Die Maschine wurde mit zu wenig Kühlmittel betrieben, wodurch sich Führungen zu stark ausdehnten.
- Weiter war ein Lager in der Futterführung ausgeschlagen.
- Der Werkzeughalter hatte eine zu kurze Einspannung, welches zu einem langen Werkzeugüberstand führte, mit der Folge von Schwingungen.

und

- Die Maschine wurde bei allen Pausen stillgesetzt, wodurch sich im Anlauf zusätzliche Aufheizeffekte bemerkbar machten.

Mit Maßnahmen an der Maschine konnten 50 %, mit einem Lagerwechsel weitere 20 %, mit einem abgestimmten Werkzeugsystem nochmals 10 % und durch konstanten Durchlauf zusätzlich 5 % an Streuungen reduziert werden.

5.4.2 Komponenten-Bestimmung

Die Komponenten-Bestimmungstechnik kann angewandt werden, wenn ausgeführte Einheiten vorliegen, die als *Gut-Schlecht-Einheiten* klassifiziert werden können, die *zerlegbar* und wieder *zusammenbaubar* sind. Typische Anwendungen sind daher Probleme in Systemen mit mehreren Subsystemen und Komponenten (z. B. Montageprobleme). Das Vorgehenskonzept /SCH 01/ ist dann wie folgt:

1. Es wird eine gute und eine schlechte Einheit ausgewählt, die jedoch beide voll funktionsfähig sein müssen.
2. Es werden Messbereiche zur Quantifizierung von guten und schlechten Einheiten festgelegt.
3. Es werden Messungen mit guten und schlechten Einheiten durchgeführt, die jedoch wiederholbar sein müssen.
4. Zerlegung der guten bzw. schlechten Einheiten mit anschließendem Wiederzusammenbau und neuerliche Messung

Ist das Verhältnis

$$\underset{\substack{\text{(Differenz der} \\ \text{Mittelwerte)}}}{D} : \underset{\substack{\text{(Differenz der} \\ \text{Wiederholungen)}}}{d} > 5 : 1^5,$$

so besteht zwischen der guten und schlechten Einheit ein signifikanter Unterschied. Ist das Verhältnis kleiner, so ist die Komponenten-Bestimmungstechnik nicht die geeignete Methode für die Analyse.

Beispiel (Geräuschproblem an einem Pkw-Motor): Im Nutzungsumfeld werden verstärkt Dieselmotoren eines Herstellers reklamiert, da diese nach EU-Recht keine Geräusche größer 70 dB(A) abstrahlen dürfen.

Aus einer Produktion werden daher zwei Einheiten mit fiktiven merklichen Unterschieden ausgewählt:

gute Einheiten: 1. Messung $G_1 = 50,1$ dB

                        2. Messung $G_2 = 49,9$ dB

schlechte Einheiten: 1. Messung $S_1 = 71$ dB

                        2. Messung $S_1 = 68$ dB

$$D = \left| \frac{G_1 + G_2}{2} - \frac{S_1 + S_2}{2} \right| = \left| \frac{50,1 + 49,9}{2} - \frac{71 + 68}{2} \right| = |50 - 69,5| = 19,5$$

$$d = \left| \frac{G_1 - G_2}{2} \right| + \left| \frac{S_1 - S_2}{2} \right| = \left| \frac{50,1 - 49,9}{2} \right| + \left| \frac{71 - 68}{2} \right| = 1,6$$

Prüfungskriterium: $D : d = 19,5 : 1,6 = 12,1875 : 1 > 5 : 1$,

das heißt, die Komponenten-Bestimmung kann auf das Problem angewandt werden und wird vermutlich zu einer Lösung führen.

5.   Benennung und Reihung aller maßgebenden Teilkomponenten
6.   Gezielter Umbau von einzelnen Teilkomponenten in vorher als gute und schlechte Systeme eingestufte
7.   Erneute Messung, wobei zwischenzeitlich immer der Ursprungszustand hergestellt werden muss. Bleibt das Resultat vom Komponententausch unberührt, so hat die Komponente keinen Einfluss. Kehren sich hingegen die Verhältnisse um, so ist das rote X bzw. sind die roten X'e gefunden. Der vorstehende Fall ist im umseitigen Bild 5.12 beispielhaft im Verlauf dargestellt worden.

---

5 Anm.: Die Differenz D zwischen den Mittelwerten kann als Maß für den Effekt der Faktoren interpretiert werden. Der Mittelwert der Differenz d ist ein Maß für die Zufallsstreuung. Bei kleinen Zufallsstreuungen überwiegen die Faktoreinflüsse.

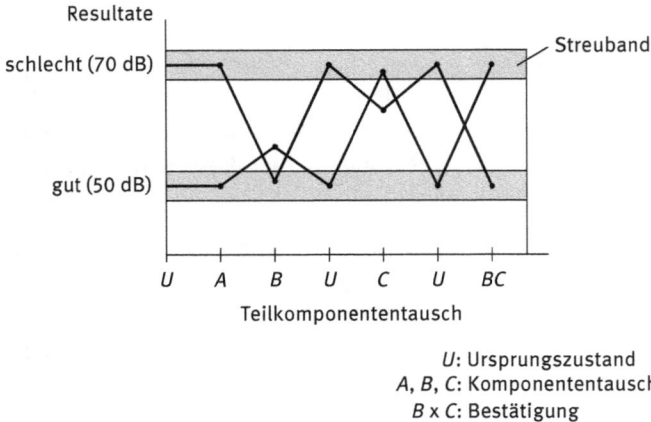

U: Ursprungszustand
A, *B*, *C*: Komponententausch
B x *C*: Bestätigung

Bild 5.12: Auswertung eines Systems nach der Komponenten-Bestimmungstechnik

8. Nachdem die bestimmenden Komponenten ermittelt worden sind, muss ein Schlusslauf durchgeführt werden, bei dem die als wichtig eingestuften Komponenten gemeinsam jeweils in die guten und schlechten Systeme eingebaut werden. Die Einstufung muss sich dann bestätigen.

   Beispielsweise hat die Teilkomponente *A* keinen Einfluss auf die Wirkung der Systeme. Anders ist dies bei den Teilkomponenten *B* und *C*. Bei deren Tausch entsteht aus einem schlechten System ein gutes bzw. aus einem guten System wird ein schlechtes.

   Tritt eine derartige abhängige Reaktion auf, so sind Wechselwirkungen zwischen den Komponenten zu vermuten, weshalb auch ein gleichzeitiger Tausch von B und C zu testen ist. Somit kann die Ursache von Systemabweichungen gezielt eingegrenzt werden.

Nachdem die „dominanten Faktoren" gefunden sind, macht es erst Sinn, das Produkt mit einem Versuchsplan weiter zu analysieren. Dieses Vorgehen ist auch bei den folgenden Techniken zu empfehlen.

5.4.3 Variables Search-Technik

Treten bei einem Problem mit vielen Parametern quantifizierbare Abweichungen des Qualitätsmerkmals auf, so können auch Streuungen mit einem Variablenvergleich eingegrenzt werden. Wieder ist die Voraussetzung erforderlich, dass *gute* und *schlechte* Einheiten vorliegen.

Die Variables Search-Technik gliedert sich demzufolge in die folgenden Abschnittsstufen und ist oftmals effizienter als faktorielle Versuche:

1. Auflistung aller für eine Problemstellung relevanten Parameter (A, B, C, ...). Die Relevanz sollte vorher von Fachleuten überprüft werden.
2. Jedem Parameter werden zwei Stufen zugeordnet. Die erste Ausgangsstufe sollte die derzeitig existente Bedingung des Parameters beschreiben. Die zweite Folgestufe sollte eine vermutete Verbesserung der Ergebnisse bringen.

Beispiel: Schnittgrad-Höhenuntersuchung an einem Frästeil, wobei eine möglichst geringe Schnittgradhöhe angestrebt wird. Fachleute halten hierfür die folgende Parameterliste für relevant:

Parameter	Bezeichnung	1. Ausgangsstufe	2. Folgestufe
A	Paketbildung	ja	nein
B	Vorschub	100 mm/min	150 mm/min
C	Schnittgeschwindigkeit	90 m/min	110 m/min
D	Zähnezahl Fräser	48	64
E	Spanwinkel	7°	26°
F	Spanndruck	200 N	600 N
G	Fräsrichtung	gegen Walzrichtung	in Walzrichtung

3. Durchlauf von zwei Experimenten: Zunächst werden alle Parameter auf die *1. Stufe* eingestellt. Nach der Ergebnisdokumentation werden dann alle Parameter auf die *2. Stufe* gesetzt und wieder die Ergebnisse dokumentiert.
   Resultate dieser Experimente:

Experimente	1. Exp. $(ABCDEFG)_1$	2. Exp. $(ABCDEFG)_2$
Vorversuch	17 μm	8 μm
Wiederholung	16 μm	9 μm

4. Prüfen der Mittelwert-Streuspanne

$$D = \left| \frac{17 + 16}{2} - \frac{8 + 9}{2} \right| = 8$$

$$d = \frac{|17 - 16|}{2} + \frac{|9 - 8|}{2} = 1$$

$$D : d = 8 : 1 > 5 : 1$$

Da die Mittelwert-Streuspanne größer als die Grenzspannweite ist, ist die Wahrscheinlichkeit sehr groß, dass der für das Problem maßgebliche Parameter unter den erfassten Parametern ist.

Wird die Grenzspannweite unterschritten,
- so gibt es weitere bisher noch nicht erfasste Einflussgrößen,

oder
- die Zuordnung zu den Wertestufen ist wahrscheinlich nicht richtig.

Lässt sich im Weiteren keine befriedigende Aussage gewinnen, so ist eine andere Analysetechnik einzusetzen.

5. Zur Lokalisierung der *Haupteinflussgrößen* ist eine bestimmte Parameter-Kombinatorik durchzuspielen, und zwar wie folgt:
   - Zunächst ist das Experiment $A_2(BCDEFG)_1$ und anschließend das Experiment $A_1(BCDEFG)_2$ durchzuführen.
   - Vergleiche $A_2(BCDEFG)_1$ mit den Resultaten von $A_1B_1C_1D_1E_1F_1G_1$! Ist dabei kein Unterschied feststellbar, so ist A für das Problem ohne Relevanz.
   - Ist hingegen eine leichte Tendenz festzustellen, z. B. bei $A_2(BCDEFG)_1$ verschiebt sich das Resultat in Richtung $A_2B_2C_2D_2E_2F_2G_2$ und bei $A_1(BCDEFG)_2$ in Richtung $A_1B_1C_1D_1E_1F_1G_1$, so ist A als ein Parameter mit geringem Einfluss anzusehen.
   - Liegt das Ergebnis von $A_2(BCDEFG)_1$ im Bereich von $A_2B_2C_2D_2E_2F_2G_2$ und von $A_1(BCDEFG)_2$ im Bereich von $A_1B_1C_1D_1E_1F_1G_1$, so ist mit A die Haupteinflussgröße gefunden worden.

   Tritt des Weiteren der Fall ein, dass sowohl $A_2(BCDEFG)_1$ als auch $A_1(BCDEFG)_2$ Resultate in der Nähe von $A_1B_1C_1D_1E_1F_1G_1$ oder $A_2B_2C_2D_2E_2F_2G_2$ liegen, so sind Wechselwirkungen von A mit anderen Parametern vorhanden.

6. Führe nach dem folgenden Schema die Experimente durch, um die Haupteinflussgrößen zu bestimmen. (Mit einem faktoriellen Versuchsplan wären $2^7 = 128$ Einzelversuche notwendig.)

Merkmalskombinationen		Resultat	Bewertung
1	$A_2B_1C_1D_1E_1F_1G_1$	14	A hat geringe Bedeutung
2	$A_1B_2C_2D_2E_2F_2G_2$	11	(Pink X)
3	$A_1B_2C_1D_1E_1F_1G_1$	9	B ist von großer Bedeutung
4	$A_2B_1C_2D_2E_2F_2G_2$	18	(Red X)
5	$A_1B_1C_2D_1E_1F_1G_1$	17	
6	$A_2B_2C_1D_2E_2F_2G_2$	8	C ist ohne Bedeutung
7	$A_1B_1C_1D_2E_1F_1G_1$	16	
8	$A_2B_2C_2D_1E_2F_2G_2$	9	D ist ohne Bedeutung
9	$A_1B_1C_1D_1E_2F_1G_1$	15	E hat geringe Bedeutung
10	$A_2B_2C_2D_2E_1F_2G_2$	7	(Pink X)
11	$A_1B_1C_1D_1E_1F_2G_1$	16	F hat geringe Bedeutung
12	$A_2B_2C_2D_2E_2F_1G_2$	7	(Pink X)
13	$A_1B_1C_1D_1E_1F_1G_2$	8	G ist von großer Bedeutung
14	$A_2B_2C_2D_2E_2F_2G_1$	18	(Red X)

Sinnvoll ist oft auch eine grafische Darstellung der Ergebnisse, wodurch man eine bessere Übersicht erhält.

Shainin verwendet zur Wichtung der Parameterbedeutung folgende Kennzeichnung:
- Red X = markiert einen Parameter, der hochdominant ist,
- Pink X = markiert einen Parameter mit schwacher Dominanz, der wahrscheinlich nur zusammen mit anderen Parametern wirksam wird.

Für viele Anwendungen in der Industrie hat sich die Komponenten-Bestimmungstechnik als ausreichend und zuverlässig erwiesen.

5.4.4 Bedeutungsanalyse

Die in den vorherigen Verfahren ermittelten Parameter sind bisher nur qualitativ in ihrer Wirkung auf das Qualitätsmerkmal (Zielgröße) eingestuft worden. Von Interesse ist natürlich, die Hauptwirkungen und die so genannten Wechselwirkungen auch quantifizieren zu können.

Als Hauptwirkungen (Einzeleffekte) bezeichnet man eine messbare Veränderung eines Merkmals infolge nur *eines Faktors*.

Beispielsweise /BOT 90/ tritt durch ein fehlerhaftes Ventil an einem Zylinder eines Verbrennungsmotors eine Benzinverbrauchserhöhung von 10 % auf. Tritt eine weitere fehlerhafte Komponente bzw. Faktor hinzu, dann sind mehrere Formen von Wechselwirkungen möglich:

a) Die Wirkung *addiert* sich: Ist ein weiteres Ventil in einem anderen Zylinder ebenfalls fehlerhaft, so wird der Benzinverbrauch um etwa 20 % ansteigen.

b) Die Wirkungen sind voneinander *abhängig*, dann können sich die Wirkungen gegenseitig aufheben oder auch mehr als additiv verstärken: Ist beispielsweise der Durchmesser eines Kolbens in einem Zylinder größer als der Solldurchmesser, dann erhöhen sich die Reibungskräfte und der Benzinverbrauch steigt. Ist der Innendurchmesser des Zylinders größer als der Solldurchmesser, dann wird der Spalt zwischen dem Kolben und der Zylinderwand größer, beim Verdichten kann mehr Gas entweichen und der Benzinverbrauch steigt ebenfalls. Sind aber beide Durchmesser in gleicher Weise größer als die Solldurchmesser, dann heben sich die Wirkungen der beiden Durchmesservergrößerungen auf und der Benzinverbrauch bleibt konstant.

Damit ist die Bedeutung der Wechselwirkung in etwa transparent geworden:

> Eine Wechselwirkung von zwei Faktoren bedeutet also, dass der Effekt eines Faktors auf ein Qualitätsmerkmal davon abhängt, welchen Wert der andere Faktor hat.

In Versuchen ist es regelmäßig unmöglich, Wechselwirkungen zu erzeugen, sondern diese ergeben sich einfach durch die bestimmenden Faktorcharakteristiken.

Das vorstehende Beispiel zur Geräuschproblematik an einem Pkw-Motor soll hier weiterbearbeitet werden, um die Haupt- und Wechselwirkungen bestimmen zu können. Der Komponententausch hat ergeben, dass von den drei relevanten Komponenten *A*, *B*, *C* letztlich nur *B* und *C* maßgebend sind. Die vollständige Erfassung der Versuche zeigt Bild 5.13. Aus den Daten und den Einstellungen kann dann die Bedeutung über das Schema des lateinischen Quadrats quantifiziert werden.

Problem: Motorgeräusche

Versuch	getauschte Komponenten	gute Einheiten	Ergebnis [dB]	schlechte Einheiten	Ergebnis [dB]
ursprüngliche Einheit	–	alle Komp. „gut"	50,1	alle Komp. „schlecht"	71
zerlegen und zusammenbauen	–	alle Komp. „gut"	49,9	alle Komp. „schlecht"	68
1	*A* (Riemen)	$A_s(BC)_g$	49,5	$A_g(BC)_s$	70
2	*B* (Lüfter)	$B_s(AC)_g$	56,0	$B_g(AC)_s$	51
3	*C* (Lichtmaschine)	$C_s(AB)_g$	67,0	$C_g(AB)_s$	65
Schlusslauf	$A \times B \times C$	$A_g B_s C_s$	69,0	$A_s B_g C_g$	50

Bild 5.13: Datenerfassung durch Komponententausch beim Geräuschproblem „Verbrennungsmotor" (Legende: *A*, *B*, *C* = Faktoren bzw. unabhängige Komponenten)

Zunächst ist das Experiment wieder in der bekannten Art und Weise durchzuführen:
- Der Motor ist zu zerlegen und wieder zusammenzubauen, hiermit wird der Einfluss der Montage getestet.
- Der Montagestatus ist durch gemessene Daten zu quantifizieren.
- Danach beginnt der gezielte Umbau der Komponenten mit jeweiliger Messung des Maßnahmestatus.

Zur eindeutigen Quantifizierung der Faktorwirkungen ist das Auswerteschema weiter gemäß Bild 5.14 aufzubauen. Hierzu müssen die Daten entsprechend dem Systemzustand in das Schema übertragen werden.

Die Ausführungsvarianten C_{gut} und B_{gut} der beiden Komponenten zeigen nach der Auswertung den wirksamsten Einfluss auf das Geräuschniveau des Motors. Diese Auswertung beruht auf der Kombinatorik des entwickelten lateinischen Quadrates. Hauptwirkungen:

$$B = \left| \frac{B_g C_s + B_g C_g}{2} - \frac{B_s C_s + B_s C_g}{2} \right| = \left| \frac{59 + 49,87}{2} - \frac{69,5 + 60,5}{2} \right| = 10,56 \, \text{dB}$$

$$C = \left| \frac{C_g B_s + C_g B_g}{2} - \frac{C_s B_s + C_s B_g}{2} \right| = \left| \frac{60,5 + 49,87}{2} - \frac{69,5 + 59}{2} \right| = 9,06 \, \text{dB}$$

	B_s	B_g
C_s	71	51
	68	67
	70	$\overline{y} = 59$
	69	
	$\overline{y} = 69,5$	
C_g	56	50,1
	65	49,9
	$\overline{y} = 60,5$	49,5
		50,0
		$\overline{y} = 49,87$

Bild 5.14: Lateinisches Quadrat zum „Geräuschproblem"

Wechselwirkung:

$$B \times C = \left| \frac{B_g C_g + B_s C_s}{2} - \frac{B_g C_s + B_s C_g}{2} \right| = \left| \frac{49,87 + 69,5}{2} - \frac{59 + 60,5}{2} \right| = 0,06\,\text{dB}$$

Neben der numerischen Auswertung wird vielfach auch eine grafische Auswertung durchgeführt. Diese zeigt Bild 5.15. Ein ähnliches Prinzip ist vorher schon im Kapitel 4.6 benutzt worden. Jetzt wird allerdings das Zusammenwirken von zwei Komponentenzuständen (g = gut und s = schlecht) auf das Systemverhalten ausgewertet. Die Höhe eines Niveaus ist gleichbedeutend mit dem Einfluss einer Komponente, weshalb

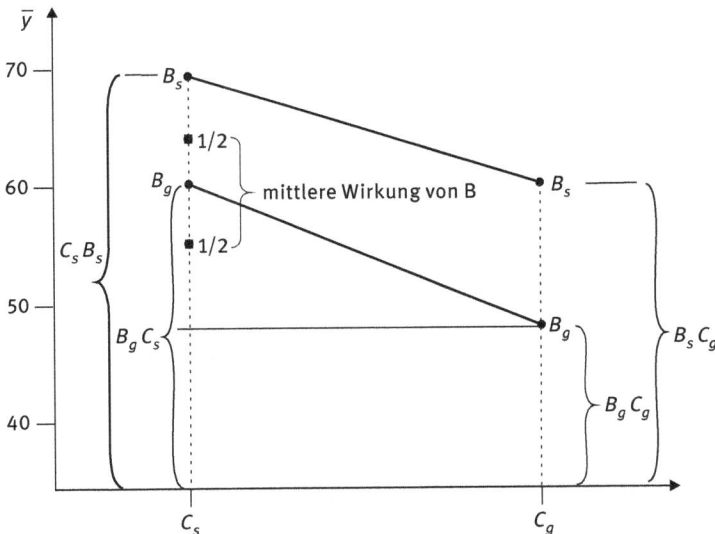

Bild 5.15: Haupt- und Wechselwirkungsanalyse des „Geräuschproblems" (B in Abhängigkeit von C)

sowohl B über C als auch C über B ausgewertet werden müsste. Gleichfalls gibt das Auseinanderdriften der Äste wieder eine Information über mögliche Wechselwirkungen aus den Komponenten.

Die obige Auswertung und die grafische Auftragung bestätigen jedoch, dass zwei gleichwertige Faktoren vorliegen und die Wechselwirkung keine Bedeutung hat.

5.4.5 B versus C-Test

Der B-zu-C-Test (better versus current) steht symbolisch für die Bewertung von zwei Ergebnissen bzw. Zuständen aus Maßnahmen, Einheiten oder Prozessen. Mit „C" wird das aktuelle Ergebnis und mit „B" das vermutlich bessere Ergebnis kategorisiert. Der von Shainin konzipierte Test ermöglicht eine *parameterfreie* und *vergleichende Bewertung*, die keine Normalverteilung des Kriteriums voraussetzt. Parameterfrei bezeichnet hierbei eine besondere Ausprägung von Ergebnissen, denen keine Messungen, sondern lediglich Rangfolgen von „sehr gut" bis „sehr schlecht" zu Grunde liegen. Der Vorteil von parameterfreien Rangfolgen besteht darin, dass Vergleiche zwischen äußerst kleinen Stichproben – oft nur mit 2 bis 3 Einheiten unterschiedlicher Ausprägung – möglich sind. Wurden nun auf einem beliebigen Wege verschiedene Merkmalskombinationen abgegrenzt und *gerangt*, so ermöglicht der B-zu-C-Test mit einer bestimmten Wahrscheinlichkeit eine Verbesserung nachzuweisen. Hierzu sollte ein im Bild 5.16 aufgelisteter Vergleich /QUE 94/ durchgeführt werden.

α-Risiko = 1 – p, p = Vertrauensbereich	B (verbesserte Bedingungen)	C (alte Bedingungen)
99,9 %	6	6
99,0 %	4	5
95,0 %	3	3
90,0 %	2	3
83,3 %	2	2

Bild 5.16: Stichprobengrößen bei bestimmten Vertrauensbereichen

Wenn also beispielsweise mit 83,3%iger Sicherheit nachzuweisen ist, ob sich bei einem System eine Verbesserung eingestellt hat, so sind gemäß der Tabelle 2 Proben unter der alten Bedingung und 2 Proben unter der neuen verbesserten Bedingung auszuwerten. Liegt dann die schlechteste der zwei verbesserten Proben in ihrem Ergebnis besser als die besten der zwei alten Proben, so ist mit 83,3%iger Sicherheit nachgewiesen, dass eine Verbesserung erzielt worden ist.

Der Hintergrund dieses Ansatzes liegt in der Kombinatorik. Wenn beispielsweise mit SPC eine Verbesserung an C-Einheiten zu B-Einheiten nachgewiesen werden muss, so müssen etwa 50 Einheiten ausgewertet werden. Mit dem Shainin-Experiment genügen im vorliegenden Fall 6 Auswertungen, und zwar

$$K = \frac{(n_B + n_C)!}{n_B! \cdot n_C!} = \frac{1 \cdot 2 \cdot 3 \cdot 4}{1 \cdot 2 \cdot 1 \cdot 2} = 6 \,,$$

d. h., es gibt genau 6 Kombinationen, zwei verschiedene B und zwei verschiedene C in einer beliebigen Rangfolge einzustufen:

"gut"	B	B	B	C	C	C
	B	C	C	B	B	C
$\updownarrow$						
"schlecht"	C	B	C	B	C	B
	C	C	B	C	B	B

Innerhalb dieser 6 Möglichkeiten sind aber nur bei einer Kombination die zwei B zufällig oben und die zwei C zufällig unten angeordnet, d. h., es gibt genau sechs Möglichkeiten, zwei B- und zwei C-Einheiten in beliebiger (senkrechter) Rangfolge anzuordnen.

Im Umkehrschluss liegt also eine statistische Mindestsicherheit von 83,3 % vor, dass B-Einheiten tatsächlich besser als C-Einheiten sind. Für eine höhere Sicherheit müssen jedoch größere Umfänge miteinander verglichen werden. Liegen entsprechend drei C-Einheiten und drei B-Einheiten vor, so gibt es schon 20 Möglichkeiten der Kombination.

	1	2	3	4	5	...	10	...	19	20
"gut"	B	B	B	B	B		B		C	C
	B	B	B	B	C		C		C	C
	B	C	C	C	B		C		B	C
$\updownarrow$										
"schlecht"	C	B	C	C	B		C		C	B
	C	C	B	C	C		B		B	B
	C	C	C	B	C		B		B	B

Im Kombinationsfeld existiert aber wieder nur eine Möglichkeit, bei der zufällig alle drei B-Einheiten über den drei C-Einheiten angeordnet sind.

Der Beweis kann wieder über die Kombinatorik geführt werden:

$$K = \frac{(3 + 3)!}{3! \cdot 3!} = \frac{6!}{3! \cdot 3!} = \frac{1 \cdot 2 \cdot 3 \cdot 4 \cdot 5 \cdot 6}{1 \cdot 2 \cdot 3 \cdot 1 \cdot 2 \cdot 3} = 20 \,,$$

welches ein Risiko von $1/20 \equiv 5\,\%$ oder 95 % Vertrauen beinhaltet, dass die drei B-Einheiten besser als die drei C-Einheiten sind.

6 Anwendung der Varianzanalyse

In der gesamten statistischen Versuchsmethodik spielt die Varianzanalyse (ANOVA) eine maßgebliche Rolle, weil sie direkte Rückschlüsse auf die Bedeutung von Faktoren auf eine Wirkung (Zielfunktion) ermöglicht. Das Prinzip besteht darin, über die Fehlerquadratsumme eine äquivalente Varianzzerlegung durchzuführen. Typische Anwendungen bestehen darin:
- aus Beobachtungen abzuleiten, ob Effekte einzelner Faktoren für eine Zielfunktion signifikant oder zufällig sind,
und/oder
- die Anteile einzelner Faktoren an der Gesamtvariabilität abzuschätzen.

Beobachtungen mit einer Faktorvariabilität werden mit der *einfachen* und bei vielfacher Faktorvariabilität mit der *mehrfachen* Varianzanalyse ausgewertet, zum Beispiel:
- Von 6 Europäern und 4 Afrikanern existieren zwei Messreihen von Körpergrößen:

$$A_1 \ (= \text{Europäer}) \quad 159, 163, 156, 173, 161, 169 \ [\text{cm}]$$

$$A_2 \ (= \text{Afrikaner}) \quad 187, 173, 177, 181 \qquad [\text{cm}]$$

- Die gestellte Frage ist, welcher Art sind die Unterschiede in den beiden Messreihen[1] und sind diese zufällig oder kann auf ein Trend geschlossen werden.

Auswerteschema von ANOVA
- Zunächst werden die folgenden *Summen der einzelnen Messreihen* gebildet:

$$\sum_{i=1}^{6} A_{1_i} = 159 + 163 + 156 + 173 + 161 + 169 = 981$$

$$\sum_{i=1}^{4} A_{2_i} = 187 + 173 + 177 + 181 = 718 \, ,$$

- danach wird die *Gesamtsumme* gebildet:

$$SL_A = \sum A_{1_i} + \sum A_{2_i} = 1.699 \, ; \tag{6.1}$$

hiermit bildet man die *Quadratsumme für den Mittelwert* (diese wird auch als Korrekturfaktor bezeichnet):

$$SQ_\mathrm{m} \equiv CF = \frac{SL_A^2}{n} = \frac{1.699^2}{10} = 288.660,10 \, . \tag{6.2}$$

---

[1] Anm.: Für den Vergleich von Messreihen wird in der Statistik üblicherweise der „Mittelwerttest" genutzt.

https://doi.org/10.1515/9783110724516-006

– Für die Totalsumme der quadratischen Mittelwertabweichung ist anzusetzen:

$$SQ_T = \sum_{i=1}^{10} A_i^2 - CF = 159^2 + 163^2 + \cdots + 181^2 - 288.660,10 = 924,90 \,. \quad (6.3)$$

Die Anzahl der Freiheitsgrade f für SQ_T ist immer die Zahl der quadrierten Werte minus eins, also

$$f_T = n - 1 = 9 \,. \quad (6.4)$$

– Weiterhin ist die Summe der quadrierten Abweichungen zu bilden, welche die Gruppenbedeutung (d. h. „zwischen") erfasst:

$$SQ_Z = \frac{(\sum A_{1i})^2}{n_{A_1}} + \frac{(\sum A_{2i})^2}{n_{A_2}} - CF = \frac{981^2}{6} + \frac{718^2}{4} - 288.660,10 = 614,40 \,. \quad (6.5)$$

Der Freiheitsgrad ist dabei

$$f_Z = (1 + 1) - 1 = 1 \,. \quad (6.6)$$

– Danach kann die Bedeutung „innerhalb" der Gruppe festgestellt werden:

$$SQ_I = SQ_T - SQ_Z = 924,90 - 614,40 = 310,50 \,, \quad (6.7)$$

wozu sich auch der Freiheitsgrad ergibt:

$$f_I = f_T - f_Z = 9 - 1 = 8 \,. \quad (6.8)$$

– Für die Varianzen können entsprechende Schätzgrößen gebildet werden:

$$\begin{aligned} V_Z &= \frac{SQ_Z}{f_Z} = \frac{614,40}{1} = 614,40 \\ V_I &= \frac{SQ_I}{f_I} = \frac{310,50}{8} = 38,81 \,. \end{aligned} \quad (6.9)$$

– Danach kann der so genannte F-Wert (Fisher-Wert = Testverfahren der Statistik für Varianzunterschiede in unabhängigen Messreihen) gebildet werden. Dieser ist der Quotient der Varianzen mit *einem* Freiheitsgrad im Zähler und *acht* Freiheitsgrade im Nenner

$$F_A = \frac{V_Z}{V_I}\bigg|_8^1 = \frac{614,40}{38,81} = 15,83 \quad (6.10)$$

Die F-Werte liegen für bestimmte Freiheitsgrade und Aussagewahrscheinlichkeiten in Statistikbüchern tabelliert vor, bei diesem Manuskript im Teil V, S. 276 ff.

– Wenn also beispielsweise eine Aussagewahrscheinlichkeit von 99 % verlangt wird, so findet sich aus der Tabelle

$$F_{\text{krit } 99\%}\bigg|_8^1 = 11,26 \,. \quad (6.11)$$

Da

$$F_A > F_{krit} \tag{6.12}$$

ist, kann ausgesagt werden, dass die Streuungen in der zusammengefassten Messreihe auf der 99-%-Stufe signifikant sind, d. h. ein relevanter Unterschied innerhalb der Daten besteht.

- Der Streuungsanteil *„zwischen den Messgrößen"* folgt aus

$$SQ'_Z = SQ_Z - f_Z \cdot V_I = 614,40 - 1 \cdot 38,81 = 575,59 \tag{6.13}$$

und als prozentuale Größe

$$p_Z = \frac{SQ'}{SQ_T} = \frac{575,59}{924,90} = 62,23\,\% \,. \tag{6.14}$$

- Die Ergänzung zu 100 % beinhaltet den Anteil „innerhalb der Messgrößen", berechnet wird dieser zu

$$SQ'_I = SQ_I + (f_T - f_I) \cdot V_I = 310,50 + (9 - 8) \cdot 38,81 = 349,31 \,, \tag{6.15}$$

woraus folgt

$$p_I = \frac{SQ'_I}{SQ_T} = \frac{349,31}{924,90} = 37,77\,\% \,. \tag{6.16}$$

- Auswertung der „einfachen" Varianzanalyse
  Mittels einer ANOVA wird versucht, die Unterschiede erklärbar zu machen

	f	SQ	V	F_A	SQ'	p (%)
Unterschied *zwischen* den Größen	1	614,40	614,40	15,83[**]	575,59	62,23
Unterschied *innerhalb* der Größen	8	310,50	38,81		349,31	37,77
total	9	924,90			924,90	100

[**] bei 99 % Signifikanz zwischen Prüfgröße F_A und $F_{krit} = 11,26$

Bild 6.1: ANOVA-Tabelle einer Messreihe

Die Interpretation ist, dass der *signifikante* Unterschied[2] *zwischen* den Messreihen und *nicht innerhalb* der Messreihen /SCH 97/ besteht.

---

2 Anm.: Test auf 99-%-Niveau positiv = signifikanter Unterschied Test auf 99,9-%-Niveau positiv = hochsignifikanter Unterschied.

7 Analyse von Signal/Rausch-Funktionen

Als ein Maß für die Qualität wurde zuvor die Qualitätsverlustfunktion definiert. Für einen allgemeinen Fall mit großem Losumfang (Serienfertigung) ist diese als Mittelwert

$$\overline{L} = k[(\overline{y} - m)^2 + s^2] \approx k \cdot s^2 \tag{7.1}$$

anzusetzen. Abweichungen von einem Qualitätsmerkmal beruhen somit auf einem systematischen und einem oft dominierenden zufälligen Anteil.

7.1 Mittelwert/Zielwert-Einstellung

In der obigen mittleren Qualitätsverlustfunktion sind die Sollwert-Abweichungen $(\overline{y} - m)^2$ und die Varianz s^2 bewertungsbestimmend. Vielfach ist es einfach, die Sollwert-Abweichungen zu verkleinern oder zu eliminieren. Der Qualitätsverlust ist dann im Wesentlichen nur noch durch die Varianz bestimmt. Diese Einstellung nennt man *Zielwert-Einstellung*. Die sich dann neu einstellende Streuung $\hat{s}$ wird meist proportional zu $(m/\overline{y}) \cdot s$ abgeschätzt (mathematisch ist dies zwar nicht ganz korrekt, führt aber zu einem plausiblen Ergebnis).

Somit ergibt sich der Qualitätsverlust zu

$$\overline{L}_{M/Z} \approx k \left(\frac{m}{\overline{y}} s \right)^2 = k \cdot m^2 \left(\frac{s^2}{\overline{y}^2} \right) \rightarrow \text{MINIMUM!} \tag{7.2}$$

nach der M/Z-Einstellung. Da man es bei dem Vorfaktor $(k \cdot m^2)$ mit konstanten Größen zu tun hat, braucht man sich im Weiteren nur noch auf den variablen Quotienten $s^2/\overline{y}^2$ zu konzentrieren. Man nimmt jedoch aus numerischen Gründen den umgekehrten Quotienten $\overline{y}^2/s^2$ als das *Signal/Rausch-Verhältnis*, dies ist auch insofern zweckmäßig, als s die primäre *Wirkung der Störgrößen* und $\overline{y}$ die *Steuergrößenwirkung* darstellt.

Eine Maximierung von $\overline{y}^2/s^2$ ist somit äquivalent zur Minimierung des Qualitätsverlustes nach der M/Z-Einstellung und gleichfalls äquivalent zur Minimierung der Empfindlichkeit gegenüber den Störgrößen ($s \rightarrow 0$).

Zur Glättung der Steuergrößenwirkung ist es zweckmäßig, das Verhältnis $\overline{y}^2/s^2$ zu logarithmieren und das Signal/Rausch-Verhältnis anzugeben als

$$\eta = 10 \cdot \log \left(\frac{\overline{y}^2}{s^2} \right) \quad \rightarrow \quad \text{MAXIMUM!} \quad \text{in dB[1]}. \tag{7.3}$$

Der Wertebereich $\overline{y}^2/s^2$ liegt dabei zwischen $(0, \infty)$ und für η zwischen $(-\infty, +\infty)$. Da der Logarithmus sich monoton verhält, entspricht der Maximierung von $\overline{y}^2/s^2$ auch

---

[1] Anm.: Die Einheit „Bel" bzw. „Dezibel" wird in der Physik als verallgemeinerte Einheit benutzt oder steht vielfach als Platzhaltereinheit für eine noch offene physikalische Beziehung.

https://doi.org/10.1515/9783110724516-007

tatsächlich der Maximierung von η. Der Vorfaktor 10 dient zusätzlich noch der Verstärkung (Strafkonstante) des Signals.

Resümierend zu diesen Ausführungen kann festgestellt werden: Ein nichtbeherrschter Qualitätsverlust, ohne eine M/Z-Einstellung, führt bei Optimierungsproblemen meist zu einer additiven Überlagerungen von Wechselwirkungen zwischen den Steuergrößen. Dies führt oft zu falschen Schlüssen mit falschen Faktoreinstellungen. Viele Probleme werden in der Praxis erfahrungsgemäß durch derartige Wechselwirkungen hervorgerufen, die man eigentlich vermeiden möchte.

7.2 Signal/Rausch-Verhältnis für statische Probleme

Bei jeder zu lösenden Entwicklungsaufgabe ist die eindeutige Formulierung des Ziels bzw. der Zielfunktion von grundlegender Bedeutung. Bei einem komplexen Optimierungsproblem wird man die optimalen Einstellungen wahrscheinlich nicht finden, sondern nur ein nahes lokales Optimum.

Bisher haben wir ausschließlich statische Optimierungsprobleme behandelt. Das Charakteristikum derartiger Aufgaben ist, dass das Qualitätsmerkmal
- stetig oder diskret ist,
- eine kontinuierliche Funktion ist,
- nicht negativ ist und die ganze Zahlengerade umfasst

sowie
- der Zielwert unendlich oder endlich ist.

Gewöhnlich lassen sich derartige nicht zeitabhängige Probleme klassifizieren in:
a) *Minimierungsprobleme (Smaller-the-Better-Typ)*
Das Qualitätsmerkmal ist stetig und nicht negativ; es kann alle Werte zwischen 0 und ∞ annehmen. Der Idealwert beträgt null. Ein weiteres Charakteristikum ist das Fehlen *einer* eindeutigen Stell- oder Einstellgröße.

Beispiel: Oberflächendefekte bei Auftragprozessen, Schadstoffausstoß eines Kraftwerkes, elektromagnetische Störeinflüsse bei der Telekommunikation, Kriechströme in gedruckten Schaltungen, Korrosion von Metallen

Weil bei derartigen Problemen meist keine eindeutigen Stellgrößen zur reproduzierbaren Fixierung von M/Z-Abweichungen vorliegen, gilt es, den Qualitätsverlust über die Steuergrößen zu minimieren, d. h. für die Qualitätsverlustfunktion ist anzusetzen:

$$\overline{L} = k \cdot (\text{mittlere quadrierte Abweichung des Qualitätsmerkmals})$$

$$= k \left(\frac{1}{n} \sum_{i=1}^{n} y_i^2 \right) \quad \rightarrow \quad \text{MINIMUM!} \tag{7.4}$$

Die Minimierung von $\overline{L}$ sollte aber zweckmäßiger äquivalent der Maximierung des Signal/Rausch-Verhältnisses sein. Hierfür hat sich der folgende Zielfunktionsansatz bewährt:

$$\eta_i = -10 \cdot \log \left(\frac{1}{n} \sum_{i=1}^{n} y_i^2 \right) \quad \rightarrow \quad \text{MAXIMUM!} \tag{7.5}$$

Ziel ist es, in diesem Fall η_i dem Wert null anzugleichen, da das Maximum bei null liegt. Mit η_i ist jetzt die zu einer Faktoreinstellung (eine Zeile im Versuchsplan) zugehörige Zielfunkion gemeint, die als Mittel aus n Wiederholungen zu bestimmen ist.

b) *Zielwert- oder Festwertprobleme (Nominal-the-Best-Typ I)*
Wie zuvor ist das Qualitätsmerkmal stetig und nicht negativ bzw. es kann jeden Wert zwischen 0 und ∞ annehmen. Sein Zielwert ist ungleich null und endlich. Nimmt man in einem derartigen Fall an, dass die Mittelwertabweichung kompensiert werden kann, dann wird auch die Varianz verringert werden. Für diese Probleme kann meist eine Stellgröße ermittelt werden, die den Mittelwert auf den Zielwert einstellt. Dieser Problemtyp tritt bei vielen Herstellprozessen auf. Die dann zu maximierende Zielfunktion lautet:

$$\eta_i = 10 \cdot \log \frac{\overline{y}_i^2}{s_i^2} \quad \rightarrow \quad \text{MAXIMUM!} \,, \tag{7.6}$$

hierin ist

$$\overline{y}_i = \frac{1}{n} \sum_{j=1}^{n} y_j \quad i = \text{Zeile} \,, \quad j = \text{Wiederholungen}$$

und

$$s_i^2 = \frac{1}{n-1} \sum_{j=1}^{n} (y_j - \overline{y})^2 \,.$$

Manchmal können die Stellgrößen im Prozess zur Fixierung der Abweichung aufgrund von Erfahrung sofort identifiziert werden.

Beispiel: Beschichtung von Oberflächen, bei denen eine bestimmte Schichtdicke im Toleranzbereich gefordert wird; Stellgrößen sind meist Abscheidegeschwindigkeit und Zeit.

c) *Maximierungsprobleme (Larger-the-Better-Typ)*
Hier soll das Qualitätsmerkmal stetig, nicht negativ und so groß wie möglich sein. Auch hier existiert meist keine direkte Stellgröße.
Gewöhnlich können derartige Probleme unter Heranziehung des reziproken Qualitätsmerkmals in Maximierungsprobleme überführt werden. Demzufolge lautet die zu maximierende Zielfunktion:

$$\eta_i = -10 \cdot \log(\text{mittlere quadrierte Abweichung des reziproken Q-Merkmals})$$

$$= -10 \cdot \log \left(\frac{1}{n} \sum_{i=1}^{n} \frac{1}{y_i^2} \right) \quad \rightarrow \quad \text{MAXIMUM!} \tag{7.7}$$

Beispiel: Belastbarkeit (Festigkeitswert) eines Drahtes oder Seils bzw. Klebeverbindung

d) *„Signed-target"-Probleme (Nominal-the-Best-Typ II)*
Bei derartigen *vorzeichencharakterisierten Problemen* kann das Qualitätsmerkmal sowohl positive als auch negative Werte annehmen. In den meisten Fällen beträgt der Zielwert für das Qualitätsmerkmal null. Ist jedoch der Zielwert ungleich null, so kann er oftmals durch Bezugsbildung auf null eingestellt werden.
Für solche Fälle lautet die zu maximierende Zielfunktion

$$\eta_i = -10 \cdot \log s_i^2$$

$$= -10 \cdot \log \left[\frac{1}{n-1} \sum_{i=1}^{n} (y_j - \overline{y})^2 \right] \quad \rightarrow \quad \text{MAXIMUM!} . \tag{7.8}$$

Im Vergleich zu vorstehenden Optimierungsproblemen kommt dieser Problemtyp recht selten vor.

Beispiel: Maßhaltigkeit von Halbzeugen bzw. Werkstoffchargen (d. h. Streuungsminimierung)

e) *Ausschussanteile (Ratio for Probability)*
Entspricht das Qualitätsmerkmal einem zu minimierenden Anteil p an Ausschuss, wobei Werte zwischen 0 und 1 vorgegeben werden können, so ist das Ziel offensichtlich *null* zu erreichen, da dies den günstigsten Wert für p darstellt. Auch für diese Problemtypen gibt es oft keine direkten Stellgrößen.
Beträgt bei einer Herstellung der tatsächliche Ausschussanteil p, so müssen im Durchschnitt $1/(1-p)$ Stücke hergestellt werden, um ein gutes Stück vorliegen zu haben. Hierdurch ergibt sich ein gewisses Maß an Ausschuss, der äquivalent zu den Herstellkosten von $[1-1/(1-p)] = p/(1-p)$ Stück ist. Der Qualitätsverlust ist somit

$$\overline{L} = k \cdot \frac{p}{1-p}$$

mit k als den Herstellkosten/Stück. Lässt man wieder diese Konstante unberücksichtigt, so erhält man für die zu maximierende Zielfunktion

$$\eta_i = -10 \cdot \log \left[\frac{p_i}{1-p_i} \right] \quad \rightarrow \quad \text{MAXIMUM!} \tag{7.9}$$

Mit p_i als Anschlussanteil zu einer Faktoreinstellung.

7.3 Signal/Rausch-Verhältnisse für dynamische Probleme

Dynamische Probleme setzen sich von den statischen Problemen durch eine größere Breite an Einstellmöglichkeiten ab. Eine Klassifizierung kann entweder nach den Eigenschaften der Qualitätsmerkmale oder nach einem idealen Verhältnis zwischen der Stellgröße und dem Qualitätsmerkmal erfolgen. Eine weitere Schwierigkeit der Einstellung ist die momentane Veränderlichkeit der Größen.

a) „*Stetig-stetig" (Zero-Point-Proportional-Case)*

Bei dieser Problemklasse nehmen sowohl die Stellgrößen als auch das Qualitätsmerkmal nicht negative oder stetig negative Werte an. Ist das Signal 0 (d. h. Stellgröße $M = 0$), dann ist auch das Qualitätsmerkmal $y = 0$, was dem Ideal entspricht. In der Praxis ist dies der am häufigsten vorkommende Fall eines linearen, dynamischen Problems, wobei die Beziehung

$$y = \beta \cdot M$$

besteht. Für das Qualitätsmerkmal ohne Einstellung kann somit der Qualitätsverlust definiert werden als

$$\overline{L} = \frac{1}{m \cdot n} \sum_{i=1}^{m} \sum_{j=1}^{n} (y_{ij} - M_i^2) \, . \tag{7.10}$$

Hierin ist y_{ij} das beobachtete Qualitätsmerkmal für den Signalwert M_i der Stellgröße unter der Störbedingung x_j.

Das Signal/Rausch-Verhältnis kann hiernach angesetzt werden als

$$\eta_i = 10 \cdot \log \frac{\beta_i^2}{s_i^2} \tag{7.11}$$

mit

$$\beta_i = \frac{\sum_{j=1}^{m} \sum_{k=1}^{n} (y_{jk} \cdot M_i)}{\sum_{j=1}^{m} M_i^2}$$

und

$$s_i^2 = \frac{1}{(m \cdot n - 1)} \sum_{j=1}^{m} \sum_{k=1}^{n} (y_{jk} - \beta \cdot M_i)^2 \, .$$

b) Die weiter noch vorkommenden Fälle „stetig-digital", „digital-stetig" und „digital-digital" sind Sonderanwendungen, die fallweise der Spezialliteratur zu entnehmen sind.

Problemtyp	Bereich der Beobachtungen	Idealwert	Einstellung	Signal/Rausch-Verhältnis bzw. Zielfunktion
Minimierungsproblem (Smaller-the-Better)	$0 \leq y_i < \infty$	0	keine	$\eta_i = -10\log_{10}\left(\dfrac{1}{n}\sum\limits_{i=1}^{n} y_i^2\right)$
Maximierungsproblem (Larger-the-Better)	$0 \leq y_i < \infty$	∞	keine	$\eta_i = -10\log_{10}\left(\dfrac{1}{n}\sum\limits_{i=1}^{n} \dfrac{1}{y_i^2}\right)$
Zielwertproblem (Nominal-the-Best Typ I)	$0 \leq y_i < \infty$	ungleich 0 endlich	Stellgröße	$\eta_i = 10\log_{10}\left(\dfrac{\bar{y}_i^2}{s_i^2}\right)$ $\bar{y}_i = \dfrac{1}{n}\sum\limits_{j=1}^{n} y_j$ $s_i^2 = \dfrac{1}{n-1}\sum\limits_{j=1}^{n}(y_j - \bar{y})^2$
Signed-target (Nominal-the-Best Typ II)	$-\infty < y_i < \infty$	endlich in der Regel 0	angleichen	$\eta_i = 10\log_{10}(s_i^2)$ $s_i^2 = \dfrac{1}{n-1}\sum\limits_{j=1}^{n}(y_j - \bar{y})^2$
Ausschussanteil (Probability)	$0 \leq p_i \leq 1$	0	keine	je größer, desto besser (+)/ je kleiner, desto besser (−) $\eta_i = \pm 10\log_{10}\left(\dfrac{p_i}{1 - p_i}\right)$
Wirtschaftlichkeit (cost effectiveness)	$y_i > 0$	∞	keine	je größer, desto besser $\eta_i = 10\log_{10}(y_i^2)$

Bild 7.1: Zielfunktionen (*S/N*-Ratio) für statische Probleme

Problemtyp	Inputbereich	Outputbereich	Idealfunktion	Einstellung	Signal/Rausch-Verhältnis bzw. Zielfunktion
stetig	$-\infty < M < \infty$	$-\infty < y_i < \infty$; $y_i = 0$ wenn $M_i = 0$	$y_i = M_i$	Stellgröße	$\eta_i = 10\log_{10}\dfrac{\beta_i^2}{s_i^2}$ $\beta_i = \dfrac{\sum_{i=1}^{m}\sum_{i=1}^{n}(V_{ij}M_i)}{\sum_{i=1}^{m}(M_i^2)}$ $s_i^2 = \dfrac{1}{(mn-1)}\sum_{i=1}^{m}\sum_{i=1}^{n}(y_{ij}-\beta M_i)^2$
digital	binär	binär	$y_i = M_i$	angleichen	$\eta_i = 10\log_{10}\left(\dfrac{(1-2p_i')^2}{p_i'(1-p_i')}\right)$ angeglichene Fehlerwahrscheinlichkeit $p_i' = \left(1+\sqrt{\dfrac{1-p}{p}\cdot\dfrac{1-q}{q}}\right)^{-1}$ p = Fehlerwahrscheinlichkeit des Outputs 1, wenn 0 der Input ist q = Fehlerwahrscheinlichkeit des Outputs 0, wenn 1 der Input ist
digital	0, 1	0, 1			

Bild 7.2: Zielfunktion (*S/N*-Ratio) für die beiden wichtigsten dynamischen Probleme

8 Konstruktion orthogonaler Versuchsmatrizen

8.1 Bestimmung des Versuchsumfangs

Um ein orthogonales Feld auswählen oder anpassen zu können, muss zuvor die Summe der Freiheitsgrade des Problems bekannt sein, da diese den Versuchsumfang (Mindestanzahl von Versuchen) vorgeben. Zu den FHGs ist zu zählen:

– der *Freiheitsgrad für den Gesamtmittelwert* (i. d. R. $f_{\bar{y}} = 1$, steht für die Konstante b_0 im mathematischen Modell),

– die *Freiheitsgrade für die einzelnen Faktoren*, und zwar ist der FHG eines Faktors A stets um eins kleiner als die Anzahl der Faktorstufen ($f_A = n_A - 1$)

und

– die *Freiheitsgrade der problemspezifischen Wechselwirkungen (WW)*, z. B. 2F-Wechselwirkung $A \times B$

$$f_{A \times B} = f_A \cdot f_B \equiv (n_A - 1) \cdot (n_B - 1)\,.$$

Beispiel: Für ein Problem soll ein Matrixexperiment dimensioniert werden, bei dem ein 2-stufiger Faktor A und fünf 3-stufige Faktoren (B, C, D, E, F) auftreten und die Wechselwirkung $A \times B$ zu berücksichtigen ist. Der Gesamtfreiheitsgrad wird dann wie folgt berechnet:

∑ Faktoren + alle Wechselwirkungen	FHGs
$\bar{y}$ (bzw. b_0)	= 1
A	$(2 - 1) = 1$
B, C, D, E, F	$5 \cdot (3 - 1) = 10$
$A \times B$	$1 \cdot 2 = 2$
	∑ FHGs = 14

Hiernach müssen mindestens 14 Einstellungen getätigt werden, damit alle Faktorwirkungen analysiert werden können. Das nächste passende Experiment wäre jedoch das größere Feld L_{18}, d. h., es sind 4 Einstellungen mehr zu fahren.

8.2 Standardisierte orthogonale Felder

Taguchi hat insgesamt 18 orthogonale Felder (s. Bild 8.1) standardisiert. Diese Felder sind auch in anderen Quellen hergeleitet und benutzt worden, beispielsweise in den Publikationen von Box, Hunter, Cox oder Plackett-Burman.

https://doi.org/10.1515/9783110724516-008

Jedes Feld ist durch ein Kurzzeichen eindeutig charakterisiert. Das Kurzzeichen $L_n(s^p)$ identifiziert
- *die Anzahl der Zeilen (n),*
- *die Anzahl der Faktoren (p)*

und
- *die Zahl der Faktorstufen (s).*

Zu den am meisten verwendeten Taguchi-Feldern zählen:
- die 2-stufigen Felder: $L_4, L_8, L_{12}, L_{16}, L_{32}$ und L_{64},
- die 3-stufigen Felder: L_9, L_{27}, L_{81}

und
- die gemischten 2- und 3-stufigen Felder: $L_{18}, L_{36}, L'_{36}, L_{54}$.

Diese Felder sind mit ihrer Kombinatorik im im Teil IV auf den Seiten 253 ff.[1] zusammengestellt, aber nur in der Vollständigkeit, wie diese in den bearbeiteten Beispielen benötigt werden.

Orthogonales Feld	Anzahl der Zeilen	Maximale Anzahl der Faktoren	Maximale Anzahl der Spalten bei diesen Stufen			
			2	3	4	5
L_4	4	3	3	–	–	–
L_8	8	7	7	–	–	–
L_9	9	4	–	4	–	–
L_{12}	12	11	11	–	–	–
L_{16}	16	15	15	–	–	–
L'_{16}	16	5	–	–	5	–
L_{18}	18	8	1	7	–	–
L_{25}	25	6	–	–	–	6
L_{27}	27	13	–	13	–	–
L_{32}	32	31	31	–	–	–
L'_{32}	32	10	1	–	9	–
L_{36}	36	23	11	12	–	–
L'_{36}	36	16	3	13	–	–
L_{50}	50	12	1	–	–	11
L_{54}	54	26	1	25	–	–
L_{64}	64	63	63	–	–	–
L'_{64}	64	21	–	–	21	–
L_{81}	81	40	–	40	–	–

Bild 8.1: Übersicht über die standardisierten orthogonalen Felder nach G. Taguchi

---

1 Anm.: Die meisten CAQ-Systeme und natürlich die kommerziellen DoE-Programme haben die Taguchi-Felder gespeichert.

In den meisten Fällen kann man diese Felder bzw. Versuchsmatrizen direkt zur Planung eines Experimentes heranziehen. Gleichfalls kann es erforderlich werden die Felder zu modifizieren (s. hierzu Kapitel 8.3 ff.), um diese besser an die Aufgabenstellung anpassen zu können. Nicht angepasste Felder verlangen in der Regel einen größeren Versuchsumfang.

Zu den Anpasstechniken zählt die im Weiteren näher dargestellte *Scheinstufen-Methode, die Spaltenmehrfachnutzung, die Spaltenzusammenlegung, das Leerspalten-oder Steuerspaltendesign* und *die Verzweigungstechnik*. Diese Techniken verlangen aber etwas Anwendungspraxis, weshalb DoE-Anfängern zunächst empfohlen werden soll, mit Standardfeldern zu arbeiten. Dies bedingt dann, dass das Problem an das Feld angepasst werden muss.

Aus der Kodierung der Taguchi-Felder kann sofort abgeleitet werden, ob ein Feld für ein Problem geeignet ist. Beispielhafte Interpretationen aus der obigen Tabelle sind:

- Das Feld $L_4(2^3)$ hat 4 Zeilen und drei 2-stufige Faktoren.
- Das Feld $L_{18}(2^1 \times 3^7)$ hat 18 Zeilen, einen 2-stufigen Faktor und sieben 3-stufige Faktoren, ähnlich ist $L_{50}(2^1 \times 5^{11})$ aufgebaut.
- Für zwei Felder mit derselben Zeilenzahl (L_{36} und L'_{36}) aber anderer Kombinatorik wählt man als Unterscheidungsmerkmal einen „Hochstrich" (Apostroph). Beispielsweise umfasst $L_{36}(2^{11} \times 3^{12})$ bzw. $L'_{36}(2^3 \times 3^{13})$.

Die Zeilenzahl eines orthogonalen Feldes legt somit die Anzahl der Versuche fest. Ein für ein Problem geeignetes Feld muss mindestens in der Zeilenzahl mit den Freiheitsgraden übereinstimmen.

Die Spaltenzahl bestimmt die maximale Anzahl der Faktoren, die untersucht werden können. Diese ist jedoch anpassbar. Um ein Feld direkt einsetzen zu können, muss auch die Stufenzahl der Faktoren mit der Stufenzahl der Spalten übereinstimmen.

Da Simulationen oder Versuche im Allgemeinen teuer sind, sollte man stets das kleinste orthogonale Feld wählen, das gerade noch den Erfordernissen gerecht wird. In Einzelfällen können oder müssen auch größere Felder gewählt werden, wenn man zusätzlich noch besondere Effekte (Wechselwirkungen) abklären will. Bei bestimmten physikalischen Faktoren kann meist das Auftreten von Wechselwirkungen vermutet werden.

Beispiel (Auswahl von Feldern): a) Angenommen sei, es liege ein reales Versuchsproblem mit *sieben 2-stufigen Faktoren* vor, bei dem nur die Hauptwirkungen (HW's) von Interesse sind und keine Wechselwirkungen (WW's) erwartet werden. Das Problem hat somit 8 Freiheitsgrade, und zwar $7 \cdot (2 - 1) + 1 = 8$, für das Feld $L_8(2^7)$ mit genau sieben 2-stufigen Faktoren passend ist.

b) Neue Gegebenheit sei, es liege ein Versuchsproblem mit *einem 2-stufigen Faktor* und *sechs 3-stufigen Faktoren* vor. Auch hier sollen keine Wechselwirkungen zu erwarten sein.

Das Problem hat somit 14 Freiheitsgrade, und zwar $1 \cdot (2-1) + 6 \cdot (3-1) + 1 = 14$. In der Matrizen-Bibliothek liegt das Feld L_{16} (2^{15} bedeutet also 16 Zeilen, 15 Faktoren mit je 2 Stufen) dem am nächsten. Die Spaltenkombinatorik passt jedoch nicht mit dem Feld überein.

Das nächstgrößere Feld ist $L_{18}(2^1 \times 3^7)$, das dem Versuchsproblem recht nahe kommt. Eine Spalte muss dabei wegen den nur sechs 3-stufigen Faktoren als *Leerspalte* erklärt werden, wodurch aber die Orthogonalität nicht verloren geht. D. h., Spalten können fallweise „gestrichen" werden.

Es kann in der Praxis sein, dass die tabellierten Standardfelder nicht immer sofort passen. In diesen Fällen müssen durch die schon erwähnten Techniken die Felder an das Problem angepasst werden. Im Folgenden werden hierzu einige Strategien dargelegt, die eine große Breite und Variabilität ermöglichen.

8.3 Scheinstufen-Methode

Die Technik der *Scheinstufen* ermöglicht es sehr einfach, Felder an Versuchsumfänge anzupassen. Liegt beispielsweise ein Faktor mit *m-Stufen* vor, so kann dieser auch einer Spalte mit *n-Stufen* zugewiesen werden, wobei *n* allerdings größer als *m* sein muss. Nimmt man an, ein Faktor A habe die *beiden* Stufen A_1 und A_2, so kann dieser Faktor durch die Schaffung der *Scheinstufe* A_3, die entweder A_1 oder A_2 gesetzt werden kann, einer 3-stufigen Spalte mit den Einstellungen 1, 2, 3 zugeordnet werden.

An dem folgenden Beispiel sei dies näher erläutert:

Es liege ein Problem vor, bei dem *ein 2-stufiger Faktor A* und *die drei 3-stufigen Faktoren B, C, D* maßgebend seien. Die Anzahl der Freiheitsgrade ist somit acht. Das nächste passende Feld ist $L_9(3^4)$. Den hierzu gehörigen Versuchsplan zeigt das folgende Bild 8.2.

Im Originalfeld können vier Faktoren auf drei Stufen behandelt werden. Nachdem den vier Spalten die Faktoren A, B, C, D zugewiesen wurden, wird die Scheinstufen-Methode angewandt, in dem in der ersten Spalte wieder $3 = A_1$ (gekennzeichnet mit $A_1{}'$) gesetzt wird. Das Feld bleibt dadurch orthogonal. Die Wahl der Scheinstufe $3 = A_1$ oder $3 = A_2$ ist zunächst einmal beliebig, kann in der Praxis jedoch von vielen Gesichtspunkten abhängen:

- Falls wieder $3 = A_1$ gesetzt wird, so wird die Wirkung von A_1 doppelt so genau bestimmt wie A_2. Man sollte also die Faktorstufe als Scheinstufe wählen, von der man genauere Informationen erhalten möchte.
- Der Versuchsaufwand ist ebenso zu berücksichtigen. Man sollte daher die Stufe als Scheinstufe wählen, die insgesamt den geringsten Aufwand macht. Bei quantitativen Faktoren (physikalische Einstellungen) ist dies weniger wichtig, als wenn der Faktor qualitativ (bestimmte Prüflingsausführung) ist.

Exp. Nr.	Spalten-Nr.			
	1	2	3	4
1	1	1	1	1
2	1	2	2	2
3	1	3	3	3
4	2	1	2	3
5	2	2	3	1
6	2	3	1	2
7	3	1	3	2
8	3	2	1	3
9	3	3	2	1
	A	B	C	D
	Faktorzuweisung			

a) Standardfeld L_9

Exp. Nr.	Spalten-Nr.			
	1	2	3	4
1	A_1	B_1	C_1	D_1
2	A_1	B_2	C_2	D_2
3	A_1	B_3	C_3	D_3
4	A_2	B_1	C_2	D_3
5	A_2	B_2	C_3	D_1
6	A_2	B_3	C_1	D_2
7	A_1'	B_1	C_3	D_2
8	A_1'	B_2	C_1	D_3
9	A_1'	B_3	C_2	D_1
	A	B	C	D
	Faktorzuweisung			

b) Belegung für die Scheinstufenmethode

Exp. Nr.	Spalten-Nr.			
	1	2	3	4
1	A_1E_1	B_1	C_1	D_1
2	A_1E_1	B_2	C_2	D_2
3	A_1E_1	B_3	C_3	D_3
4	A_1E_2	B_1	C_2	D_3
5	A_1E_2	B_2	C_3	D_1
6	A_1E_2	B_3	C_1	D_2
7	A_2E_1	B_1	C_3	D_2
8	A_2E_1	B_2	C_1	D_3
9	A_2E_1	B_3	C_2	D_1
	AE	B	C	D
	Faktorzuweisung			

c) Belegung für die Spaltenmehrfachnutzung

Bild 8.2: Scheinstufen-Methode und Spaltenmehrfachnutzung am Feld $L_9(3^4)$

8.4 Methode der mehrfachen Spaltennutzung

Das Prinzip der Spaltenmehrfachnutzung erlaubt es, mit einem orthogonalen Feld mehr Faktoren zu untersuchen, als Spalten in der Matrix vorhanden sind. Dies ist aber nur möglich, wenn wechselwirkungsfreie Faktoren geeignet zusammengefasst werden können.

In der vorstehenden Matrix ist dies bereits durchgeführt worden. Hier ist das Problem abgebildet, dass mit *A, E zwei 2-stufige Faktoren* und mit *B, C, D drei 3-stufige Faktoren* vorliegen. Um das Feld L_9 anwenden zu können, wird mit AE ein neuer zusammengefasster Faktor gebildet, dem jetzt die drei Stufen $A_1E_1 = 1$, $A_1E_2 = 2$ und $A_2E_1 = 3$ zugewiesen werden, wobei die Kombination beliebig ist. Durch diesen Trick erhält man simultane Informationen über vier 3-stufige Einstellungen.

8.5 Analyse von Wechselwirkungen mittels linearer Graphen

Bei vielen Experimenten spielen Wechselwirkungen eine nicht zu unterschätzende Rolle. Wechselwirkungen beschreiben gewöhnlich physikalische Abhängigkeiten[2] zwischen Faktoren (Aliasse). In einem Taguchi-Experiment sind gewöhnlich verschie-

---

2 Anm.: Meist hängen in Optimierungsmodellen Temperatur, Druck und Zeit zusammen, sodass hier auf Wechselwirkung geprüft werden sollte.

dene Wechselwirkungen miteinander vermengt. Die Technik der linearen Graphen erlaubt es, diese Wechselwirkungen zu lokalisieren und wieder zu entflechten.

8.5.1 Vermengung von Faktorwirkungen

Anhand eines Falles mit den *sechs 2-stufigen Faktoren A, B, C, D, E, F* soll die Vermengung von Faktorwirkungen diskutiert werden. Hierbei sei angenommen, dass eine starke Wechselwirkung $A \times B$ besteht. Um den Versuch durchführen zu können, kann das im Bild 8.3 gezeigte Feld $L_8(2^7)$ herangezogen werden, zu dem eine Wechselwirkungstabelle existiert.

Exp. Nr.	Spalten-Nr.								Spalten-Nr.	WW-Spalten						
	1	2	3	4	5	6	7			1	② ↓	3	4	5	6	7
1	1	1	1	1	1	1	1		① →	(1)	3	2	5	4	7	6
2	1	1	1	2	2	2	2		2		(2)	1	6	7	4	5
3	1	2	2	1	1	2	2		3			(3)	7	6	5	4
4	1	2	2	2	2	1	1		4				(4)	1	2	3
5	2	1	2	1	2	1	2		5					(5)	1	2
6	2	1	2	2	1	2	1		6						(6)	1
7	2	2	1	1	2	2	1		7							(7)
8	2	2	1	2	1	1	2									
	A	*B*	*(A × B)*	*C*	*D*	*E*	*F*									
			Faktorzuweisungen													

Anm.: Die Eintragungen im Feld geben die Spalten an, mit denen die Wechselwirkung zwischen den Spaltenpaaren vermengt sind.
Z. B. 2 FW aus 1 + 2 ist in 3.

Bild 8.3: Orthogonales Feld L_8 mit seiner Wechselwirkungstabelle

Würde jetzt *C* auf Spalte 3 gelegt, so hätte man die Faktorwirkung C_1 (Experimente: 1, 2, 7, 8) mit A_1B_1 und A_2B_2 bzw. die Faktorwirkung C_2 (Experimente: 3, 4, 5, 6) mit A_1B_2 und A_2B_1 vermengt. Insofern ließe sich die Wirkung des Faktors *C* nicht von der Wechselwirkung $A \times B$ separieren. Diese spezielle Vermengung lässt sich nur vermeiden, wenn der Spalte 3 in L_8 kein Faktor zugewiesen wird, d. h., die Spalte wird zur Auswertung der Wechselwirkung genutzt oder ganz gestrichen.

8.5.2 Wechselwirkungstabelle

In Wechselwirkungstabellen sind gewöhnlich alle Vermengungen (2fach und höhere WWs) zwischen Spalten und Faktoren enthalten. Bei dem vorstehenden Beispiel weist die Wechselwirkungstabelle aus, dass die Spalte 3 über Wechselwirkungen mit den

Spalten 1 und 2 verfügt bzw. die Spalten 3 und 5 u. a. mit den Spalten 4, 6, 7 vermengt sind. Grundsätzlich ist zu beachten, dass die Wechselwirkung zwischen den Spalten *i*, *j* gleich ist der Wechselwirkung *j*, *i*; hieraus folgt, dass die Wechselwirkungstabelle symmetrisch sein muss. Die Wechselwirkungen auf der Diagonalen sind zudem in Klammern gesetzt, da eine Wechselwirkung zwischen einem Faktor mit sich selbst keine Bedeutung hat.

8.5.3 Lineare Graphen

Eine praktische Alternative zur vollständigen Wechselwirkungstabelle stellen die *linearen Graphen* dar. Mittels Graphen lassen sich jedoch nur die Hauptwechselwirkungen (2fach-WW) eines orthogonalen Feldes darstellen.

In einem Graphen werden die Spalten durch Punkte und Linien beschrieben. Werden nun Punkte durch Linien verbunden, so bedeutet dies, dass die Wechselwirkung der beiden durch Punkte beschriebenen Spalten in der durch die Linie beschriebenen Spalte vermengt ist.

Jedem Punkt bzw. Linie wird stets eine bestimmte Spaltenzahl zugewiesen. Zudem taucht eine Spalte nur einmal in einem Graphen auf.

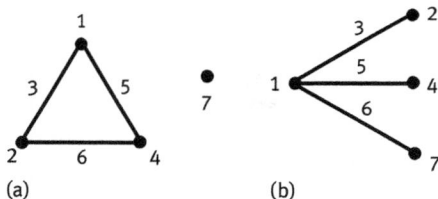

Bild 8.4: Zwei sich ergänzende Graphen

Im Bild 8.4 sind zu dem vorher schon benutzten Feld L_8 die entsprechenden Hauptgraphen angegeben. Diese stimmen mit der Wechselwirkungstabelle überein. Wie sind diese Graphen nun zu interpretieren?

- Der linke Graph hat vier Punkte. Diese entsprechen den unabhängigen Spalten 1, 2, 4 und 7; entsprechend sind die Linien den Spalten 3, 6, 5 zugeordnet, d. h. abhängig.
- Die Linien geben dann die Wechselwirkungen zwischen den Spalten 1, 2; 2, 4 und 4, 1 wieder. In den meisten Fällen ist es jedoch nicht möglich, alle Wechselwirkungen in einfachen Graphen abzubilden.
- Der rechte Graph ist anders konstruiert und gibt eine ergänzende Information über die Spalte 7 bzw. deren Wechselwirkungsvermengung mit Spalte 6.

Die Quintessenz hieraus ist, dass orthogonale Felder mehrere Graphen haben können, wobei die Graphen nicht so vollständig sein können wie die Wechselwirkungstabelle.

Wie sich jetzt Graphen zur Planung von Versuchen heranziehen lassen, soll an dem folgenden Fall diskutiert werden: Nehmen wir an, ein Problem sei durch die *vier 2-stufigen Faktoren A, B, C, D* beschrieben. Zu diesen Hauptwirkungen wird vermutet, dass die drei Wechselwirkungen $A \times B$, $B \times C$, $B \times D$ existieren. Diese Wechselwirkungen sollen aber auf keinen Fall vermengt werden, um die Faktoreffekte bestimmen zu können. Da das Experiment 8 Freiheitsgrade hat, kann auch hier wieder das Feld L_8 verwendet werden.

Wie den Graphen zu entnehmen ist, müssen die Hauptwirkungen jetzt so auf die Spalten gelegt werden, dass eine Übereinstimmung mit der Wechselwirkungszuordnung besteht.

Exp. Nr.	L_8/Spalten							Zielfunktion
	1	2	3	4	5	6	7	
1	B_1	A_1	$A_1 \times B_1$	C_1	$B_1 \times C_1$	$A_1 \times C_1 + B_1 \times D_1$	D_1	η_1
2	B_1	A_1	$A_1 \times B_1$	C_2	$B_1 \times C_2$	$A_1 \times C_2 + B_1 \times D_2$	D_2	η_2
3	B_1	A_2	$A_2 \times B_1$	C_1	$B_1 \times C_1$	$A_2 \times C_1 + B_1 \times D_2$	D_2	η_3
4	B_1	A_2	$A_2 \times B_1$	C_2	$B_1 \times C_2$	$A_2 \times C_2 + B_1 \times D_1$	D_1	η_4
5	B_2	A_1	$A_1 \times B_2$	C_1	$B_2 \times C_1$	$A_1 \times C_1 + B_2 \times D_2$	D_2	η_5
6	B_2	A_1	$A_1 \times B_2$	C_2	$B_2 \times C_2$	$A_1 \times C_2 + B_2 \times D_1$	D_1	η_6
7	B_2	A_2	$A_2 \times B_2$	C_1	$B_2 \times C_1$	$A_2 \times C_1 + B_2 \times D_1$	D_1	η_7
8	B_2	A_2	$A_2 \times B_2$	C_2	$B_2 \times C_2$	$A_2 \times C_2 + B_2 \times D_2$	D_2	η_8
Faktor	B	A	$A \times B$	C	$B \times C$	$A \times C + B \times D$	D	

Bild 8.5: Über Graphenbelegung angepasstes orthogonales Feld $L_8(2^7)$

Dementsprechend muss das Feld L_8 belegt werden. Notwendig ist es jetzt, dass der Spalte 1 der Faktor B und den Spalten 2, 4, 7 die Faktoren A, C, D zugewiesen werden.

Die Spalten 3, 5, 6 müssen somit leer bleiben, weil ansonsten die Wechselwirkungen mit der Faktorbelegung vermengt werden. Aus den Versuchsergebnissen können rückwärts die tatsächlichen Wechselwirkungen je Faktorkombination abgeschätzt werden, wie nachfolgend aus den gemittelten Antworten zu entnehmen ist.

$A \times B$		Faktorstufe B	
		B_1	B_2
Faktorstufe	A_1	$\dfrac{\eta_1 + \eta_2}{2}$	$\dfrac{\eta_5 + \eta_6}{2}$
A	A_2	$\dfrac{\eta_3 + \eta_4}{2}$	$\dfrac{\eta_7 + \eta_8}{2}$

Bild 8.6: Wechselwirkungstest

Trägt man beispielsweise $\eta = \eta(A, B)$ grafisch auf, so ist die Nichtparallelität ein Maß für die Wechselwirkung (s. Kapitel 4.6), welches sich auch arithmetisch prüfen lässt:

$$\left(\frac{\eta_3 + \eta_4}{2} - \frac{\eta_1 + \eta_2}{2} \right) \neq, = \left(\frac{\eta_7 + \eta_8}{2} - \frac{\eta_5 + \eta_6}{2} \right) .$$

Das Vorzeichen drückt aus: $\neq$ vorhandene WW (Diff. positiv, dann synergetische WW; Diff. negativ, dann antisynergetische WW)

$=$ keine WW.

8.5.4 Modifikation linearer Graphen

Die zuvor eingeführten Graphen können weiter benutzt werden, um orthogonale Felder zu modifizieren. Eine häufige Anpassung besteht im Aufschneiden (= Linientrennung) von Ästen. Dies ist jedoch nur zulässig, wenn die neu generierte Spalte keine Wechselwirkung zu anderen Faktoren aufweist.

Zur Anpassung von Graphen gibt es die folgenden allgemeinen Regeln:

- *Linientrennung*: Die Linie zwischen zwei Punkten a und b kann bei 2-stufigen Feldern durch einen Punkt ersetzt werden. Hierbei entspricht die mit einem Punkt assoziierte Spalte genau der mit einer Linie assoziierten Spalte, aus der sie abgeleitet wurde.
  In Graphen von 3-stufigen Feldern sind mit einer Linie zwei Spalten zu assoziieren. Diese Linie muss daher durch zwei Punkte ersetzt werden.
- *Linienbildung*: In Graphen von 2-stufigen Feldern können zwei Punkte a, b durch eine Linie verbunden werden, wenn der mit der Wechselwirkung assoziierte Punkt c wegfällt. In Graphen von 3-stufigen Feldern müssen die Punkte c, d, welche die Wechselwirkung von a, b bezeichnen, weggelassen werden. Anhand der Wechselwirkungstabelle muss gegebenenfalls überprüft werden, ob dies zutrifft.
- *Linienverschiebung* (Kombination der beiden vorstehenden Regeln): Eine Linie zwischen den Punkten a, b kann auch die Punkte f, g verbinden, wenn die Wechselwirkungen a × b und f × g in derselben Spalte c enthalten sind.

Modifikations-regeln	2-stufige orthogonale Felder	3-stufige orthogonale Felder
	a, b und c sind 2-stufige Spalten. Die Wechselwirkung der Spalten a und b ist in Spalte c enthalten, ebenso die Wechselwirkung der Spalten f und g.	a, b, c und d sind 3-stufige Spalten. Sowohl die Wechselwirkung der Spalten a und b als auch die der Spalten f und g sind in den Spalten c und d enthalten.
1. Linientrennung	a c b ⇒ a b c	a c,d b ⇒ a b c d
2. Bildung einer Linie	a b c ⇒ a c b	a b c d ⇒ a c,d b
3. Verschieben einer Linie	a c b · a · b / f · g ⇒ a · b / f c g	a c,d b · a · b / f · g ⇒ a · b / f c,d g

Bild 8.7: Anpassungsregeln für lineare Graphen

Die beiden folgenden Beispiele verdeutlichen die vorstehenden Regeln.

Beispiel: Ein Problem sei durch die fünf 2-stufigen Faktoren A, B, C, D, E charakterisiert. Neben den Hauptwirkungen sei bekannt, dass noch die Wechselwirkungen $A \times B$, $B \times C$ existieren und keine weiteren Abhängigkeiten mit bzw. zwischen D, E bestehen. Da dies wieder ein Problem mit 8 FHGs ist, kann hierfür das Feld L_8 angepasst werden.

Der Standardgraph für die Spaltenbelegung ist hierzu wie folgt zu modifizieren:

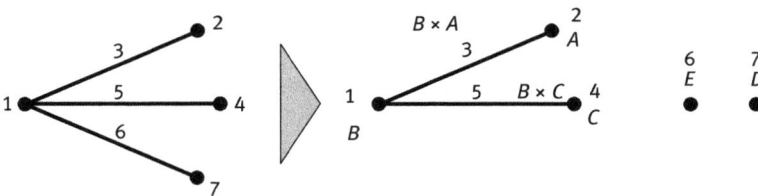

Wie man erkennt, erfolgt dies durch Linientrennung. Dazu wird der Ast (1, 6, 7) aufgeschnitten, um zwei unabhängige Spalten (6,7) bilden zu können.

Beispiel: Das Verschieben einer Linie soll noch einmal am Graphen des Feldes L_{16} demonstriert werden.

a) Ein standardisierter linearer Graph des Feldes L_{16}

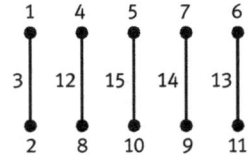

b) Modifizierter linearer Graph durch Trennen der Linie 13 in a)

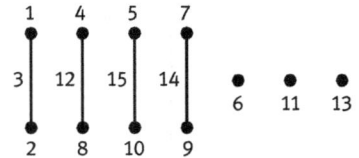

c) Modifizierter linearer Graph durch Bildung einer Linie zwischen den Punkten 7 und 10 in b), die Wechselwirkung der Spalten 7 und 10 ist jetzt in der Spalte 13 enthalten.

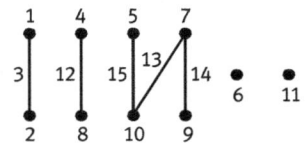

Insgesamt ist die Verbindungslinie zwischen den Spalten 6, 11 aufgetrennt worden, um einen neuen Punkt für Spalte 13 hinzufügen zu können. Darüber hinaus könnte der Graph auch so modifiziert werden, dass eine neue Verbindungslinie zwischen den Spalten 7, 10 gelegt wird, wobei gleichzeitig der Punkt 13 wegfällt.

8.5.5 Spaltenzusammenlegung

Eine andere Methode der Anpassung orthogonaler Felder besteht im Zusammenfassen (Multilevel-Design) von Spalten. So kann eine 4-stufige Spalte aus zwei 2-stufigen Spalten, eine 6-stufige Spalte aus 2- und 3-stufigen Spalten und eine 9-stufige Spalte aus mehreren 3-stufigen Spalten hergeleitet werden.

Um aus 2-stufigen Spalten eine 4-stufige Spalte konstruieren zu können, müssen jeweils zwei *Spalten in ihrer Wechselwirkungsspalte* zusammengefasst und nach bestimmten Regeln die Spaltenzusammenlegung durchgeführt werden. Dies sei noch einmal am Feld L_8 demonstriert: Die Wechselwirkung der Spalten 1, 2 wird in Spalte 3 erfasst. Durch Zusammenlegung der drei Spalten kann dann eine neue 4-stufige Spalte gebildet werden. Weil die drei zusammengefassten Spalten jeweils einen Freiheitsgrad besitzen, erhält man so auch die für eine 4-stufige Spalte notwendigen drei Freiheitsgrade. Im nachfolgenden Bild 8.8 ist dieses Feld konstruiert worden, bei dem aus den drei 2-stufigen Spalten *A*, *B*, *C* eine 4-stufige Spalte gebildet wurde. Hierfür sind die folgenden Regeln maßgebend:

| Feld L_g – wir weisen zu: |
| A der Spalte 1, |
| B der Spalte 2, |
| A x B Wechselwirkung der Spalte 3 |

| modifiziertes Feld: |
| Spalten 1, 2 und 3 werden zusammengelegt, um eine 4-stufige Spalte zu bilden. |

Exp. Nr.	Spalte 1	2	3	4	5	6	7
1	1	1	1	1	1	1	1
2	1	1	1	2	2	2	2
3	1	2	2	1	1	2	2
4	1	2	2	2	2	1	1
5	2	1	2	1	2	1	2
6	2	1	2	2	1	2	1
7	2	2	1	1	2	2	1
8	2	2	1	2	1	1	2

$\uparrow$ A $\quad\uparrow$ B $\quad\uparrow$ C = A x B

Exp. Nr.	Spalte (3)	4	5	6	7
1	1	1	1	1	1
2	1	2	2	2	2
3	2	1	1	2	2
4	2	2	2	1	1
5	3	1	2	1	2
6	3	2	1	2	1
7	4	1	2	2	1
8	4	2	1	1	2

$\uparrow$ C_{neu}

Bild 8.8: Beispiel für eine Spaltenzusammenlegung im Feld L_8 zu einem Feld $L_8(4^1 \times 2^4)$

- *Konstruktion einer neuen Spalte ABC*
  - Die Kombination 1, 1 in den Spalten A, B ergibt eine 1 in der Spalte C;
  - die Kombination 1, 2 in A, B ergibt eine 2 in C;
  - die Kombination 2, 1 in A, B ergibt eine 3 in C

  und

  - die Kombination 2, 2 in A, B ergibt eine 4 in C.
- *Auslassen schon benutzter Spalten*

  Spalten (wie A, B, C), die schon benutzt worden sind, können im Weiteren nicht mehr dazu herangezogen werden, andere Faktoren oder Wechselwirkungen zu analysieren.

Das Verfahren der Spaltenzusammenlegung kann auf jedes Feld angewandt werden. Auch das neu entstehende Feld ist ausgeglichen und damit orthogonal.

8.5.6 Leerspaltendesign

Als ein weiteres Problem kann in der Praxis vorkommen, dass Faktoren mit *drei* Ausgangsstufen in kleinere zweistufige Matrizen unterzubringen sind. Diese Fragestellung kann mittels der Technik des *Leerspalten- bzw. Steuerspaltendesigns* gelöst werden.

Muss beispielsweise ein Faktor A mit drei Ausgangsstufen (A_1, A_2, A_3) in eine zweistufige Spalte eingebaut werden, so ist A gemäß der Einstellung in einer Referenzspalte (Leerspalte oder auch Steuerspalte) aufzuspalten. Diese darf weiter aber nicht mehr benutzt werden.

Beispiel: Bei einem Verschleißproblem werden die folgenden Faktoren als relevant angesehen und sollen auf 3 bzw. 2 Stufen untersucht werden. Aus Gründen wirtschaftlicher Versuchsführung gilt es jedoch, nur eine zweistufige Matrix zu benutzen.

Faktor	Bedeutung	Stufen	FHG
A	Spieleinstellung	3	2
B	Ölsorte	3	2
C	Oberfläche	2	1
D	Drehzahl	2	1
			6

Wenn eine Leerspalte benutzt werden soll, so ergibt sich der Experimentumfang zu $6f_{A,B,C,D} + 1f_L + 1f_{\bar{y}} = 8$ FHGs[3]. Gewählt wird die Standardmatrix $L_8(2^7)$. Der zugehörige Graph muss dazu wie folgt abgewandelt werden:

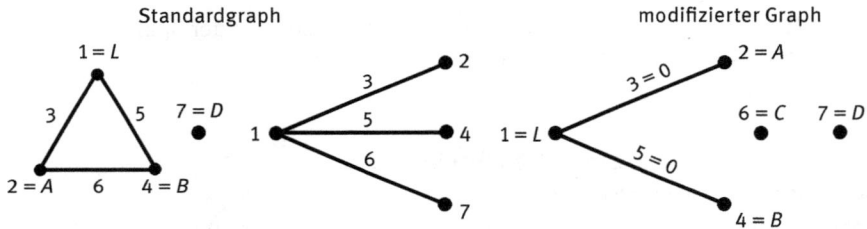

Auf Spalte 1 wird dann die Leerspalte (L = Steuerspalte/Leerspalte) gelegt. Die Wechselwirkungen zwischen der Leerspalte und den entsprechenden physikalischen Faktoren[4] müssen im Weiteren eliminiert werden, d. h., die Spalten 3 und 5 in der Matrix sind zu streichen, die Spalte 6 bleibt unabhängig. Damit erfolgt die Anpassung wie folgt:

| Steuer- | A | | B | |
spalte (L)	1	2	1	2
1	A_1	A_2	B_1	B_2
2	A_2	A_3	B_2	B_3

---

3 Anm.: Hierzu sei noch einmal hervorgehoben: Bei Nutzung einer Leerspalte muss die Matrix um eine Spalte (entspricht 1 FHG) größer dimensioniert werden.

4 Anm.: Eine Leerspalte kann keine WW mit einem physikalischen Feld haben!

Das heißt, die Belegung für A, B ist nach der Stellung von L zu steuern:

- Steht die Einstellung von L auf 1, dann ist A_1 oder A_2 bzw. B_1 oder B_2 anzusprechen, und zwar jeweils nach der eigenen Spaltenkombinatorik.
- Wechselt die Einstellung von L auf 2, so sind sinnentsprechend A_2, A_3 bzw. B_2, B_3 anzusprechen.

Die Umsetzung dieser Kombinatorik ist in der folgenden Matrix des Bildes 8.9 dargestellt.

Exp. Nr.	Spalte				
	1 (L)	2 A	4 B	6 C	7 D
1	1	$1 = A_1$	$1 = B_1$	1	1
2	1	$1 = A_1$	$2 = B_2$	2	2
3	1	$2 = A_2$	$1 = B_1$	2	2
4	1	$2 = A_2$	$2 = B_2$	1	1
5	2	$1 = A_2$	$1 = B_2$	1	2
6	2	$1 = A_2$	$2 = B_3$	2	1
7	2	$2 = A_3$	$1 = B_2$	2	1
8	2	$2 = A_3$	$2 = B_3$	1	2

Bild 8.9: Nutzung einer Leerspalte als Steuerspalte

Die durchgeführten Operationen haben wiederum keinen Einfluss auf die Orthogonalität der Matrix, jedoch werden die Faktoreinstellungen A_2 und B_2 viel genauer untersucht.

8.5.7 Problemverzweigung

Bisher wurden nur Probleme betrachtet, die eindeutig hintereinander abliefen. In der Praxis kommen aber auch Analysen vor, bei denen beispielsweise technologische Alternativen möglich sind und daher mit untersucht werden sollen. Derartige Verzweigungsfälle können ebenfalls in einem Matrixexperiment simultan ausgewertet werden. Ein Beispiel mit Verzweigung ist die im Bild 8.10 dargestellte Beschichtung von Leiterplatten für gedruckte Schaltungen, die im Wesentlichen in den drei Abschnitten
- Wahl eines Grundwerkstoffes für die Leiterplatte,
- Auftragung eines Beschichtungsmaterials auf eine Trägerplatte

und
- Einbrennen auf die Platte, um eine harte Deckschicht zu erhalten,

abläuft. Für das Einbrennen sind hierbei zwei Technologien möglich, welche wegen unterschiedlicher Steuergrößen zu einem typischen Verzweigungsproblem führen.

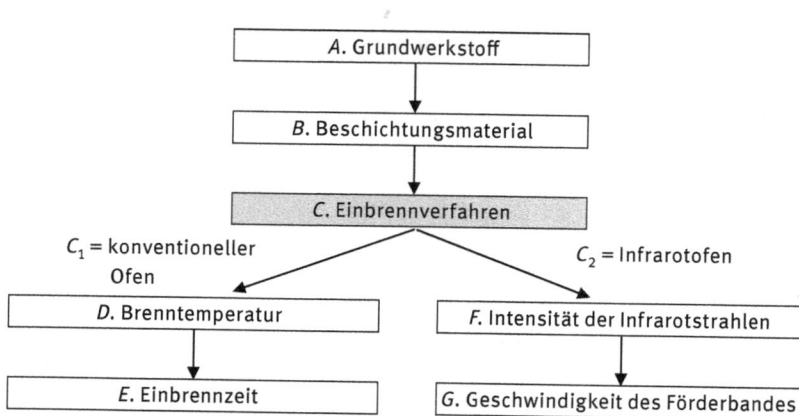

Bild 8.10: Analyse eines Beschichtungsverfahrens mit alternativer Prozessverzweigung

Um den Prozess optimieren zu können, gilt es zu untersuchen:

- zwei Materialarten (A_1, A_2), zwei Beschichtungsmaterialien (B_1, B_2) und zwei Einbrenntechnologien (C_1, C_2).
- Die beiden Einbrenntechnologien sind:
  - ein konventioneller Ofen (C_1)
  und
  - ein Infrarotofen (C_2).
- Bezüglich der Ofentechnologie gibt es jedoch unterschiedliche Steuergrößen, und zwar
  - Brenntemperatur (D_1, D_2) und Einbrennzeit (E_1, E_2)
  bzw.
  - Strahlungsintensität (F_1, F_2) und Förderbandgeschwindigkeit (G_1, G_2).

Insgesamt liegen somit sieben 2-stufigen Faktoren mit folgender Modellanordnung

$$\begin{matrix} & D/F \\ A, B, C & \\ & E/G \end{matrix}$$

vor. Der Faktor C für die Einbrenntechnologien ist ein so genannter *Verzweigungsfaktor*, weil in Abhängigkeit von seiner Stufe noch andere Faktoren wirksam werden können. Demgemäß erfordert auch eine Prozessverzweigung bestimmte fallspezifische Versuchsfelder. Um das Versuchsfeld aufzubauen, sind wieder Graphen sehr nützlich.

Für das vorliegende Problem sind an den Graphen die folgenden Anforderungen zu stellen:

- Es wird ein Punkt für den Verzweigungsfaktor C benötigt.
- Des Weiteren werden zwei Punkte für die Faktoren D, E und F, G benötigt.

- Diese Punkte sind mit dem Punkt C verbunden.
- Da mögliche Wechselwirkungen nicht vermengt werden sollen, müssen die Wechselwirkungsspalten frei bleiben.
- Für die Faktoren A, B müssen noch zwei Punkte abgespalten werden.

geforderter Graph

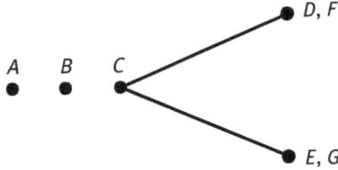

A B C — D, F / E, G

Standardgraph des Feldes $L_8(2^7)$

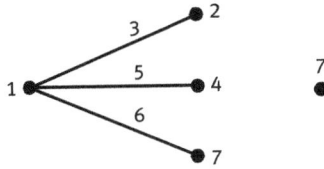

1 — 3 — 2 / 5 — 4 / 6 — 7 / 7

an dem Problem angepasster Graph

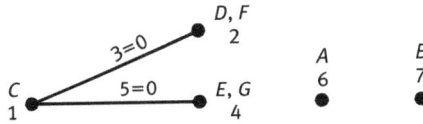

C 1 — $3=0$ — D, F 2 / $5=0$ — E, G 4 / A 6 / B 7

Die dem Graphen entsprechende Versuchsmatrix kann dann folgendermaßen aufgebaut werden:

- Die Spalten 3, 5 bleiben frei, weil keine Wechselwirkungen existieren.
- Der Faktor C wird der Spalte 1 zugewiesen.
- Die Faktoren D, F werden derselben Spalte 2 zugewiesen, ob ein Versuch mit D oder F durchgeführt wird, hängt jedoch von der Faktorstufe C ab.
- Entsprechendes gilt für die Faktoren E, G, die der Spalte 4 zugewiesen werden.
- Die Spalten müssen jetzt wie folgt belegt werden:
  Für die Einstellung C_1 in Spalte 1 müssen jeweils D_1, D_2 und E_1, E_2 mit ihrer Spaltenkombination gesetzt werden,
  bzw.
  für die Einstellung C_2 in Spalte 1 müssen entsprechend F_1, F_2 und G_1, G_2 mit ihrer Spaltenkombination gesetzt werden.

Der Grund, warum Spalte 3 und 5 frei bleiben müssen, liegt wieder in der hochgradigen Vermengung der Faktoren C mit D, F bzw. von A, B mit E, G, die insofern nicht mehr einfach separiert werden können. Da in dem Beispiel nichts über Wechselwirkungen bekannt ist, diese aber auch nicht ausgeschlossen werden können, werden in der Matrix die WW-Spalten sicherheitshalber freigehalten.

Exp. Nr.	Spalten-Nr.						
	1	2	3	4	5	6	7
1	$1 = C_1$	$1 = D_1$		$1 = E_1$		$1 = A_1$	$1 = B_1$
2	$1 = C_1$	$1 = D_1$		$2 = E_2$		$2 = A_2$	$2 = B_2$
3	$1 = C_1$	$2 = D_2$		$1 = E_1$		$2 = A_2$	$2 = B_2$
4	$1 = C_1$	$2 = D_2$		$2 = E_2$		$1 = A_1$	$1 = B_1$
5	$2 = C_2$	$1 = F_1$		$1 = G_1$		$1 = A_1$	$2 = B_2$
6	$2 = C_2$	$1 = F_1$		$2 = G_2$		$2 = A_2$	$1 = B_1$
7	$2 = C_2$	$2 = F_2$		$1 = G_1$		$2 = A_2$	$1 = B_1$
8	$2 = C_2$	$2 = F_2$		$2 = G_2$		$1 = A_1$	$2 = B_2$
	C	D, F	(WW)	E, G	(WW)	A	B
			Faktorzuweisung				

Bild 8.11: L_8 Versuchsplan für den Beschichtungsprozess mit Verzweigung

9 Robust-Design-Konzept zur Optimierung von Produkten

Die zuvor dargestellte Theorie verfolgte immer einen analytischen Hintergrund, d. h., Versuchsplanung wurde primär zum Nachweis oder der Bestätigung eines gewünschten Verhaltens eingesetzt. In der Praxis gibt es aber mindestens genauso viele Aufgaben mit synthetischem Charakter, d. h., für eine Auslegung ist eine optimale Parameterkonstellation /SON 95/ zu finden. Derartige Aufgabenstellungen sind typische Entwicklungsaufgaben, bei denen ein Design vor dem Hintergrund einer speziellen Zielgröße oder von multikriteriellen Zielen festzulegen ist. Erschwerend ist meist, dass keine Vorbilder existieren und zur Verifikation des Verhaltens auch nicht auf ein Modell zurückgegriffen werden kann.

Zur Lösung der beschriebenen Designsituation ist in den letzten Jahren die Technik „DACE" (Digital Analysis of Computer Experiments s. u. a. /LAU 99/) entwickelt worden, bei der die Computermodellierung mit der Statistischen Versuchsmethodik zusammengeführt wird.

Historisch gesehen war es schon immer die Wunschvorstellung der Ingenieure, ein Optimaldesign quasi auf dem Papier durch reine Simulation (modellgestützte Optimierung) entwickeln zu können. In der mathematischen Wissenschaft hat man dazu die Parameteroptimierungsverfahren entwickelt, die jedoch in der realen Anwendung mehr oder weniger versagt haben. Das Vorgehen anhand von Versuchsplänen, ein zumindest teiloptimales Ergebnis schnell finden zu können, kommt der industriellen Arbeitsweise sehr entgegen, da Kompromisse oft akzeptabel sind.

DACE kann somit erfolgreich angewandt werden, wenn für ein Verhalten eine *explizite* oder *implizite Zielfunktion* aufgestellt werden kann. Unter explizit ist hierbei ein geschlossener mathematischer Ausdruck zu verstehen, bei dem auch eine deutliche Transparenz der Einflussfaktoren besteht. Demgegenüber wird eine implizite Zielfunktion nur durch einzelne Zielwerte gebildet.

In der Technik kommen beide Fälle etwa gleichgewichtig vor, wobei jedoch für Optimierungsprobleme der implizite Zusammenhang sicherlich der interessanteste sein wird. Viele Probleme der Systemoptimierung sind real nur implizit beschreibbar, häufig führt dies zu Fragestellungen für zusammengesetzte Strukturen, wobei Festigkeiten oder Steifigkeiten zu optimieren sind. Die Relevanz eines Faktors ist dabei meist nicht sofort ersichtlich, sodass nicht gezielt eingegriffen werden kann.

Ein typischer Kreis von Aufgaben, für die die vorgenannten Voraussetzungen zutreffend sind, ist bei Finite-Element-Modellen /SON 96/ gegeben, die beispielsweise das elasto-mechanische Verhalten (Verformung oder Spannungen) einer komplexen Struktur beschreiben.

Als exemplarischer Fall soll hier die Auslegung eines Pkw-Türscharniers /CER 02/ betrachtet werden. Für einen Scharnierverbund (zwei Scharniere mit Türe) gibt es gesetzliche Forderungen (ECE-R11) wie auch Herstellervorgaben, die verlangen, dass in

https://doi.org/10.1515/9783110724516-009

Höhe des Türschlosses unter einer vertikalen Prüflast (1.000 N an einem 1.000 mm langen Hebelarm und 300 N im Schwerpunkt) nur eine bestimmte elastische Verformung (kleiner 1,5 mm) auftreten darf. In der Diskussion mit den Konstrukteuren werden zum Problemkreis „Absenkung" insgesamt 24 Abhängigkeiten aufgezeigt, die mehr oder weniger Einfluss haben. Da ein derartiges Problem unlösbar ist, wurden 7 wesentliche Steuergrößen herausgefiltert. Diese sind im folgenden Bild 9.1 zusammengestellt und beziehen sich auf die konstruktive Darstellung im Bild 9.2.

Unter den Steuergrößen findet man quantitative und qualitative (z. B. den Parameter C). Neu ist, dass erstmals auch verbundene konstruktive Maßnahmen wie die gleichzeitige Änderung bei B von Kopfrolle und Bolzendurchmesser als *eine* Steuergröße aufgefasst werden. Ähnliches gilt für die Werkstoffspezifizierung, welche eine bestimmte Qualität als gemeinsame Steuergrößenvariation beinhaltet.

Parameter	Variable	Stufe	
		–	+
A = Säulenteil-Schaft-Querschnitt	Säulenteil-Schaft-Dicke	6,5 mm	8,5 mm
B = Kopfrollen-/Bolzendurchmesser	Kopfrollen-/Bolzendurchmesser	14 mm/9 mm	16 mm/10 mm
C = Scheibe	Vorhandensein einer Stützscheibe	ohne	mit
D = Lagerbreite	Lagerbreite	10,5 mm	12,5 mm
E = Türteil-Schaft-Querschnitt	Türteil-Schaft-Dicke	8 mm	10 mm
F = Auflagen-Flächen-Querschnitt	Auflagendicke	5 mm	6 mm
G = Werkstoff	E-Modul/Querkontraktion	196300 MPa/0,32	206800 MPa/0,28

Bild 9.1: Steuergrößen des Türscharniers mit abgestimmten Stufen

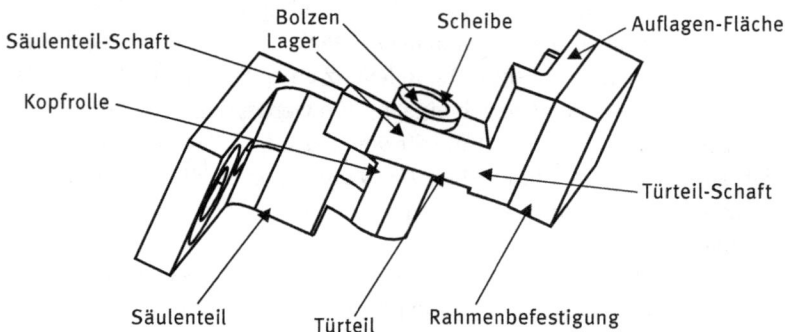

Bild 9.2: Einflussgrößendefinition am Türscharnier

Ein weiteres Ausleuchten der Steuergrößen zeigt, dass vermutlich untereinander keine Abhängigkeiten bestehen, insofern sollen zunächst auch keine Wechselwirkungen berücksichtigt werden. Dies macht bekanntlich die Belegung der geeigneten Versuchsmatrizen relativ einfach, weil keine Spaltenpräferenzen zu berücksichtigen sind.

Aus dem Spektrum der Versuchsmatrizen bieten sich somit bei 7 Faktoren und dem Umfang 8 an:

- der teilfaktorielle Plan 2^{7-4}

und

- das Taguchi-Feld $L_8(2^7)$.

Diese Konstellation ist insofern auch interessant, weil die Pläne im Allgemeinen als gleichwertig angesehen werden. Die folgenden Experimente weisen jedoch auf Unterschiede hin, die in den kombinatorischen Wechseln in den Spalten 3, 5 und 6 begründet sind. Dies ist im Bild 9.3 herausgearbeitet.

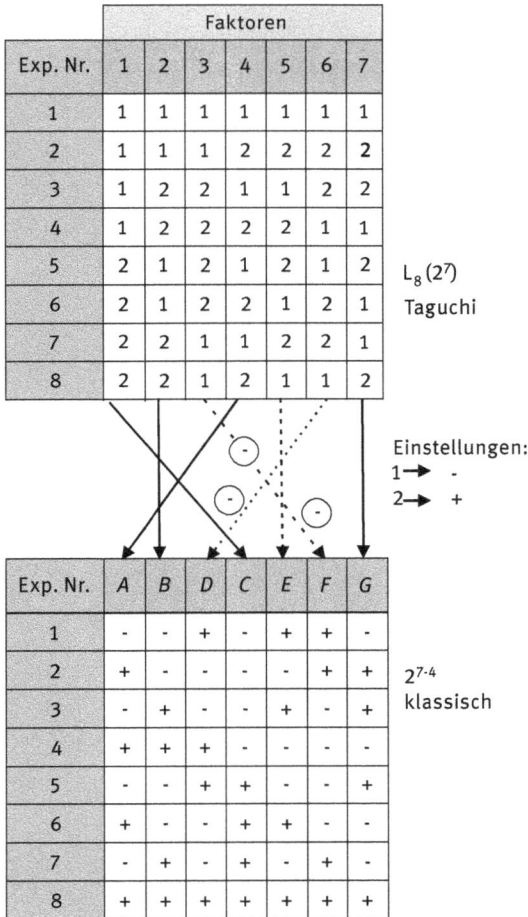

	Faktoren						
Exp. Nr.	1	2	3	4	5	6	7
1	1	1	1	1	1	1	1
2	1	1	1	2	2	2	2
3	1	2	2	1	1	2	2
4	1	2	2	2	2	1	1
5	2	1	2	1	2	1	2
6	2	1	2	2	1	2	1
7	2	2	1	1	2	2	1
8	2	2	1	2	1	1	2

$L_8(2^7)$ Taguchi

Einstellungen:
1 → -
2 → +

Exp. Nr.	A	B	D	C	E	F	G
1	-	-	+	-	+	+	-
2	+	-	-	-	-	+	+
3	-	+	-	-	+	-	+
4	+	+	+	-	-	-	-
5	-	-	+	+	-	-	+
6	+	-	-	+	+	-	-
7	-	+	-	+	-	+	-
8	+	+	+	+	+	+	+

2^{7-4} klassisch

Bild 9.3: Analogie zwischen dem Taguchi-Feld $L_8(2^7)$ und dem klassischen Plan 2^{7-4}

Führt man dementsprechend die FEM-Simulation für den klassischen Versuchsplan 2^{7-4} durch, so erhält man die ausgewiesenen Ergebnisse.

Exp. Nr.	Faktor							Absenkung y [mm]
	A	B	D	C	E	F	G	
1	−	−	+	−	+	+	−	1,67
2	+	−	−	−	−	+	+	1,63
3	−	+	−	−	+	−	+	1,78
4	+	+	+	−	−	−	−	1,78
5	−	−	+	+	−	−	+	1,98
6	+	−	−	+	+	−	−	1,79
7	−	+	−	+	−	+	−	1,44
8	+	+	+	+	+	+	+	1,26
								$\bar{y} = 1,67$

Bild 9.4: Einstellungen und Durchführung des Experimentes mit dem 2^{7-4}-Plan

Um im Weiteren vergleichbar zu sein, soll das entsprechende Taguchi-Feld in der Spaltenbelegung umgeordnet werden, damit die gleiche Zuordnung vorliegt.

Exp. Nr.	Faktor							Absenkung y [mm]
	C	B	F	A	E	D	G	
1	1	1	1	1	1	1	1	2,22
2	1	1	1	2	2	2	2	1,91
3	1	2	2	1	1	2	2	1,49
4	1	2	2	2	2	1	1	1,52
5	2	1	2	1	2	1	2	1,48
6	2	1	2	2	1	2	1	1,50
7	2	2	1	1	2	2	1	1,65
8	2	2	1	2	1	1	2	1,58
								$\bar{y} = 1,67$

Bild 9.5: Einstellung und Durchführung des Experiments mit dem angepassten Taguchi-Feld $L_8(2^7)$; („ − " $\equiv$ 1, „ + " $\equiv$ 2)

Beide Simulationen weisen nur vier Einstellungen auf, bei denen die Vorgabe der Absenkung $\leq 1,5$ mm erfüllt ist. Die Faktoreinstellungen sind hierbei im
- Plan 2^{7-4}: $\widehat{A_1}, B_2, C_2, \widehat{D_1}, \widehat{E_1}, F_2, \widehat{G_1}$: $y = 1,44$ mm
  $A_2, B_2, C_2, D_2, E_2, F_2, G_2$: $y = 1,26$ mm

und im
- Feld $L_8(2^7)$: $\widehat{C_1}, B_2, F_2, \widehat{A_1}, \widehat{E_1}, D_2, G_2$: $y = 1,49$ mm
  bzw. $C_2, \widehat{B_1}, F_2, \widehat{A_1}, E_2, \widehat{D_1}, G_2$: $y = 1,48$ mm

Offensichtlich besteht bezüglich der optimalen Verhältnisse noch eine Diskrepanz[1], die zu klären ist. Hierzu wird die Vorhersagebedingung für Optimalitätsverhältnisse (Kap. 4.4/S. 47) des L_8-Taguchi-Feldes herangezogen:

$$y_{opt} = \overline{y} + (\overline{y}_{A2} - \overline{y}) + (\overline{y}_{B2} - \overline{y}) + (\overline{y}_{C2} - \overline{y}) \ldots (\overline{y}_{G2} - \overline{y})$$

$$= 1{,}67 - 0{,}04 - 0{,}11 - 0{,}12 - 0{,}03 - 0{,}03 - 0{,}17 - 0{,}05 = 1{,}12 \, mm \,.$$

Danach ist die Einstellung aller Faktoren auf Stufe 2 „besser" als die vermuteten 1er-Stufen.

Was ist hieraus zu lernen? Endgültige Schlüsse aus Experimenten sollten nur auf der Basis statistischer Auswertungen gezogen werden. Ohne weitere Begründung würde eine ANOM- und ANOVA-Analyse diese Aussage untermauern.

Ergänzend sollen jetzt noch durch eine Effektanalyse die dominanten Faktoren selektiert werden. Hierzu wird beispielhaft der 2^{7-4}-Plan benutzt.

Gemäß der bekannten Formel[2] ergibt sich der Effekt des Faktors A zu

$$E_A = 2 \frac{((1{,}63 + 1{,}78 + 1{,}79 + 1{,}26) - (1{,}67 + 1{,}78 + 1{,}98 + 1{,}44))}{8} = -0{,}103$$

entsprechend folgt für die anderen Faktoren

$$E_B = -0{,}203 \; (^{**})\,,$$
$$E_C = 0{,}098\,,$$
$$E_D = 0{,}012\,,$$
$$E_E = -0{,}083\,,$$
$$E_F = -0{,}333 \; (^{***})\,,$$
$$E_G = -0{,}007\,.$$

Für die Bedeutung eines Effektes ist eigentlich nur der Absolutbetrag[3] maßgebend, natürlich kann auch vorzeichenbehaftet ausgegeben werden, wodurch sich dann positive und negative Wirkungen ergeben. Die grafische Auftragung gibt insofern eine Information über die Wertigkeit der Faktoren auf das angestrebte Ziel.

---

1 Anm.: Ein Problem 2^7 erfordert normalerweise 128 Experimente; beide Pläne verwenden hiervon Untermengen, eine optimalere Einstellung ist daher möglich und muss untersucht werden.
2 Anm.: Effekte wurden schon in den Fallstudien berechnet. Die allgemeine Berechnungsvorschrift lautet:

$$\text{Effekt} = \frac{1}{(\frac{n}{2})} \left(\sum_{i=1}^{n} y_{i+} - \sum_{i=1}^{n} y_{i-} \right).$$

3 Anm.: $E_A = -0{,}103$ mm bedeutet, dass durch die Umstellung von A_1 nach A_2 die Absenkung y abnimmt.

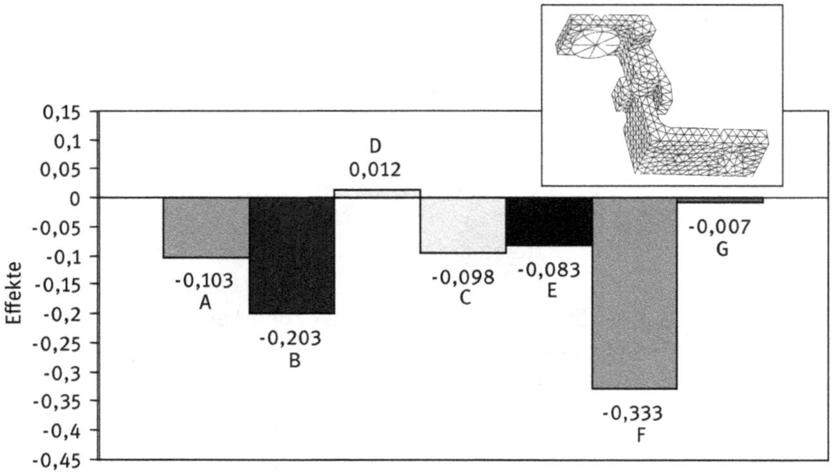

Bild 9.6: Effektanalyse aus 2^{7-4}-Plan (Reihenfolge der Faktoren entsprechend der Planbelegung)

Dominant sind also bei dem Problem der Steifigkeitsoptimierung eines Türscharniers nur die Faktoren *B* (Variation: Kopfrollen-/Bolzendurchmesser) und *F* (Variation: Auflagen-Flächen-Querschnitt), die es somit geeignet zu wählen gilt. Der Faktor C (zusätzliche Scheibe) erzeugt zwar Zusatzkosten, unterstützt aber dennoch das Optimierungsziel.

Weil der gezeigte Typ von Türscharnier in verschiedenen PKWs einfließt und dann oft kleinere Modifikationen erforderlich sind, stellt sich die Frage einer allgemein gültigen Regressionsgleichung (s. auch Kap. 5.3), mit der die zu erwartende Absenkung vorhergesagt werden kann.

Mit den zuvor bestimmten Werten kann die Gleichung angesetzt werden zu:

$$\hat{y} = \overline{y} + \frac{E_A}{2} \cdot x_1 + \frac{E_B}{2} \cdot x_2 + \frac{E_C}{2} \cdot x_3 + \frac{E_D}{2} \cdot x_4 + \frac{E_E}{2} \cdot x_5 + \frac{E_F}{2} \cdot x_6 + \frac{E_G}{2} \cdot x_7$$

Von Relevanz für die konstruktive Auslegung ist, ob der vorgegebene Grenzwert $y \leq 1,5$ mm eingehalten werden kann. Das Experiment mit dem 2^{7-4}-Plan zeigt ein Minimum mit der folgenden Einstellung:

Kodierung	A	B	C	D	E	F	G	y in mm
normiert	+1	+1	+1	+1	+1	+1	+1	1,26

Somit kann die Regressionsgleichung für die minimale Absenkung angesetzt werden zu:

$$y = 1{,}67 - 0{,}0515 \cdot 1 - 0{,}1015 \cdot 1 + 0{,}006 \cdot 1 - 0{,}049 \cdot 1 - 0{,}0415 \cdot 1$$
$$\quad - 0{,}1665 \cdot 1 - 0{,}0035 \cdot 1$$
$$= 1{,}2585 \, \text{mm} \, .$$

Der aus der Modellgleichung ermittelte Absenkwert stimmt fast exakt überein mit dem Messwert. Dies zeigt auch das Bestimmtheitsmaß mit $B = 0{,}998$. Insofern kann mit großer Sicherheit behauptet werden, dass das lineare Modell ohne Wechselwirkung für das Problem zutreffend ist.

Resümee
Mit der statistischen Versuchsplanung lässt sich besonders gut untersuchen, welche Faktoren/Parameter aus einer Vielzahl von „verdächtigen Einflussgrößen" wirklich einflussreich sind. Danach kann mit den wichtigen Faktoren eine Regressionsgleichung angesetzt werden, die das Verhalten eines Produkt/Prozess modellhaft beschreibt. Zukünftig können so Maßnahmen eingeleitet werden, ohne weitere Versuche durchführen zu müssen.

10 Robust-Design-Konzept zur Optimierung von Prozessen

Das bevorzugte Anwendungsfeld für DoE war und ist die Prozessentwicklung. Typische Anwendungsfelder sind immer dann gegeben, wenn zur Erreichung optimaler Ergebnisse eine größere Anzahl von Parametern hinsichtlich besonderer Qualitätsmerkmale abgestimmt werden muss. Dies kommt regelmäßig bei Bearbeitungsaufgaben, Ur- und Umformprozessen, Mischungs- und Beschichtungsprozessen vor. Zielsetzung ist hierbei gewöhnlich:

- Minimierung eines Ausschussanteils (p in %),
- Reduzierung der Prozessstreuung (signed-target-Probleme),
- Minimierung eines Fehlers (Minimierungsproblem),
- Maximierung eines Merkmals (Maximierungsproblem)

oder

- Erreichung eines Merkmals mit möglichst kleiner Streuung (Zielwertproblem).

Diese Vorgänge laufen selten ohne Störeinflüsse ab, weshalb robuste Einstellungen zu realisieren sind. Taguchi nutzt hierzu eine besondere Technik, und zwar Matrix-Experimente mit inneren und äußeren Feldern. Das innere Feld wird durch die Steuergrößen und das äußere Feld durch die Störgrößen gebildet.

Ein weiteres Merkmal von Prozessen ist, dass oft Optimierungen mit *mehreren* bzw. *konkurrierenden Zielen* durchzuführen sind. Das nachfolgende Beispiel eines Beschichtungsprozesses /LIS 99/ ist hierfür typisch: Die Schicht soll ohne Defekte, mit konstanter Dicke und möglichst schnell aufgebracht werden. Bei den Parametereinstellungen wird dies letztlich einen Kompromiss erforderlich machen.

10.1 Analyse eines Prozesses

Im folgenden Fall (nach /PHA 89/) soll ein Polysilizium-Abscheideprozess analysiert werden. Dieser ist als Verarbeitungsstufe bei der Herstellung von VLSI-Schaltungen durchzuführen, die bis dahin schon einen hohen Wertzuwachs erfahren haben. Im umseitigen Bild 10.1 ist das Prinzip eines Abscheidereaktors gezeigt, in dem 50 Scheiben gleichzeitig beschichtet werden können.

Aus Qualitätsgründen gilt es, alle Scheiben völlig gleichmäßig mit einer Schichtdicke von 3.600 Å[1] mit SiO_2 zu überziehen. Jede Abweichung hiervon mindert die physikalischen Eigenschaften nach dem folgenden Ätzen. Für die Führung des Prozesses müssen die maßgeblichen Parameter möglichst optimal gewählt werden. Eine derar-

---

1 Anm.: 1 Å = 10^{-7} mm (Ångström, Einheit für Schichtdicken).

https://doi.org/10.1515/9783110724516-010

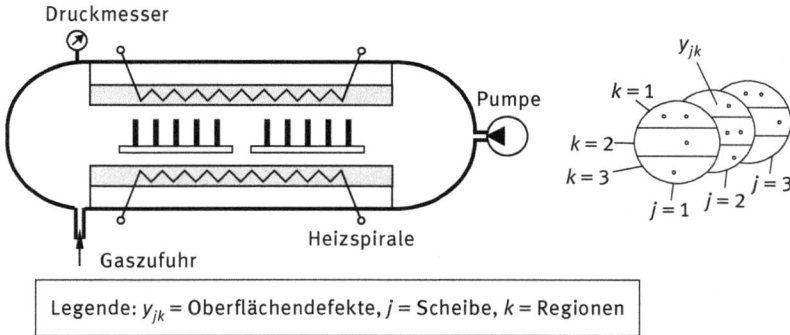

Legende: y_{jk} = Oberflächendefekte, j = Scheibe, k = Regionen

Bild 10.1: Reaktionsprinzip zur SiO_2-Beschichtung von VLSI-Trägerscheiben

tige Einstellung eines Prozesses ist ohne begleitende Vorversuche nicht möglich. Aus Kostengründen sollen diese Vorversuche nur mit drei Scheiben durchgeführt werden, welches in der Vergangenheit ausgereicht hat, um Prozessbedingungen herzustellen.

Ziel ist es, Scheiben mit gleichmäßiger Schichtdicke ohne Defekte wirtschaftlich herzustellen. Die Auswertung der Experimente bezieht sich somit auf drei Scheiben, jeweils in drei Regionen. Der Idealwert für die Oberflächendefekte ist null, insofern hat man es hier mit einem Minimierungsmerkmal zu tun. Bei der Schichtdicke ist hingegen ein Zielwert anzustreben.

Für das erste *Teilziel* kann sodann wieder als *Ziel*funktion angesetzt werden:

$$\eta_i' = -10 \log \left(\sum_{j=1}^{3} \sum_{k=1}^{3} y_{jk}^2 \right) . \tag{10.1}$$

Mit y_{jk} wird hierin die festgestellte Anzahl an Oberflächendefekten in der Region k der Testscheibe j bezeichnet. Die Maximierung von η' führt dann wegen der Form der Zielfunktion zu einer äquivalenten Minimierung der Oberflächendefekte y_{jk}.

An der Versuchsreihe ergaben sich weiterhin der Mittelwert und die Varianz der gemessenen Schichtdicken τ_{jk} zu

$$\overline{y}_i = \frac{1}{9} \sum_{j=1}^{3} \sum_{k=1}^{3} \tau_{jk} \tag{10.2}$$

und

$$s_i^2 = \frac{1}{8} \sum_{j=1}^{3} \sum_{k=1}^{3} \left(\tau_{jk} - \overline{y}_i \right)^2 . \tag{10.3}$$

Bei der Optimierung von Produkteigenschaften geht es in der Hauptsache darum, den Mittelwert auf einen Sollwert ($\tau_0 = 3.600$ Å) zu fixieren und die Streuung zu minimieren. Gewöhnlich lassen sich komplexe Herstellprozesse mit mathematischen Optimierungsverfahren nur schwer oder überhaupt nicht verbessern, da die Anzahl der

Parameter einfach zu groß ist. Mit einem Taguchi-Experiment ist dies meist einfacher möglich. Eine besondere Vereinfachung ergibt sich dann, wenn eindeutige Stellgrößen (z. B. Faktor, der die Schichtdicke einer Scheibe proportional erhöht) existieren. Für einen Beschichtungsprozess gilt gewöhnlich

Schichtdicke ≈ Abscheidegeschwindigkeit × Abscheidezeit.

Bei einer pragmatischen Versuchsführung geht man wie folgt vor:

1. Einstellen der Abscheidezeit, sodass die erreichte *Schichtdicke* in etwa dem *Sollwert m = τ_0* entspricht,
2. Weitere Parameterabstimmungen, um die *Oberflächendefekte* zu minimieren und
3. Reduzierung der Streuung durch Maximierung einer ergänzenden Zielfunktion

$$\eta_i'' = 10 \log \frac{\overline{y}_i^2}{s_i^2} . \tag{10.4}$$

Diese drei Schritte können nur in Ausnahmefällen durch gleiche Einstellungen erfüllt werden. In der ANOM-Auswertung (s. Bild 10.9) werden als Ursache die gegenläufigen Einstellungen der Faktoren ersichtlich. Meist müssen dann Kompromisse eingegangen werden.

10.2 Bedeutung der Steuergrößen

Normalerweise stehen hinter Prozessen komplexe Modelle mit einer größeren Anzahl von Stell-, Steuer- und Störgrößen. Um aber mit vertretbarem Aufwand zum Erfolg kommen zu können, sollten nicht mehr als *sechs* bis *acht* Steuergrößen gewählt werden. Ziel muss es immer sein, mit den wesentlichen Parametern zu experimentieren.

Für jede Steuergrößeneinstellung sollten fallweise *zwei oder drei Stufen* gewählt werden, die hinreichend weit auseinander liegen, sodass ein möglichst weiter Bereich abgedeckt werden kann. Wie aus dem Bild 10.2 ersichtlich wird, sind genau drei Stufen

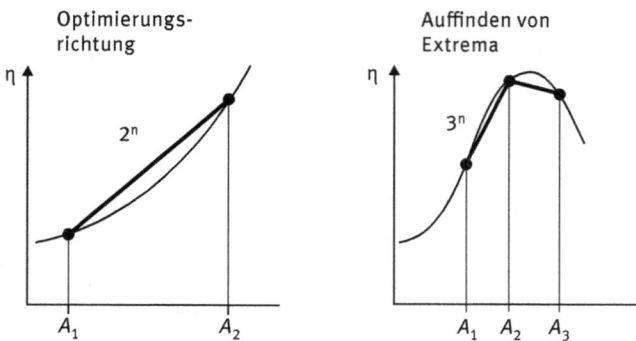

Bild 10.2: Lokalisierung einer Optimaleinstellung über drei Stufen

erforderlich, um bei einer beliebigen Zielfunktion ein lokales Optimum auffinden zu können, ansonsten wird man nur eine optimale Richtung erkennen können.

Im zuvor gewählten Beispiel sollen sechs Steuergrößen für eine Prozessverbesserung ausgewählt werden. Die Prozessführung erfolgt dann wie folgt:

- Die Scheiben werden von Umgebungstemperatur auf die Beschichtungstemperatur (A) erhitzt. Diese Beschichtungstemperatur wird beibehalten.
- Für den Prozess ist ein bestimmter Druck (B) erforderlich, der im Weiteren ebenfalls konstant gehalten werden soll.
- Zusätzlich müssen noch Stickstoff (C) und Silan (D) zur Reaktionsunterstützung zugeführt werden.
- Für die Reaktion selbst ist eine spezifische Einstellzeit (E) erforderlich, bis zu der ein Druck- und Temperaturausgleich hergestellt worden ist.
- Damit die Scheiben vermutlich gut beschichtet werden können, werden sie zuvor mit einer bestimmten Reinigungsmethode (F) gereinigt.

Eine Zusammenstellung der zugehörigen Stufen zeigt noch einmal Bild 10.3.

Faktoren \ Stufen*	Einstellungen		
	1	2	3
A. Beschichtungstemperatur (°C)	$T_o - 25$	T_o	$T_o + 25$
B. Reaktordruck (mbar)	$p_o - 200$	p_o	$p_o + 200$
C. Zufuhr von Stickstoff (ccm)	N_o	$N_o - 150$	$N_o - 75$
D. Zufuhr von Silan (ccm)	$S_o - 100$	$S_o - 50$	S_o
E. Einstellzeit (min.)	t_o	$t_o + 8$	$t_o + 16$
F. Reinigungsmethode	keine	Verf. 1	Verf. 2

Bild 10.3: Steuergrößen mit den gewählten Variationsstufen nach /PHA 89/
*Ausgangsstufen sind unterstrichen

Aus der Tabelle ist ersichtlich, dass man wieder eine Ausgangsstufe wählt und davon ausgehend in beiden Richtungen tastet. Günstig ist es, wenn hierfür sinnvolle Erfahrungswerte herangezogen werden, da es ansonsten passieren kann, dass kein Optimum gefunden wird. Diese Gefahr besteht aber bei allen Optimierungsproblemen. Will man dies ausschließen, so muss gegebenenfalls ein Experiment mit verfeinerten Stufen gewählt werden.

10.3 Matrixexperiment und Datenanalyse

Bei dem zu verbessernden Polysilizium-Abscheideprozess sollen sechs Faktoren mit jeweils drei Stufen eingestellt werden. Wechselwirkungen werden nicht vermutet und sollen daher auch nicht untersucht werden. Für dieses Problem sind somit mindestens 13 Experimente ($6 \cdot 2 + 1$, siehe Kapitel 8.1) erforderlich (vollfaktoriell 3^6 = 729 Experimente). Aus dem Katalog der orthogonalen Felder passt hier am besten die Matrix $L_{18}(2^1 \times 3^7)$, die aus 8 Spalten und 18 Zeilen besteht. Die erste Spalte ist eine 2-Stufen-Spalte mit nur zwei Variationen. Das zu analysierende Problem hat aber sechs Faktoren mit drei Stufen, weshalb die Matrix entsprechend anzupassen ist.

Exp. Nr.	Spalten							
	1	2	3	4	5	6	7	8
1	1	1	1	1	1	1	1	1
2	1	1	2	2	2	2	2	2
3	1	1	3	3	3	3	3	3
4	1	2	1	1	2	2	3	3
5	1	2	2	2	3	3	1	1
6	1	2	3	3	1	1	2	2
7	1	3	1	2	1	3	2	3
8	1	3	2	3	2	1	3	1
9	1	3	3	1	3	2	1	2
10	2	1	1	3	3	2	2	1
11	2	1	2	1	1	3	3	2
12	2	1	3	2	2	1	1	3
13	2	2	1	2	3	1	3	2
14	2	2	2	3	1	2	1	3
15	2	2	3	1	2	3	2	1
16	2	3	1	3	2	3	1	2
17	2	3	2	1	3	1	2	3
18	2	3	3	2	1	2	3	1
Graph:	1	2	3	4	5	6	7	8

Bild 10.4: Orthogonales Feld $L_{18}(2^1 \times 3^7)$ mit zugehörigem Graph aus Teil IV, S. 253 ff.

Die Anpassung erfolgt nun so:
- Die erste Spalte ist als Leerspalte (L) zu kennzeichnen, da sie nicht benötigt wird.
- Von den restlichen sieben Spalten wurde willkürlich die 7. Spalte (Leerspalte) gestrichen und die Faktoren den Spalten 2–6 und 8 zugewiesen. Die Eigenschaft der Orthogonalität eines Feldes wird grundsätzlich nicht dadurch verändert, dass ein-

zelne Spalten als Leerspalten erklärt oder gestrichen werden. Insofern ist das modifizierte Feld immer noch ein orthogonales Feld. Die Orthogonalität wird aber zerstört, wenn einzelne Zeilen weggelassen werden. Im folgenden Bild 10.5 ist die reduzierte Versuchsmatrix mit den entsprechenden Stufen aufgeführt worden.

Exp. Nr.	Temperatur	Druck	Stickstoff	Silan	Einstellzeit	Reinigungs-methode
	2	3	4	5	6	8
1	$T_0 - 25$	$p_0 - 200$	N_0	$S_0 - 100$	t_0	keine
2	$T_0 - 25$	p_0	$N_0 - 150$	$S_0 - 50$	$t_0 + 8$	CM_2
3	$T_0 - 25$	$p_0 + 200$	$N_0 - 75$	S_0	$t_0 + 16$	CM_3
4	T_0	$p_0 - 200$	N_0	$S_0 - 50$	$t_0 + 8$	CM_3
5	T_0	p_0	$N_0 - 150$	S_0	$t_0 + 16$	keine
6	T_0	$p_0 + 200$	$N_0 - 75$	$S_0 - 100$	t_0	CM_2
7	$T_0 + 25$	$p_0 - 200$	$N_0 - 150$	$S_0 - 100$	$t_0 + 16$	CM_3
8	$T_0 + 25$	p_0	$N_0 - 75$	$S_0 - 50$	t_0	keine
9	$T_0 + 25$	$p_0 + 200$	N_0	S_0	$t_0 + 8$	CM_2
10	$T_0 - 25$	$p_0 - 200$	$N_0 - 75$	S_0	$t_0 + 8$	keine
11	$T_0 - 25$	p_0	N_0	$S_0 - 100$	$t_0 + 16$	CM_2
12	$T_0 - 25$	$p_0 + 200$	$N_0 - 150$	$S_0 - 50$	t_0	CM_3
13	T_0	$p_0 - 200$	$N_0 - 150$	S_0	t_0	CM_2
14	T_0	p_0	$N_0 - 75$	$S_0 - 100$	$t_0 + 8$	CM_3
15	T_0	$p_0 + 200$	N_0	$S_0 - 50$	$t_0 + 16$	keine
16	$T_0 + 25$	$p_0 - 200$	$N_0 - 75$	$S_0 - 50$	$t_0 + 16$	CM_2
17	$T_0 + 25$	p_0	N_0	S_0	t_0	CM_3
18	$T_0 + 25$	$p_0 + 200$	$N_0 - 150$	$S_0 - 100$	$t_0 + 8$	keine

Bild 10.5: Planmatrix des Versuchsprogramms nach /PHA 89/

Der Ablauf des Taguchi-Experimentes ist dann wie folgt:
1. Die 18 Experimente sind mit den vorstehenden Stufen durchzuführen.
2. Die Stufen sind möglichst genau einzustellen, um den Einstellfehler so klein wie möglich zu halten. Kleine Schwankungen bei der Einstellung einzelner Größen sind zu tolerieren, da diese Störungen in der Praxis auch auftreten.
3. Die Defekte sind auf den drei Testscheiben an drei Stellen (oben, Mitte, unten) auszuwählen, sodass sich neun Auswertefelder ergeben.
4. Ebenfalls sind die Schichtdicke und die Abscheidegeschwindigkeit messtechnisch zu erfassen.

Die Ergebnisse der Experimente sind in den beiden folgenden Aufstellungen Bild 10.6 und Bild 10.7 quantitativ dokumentiert bzw. die entsprechende Wirkungsfunktion ist ausgewertet worden.

Einige Quantifizierungen sollen beispielsweise gezeigt werden, z. B. Signal/Rausch-Funktion[2] der Oberflächendefekte

$$
\begin{aligned}
\eta_1' &= -10 \log \left(\frac{1}{9} \sum_{j=1}^{3} \sum_{k=1}^{3} y_{jk}^2 \right) \\
&= -10 \log \left[\frac{(1^2 + 0^2 + 1^2) + (2^2 + 0^2 + 0^2) + (1^2 + 1^2 + 0^2)}{9} \right] \\
&= -10 \log \left(\frac{8}{9} \right) = +0,51 \, \text{dB} .
\end{aligned}
\tag{10.5}
$$

Entsprechend ergibt sich

$$
\begin{aligned}
\eta_2' &= -10 \log \left[\frac{(1^2 + 2^2 + 8^2) + (180^2 + 5^2 + 0^2) + (126^2 + 3^2 + 1^2)}{9} \right] \\
&= -10 \log \left(\frac{48.381}{9} \right) = -37,30 \, \text{dB} .
\end{aligned}
$$

Exp. Nr.	Testscheibe 1			Testscheibe 2			Testscheibe 3			Oberflächen- defekte
	oben	Mitte	unten	oben	Mitte	unten	oben	Mitte	unten	η' (dB)
1	1	0	1	2	0	0	1	1	0	0,51
2	1	2	8	180	5	0	126	3	1	−37,30
3	3	35	106	360	38	135	315	50	180	−45,17
4	6	15	6	17	20	16	15	40	18	−25,76
5	1.720	1.980	2.000	487	810	400	2.020	360	13	−62,54
6	135	360	1.620	2.430	207	2	2.500	270	35	−62,23
7	360	810	1.215	1.620	117	30	1.800	720	315	−59,88
8	270	2.730	5.000	360	1	2	9.999	225	1	−71,69
9	5.000	1.000	1.000	3.000	1.000	1.000	3.000	2.800	2.000	−68,15
10	3	0	0	3	0	0	1	0	1	−3,47
11	1	0	1	5	0	0	1	0	1	−5,08
12	3	1.620	90	216	5	4	270	8	3	−54,85
13	1	25	270	810	16	1	225	3	0	−49,38
14	3	21	162	90	6	1	63	5	39	−36,54
15	450	1.200	1.800	2.530	2.080	2.080	1.890	180	25	−64,18
16	5	6	40	54	0	8	14	1	1	−27,31
17	1.200	3.500	3.500	1.000	3	1	9.999	600	8	−71,51
18	8.000	2.500	3.500	5.000	1.000	1.000	5.000	2.000	2.000	−72,00

Bild 10.6: Messung der Defekte/Flächeneinheit und ausgewertete Signal/Rausch-Funktion nach /PHA 89/

---

2 Anm.: Zielfunktionstyp für Minimierungsprobleme.

Exp. Nr.	Schichtdicke Å (η'')									Abscheide-geschwin-digkeit
	Testscheibe 1			Testscheibe 2			Testscheibe 3			
	oben	Mitte	unten	oben	Mitte	unten	oben	Mitte	unten	v [Å/min]
1	2.029	1.975	1.961	1.975	1.934	1.907	1.952	1.941	1.949	14,5
2	5.375	5.191	5.242	5.201	5.254	5.309	5.323	5.307	5.091	36,6
3	5.989	5.894	5.874	6.152	5.910	5.886	6.077	5.943	5.962	41,4
4	2.118	2.109	2.099	2.140	2.125	2.108	2.149	2.130	2.111	36,1
5	4.102	4.152	4.174	4.556	4.504	4.560	5.031	5.040	5.032	73,0
6	3.022	2.932	2.913	2.833	2.837	2.828	2.934	2.875	2.841	49,5
7	3.030	3.042	3.028	3.486	3.333	3.389	3.709	3.671	3.687	76,6
8	4.707	4.472	4.336	4.407	4.156	4.094	5.073	4.898	4.599	105,4
9	3.859	3.822	3.850	3.871	3.922	3.904	4.110	4.067	4.110	115,0
10	3.227	3.205	3.242	3.468	3.450	3.420	3.599	3.591	3.535	24,8
11	2.521	2.499	2.499	2.576	2.537	2.512	2.551	2.552	2.570	20,0
12	5.921	5.766	5.844	5.780	5.695	5.814	5.691	5.777	5.743	39,0
13	2.792	2.752	2.716	2.684	2.635	2.606	2.765	2.786	2.773	53,1
14	2.863	2.835	2.859	2.829	2.864	2.839	2.891	2.844	2.841	45,7
15	3.218	3.149	3.124	3.261	3.205	3.223	3.241	3.189	3.197	54,8
16	3.020	3.008	3.016	3.072	3.151	3.139	3.235	3.162	3.140	76,8
17	4.277	4.150	3.992	3.888	3.681	3.572	4.593	4.298	4.219	105,3
18	3.125	3.119	3.127	3.567	3.563	3.520	4.120	4.088	4.138	91,4

Bild 10.7: Schichtdicke und Abscheidegeschwindigkeit nach /PHA 89/

Nach diesen Experimenten kann die *Datenanalyse* vorgenommen werden. Hierbei interessieren die Signal/Rausch-Funktionen der verschiedenen Ziele. Eine beispielhafte Auswertung ist für das 1. Experiment gezeigt:

- Wegen der konkurrierenden Zielsetzung sind weiter die Daten für die Schichtdicke auszuwerten. Bestimmung der mittleren Schichtdicke und der Varianz:

$$\bar{y}_1 = \frac{1}{9} \sum_{j=1}^{3} \sum_{k=1}^{3} \tau_{jk}$$

$$= \frac{1}{9} [(2.029 + 1.975 + 1.961) + (1.975 + 1.934 + 1.907) + (1.952 + 1.941 + 1.949)]$$

$$= 1.958,10 \, \text{Å} \tag{10.6}$$

$$s_1^2 = \frac{1}{8} \sum_{j=1}^{3} \sum_{k=1}^{3} (\tau_{jk} - \bar{y}_1)^2$$

$$= \frac{1}{8} \left[(2.029 - 1.958,10)^2 + \cdots + (1.949 - 1.958,10)^2 \right]$$

$$= 1.151,36 \, \text{Å}^2 \tag{10.7}$$

bzw.

$$s_1 = 33,93 \, \text{Å}$$

– *Zielfunktion[3] für die Schichtdicke*

$$\eta_1'' = 10\log\frac{\overline{y}_1^2}{s_1^2}$$

$$= 10\log\frac{1.958,10^2}{1.151,36} = 35,22\,\text{dB} \tag{10.8}$$

– *Zusätzlich kann noch eine Aussage zur Wirtschaftlichkeit getroffen werden. Hierfür ist eine Zielfunktion für die Abschiedsgeschwindigkeit zu formulieren*

$$\eta_1''' = 10\log(v_1^2) = 2 \cdot 10\log v_1$$

$$= 10\log(14,5)^2 = 23,23\,\text{dBam} \tag{10.9}$$

(Die Einheit dBam steht dabei für Dezibel Ångström pro Minute).

In den vorstehenden Tabellen sind die Werte für diese Datenanalyse verfügbar. Die zusammenfassende Auswertung ist im Bild 10.8 wiedergegeben.

Exp. Nr.	Versuchsbedingungen in Matrixformat[*]								Oberflächen-defekte	Dicke		Abscheide-geschw.
	L	A	B	C	D	E	L	F	η'(dB)	$\overline{y}$ (Å)	η''(dB)	η''' (dBam)
1	1	1	1	1	1	1	1	1	0,51	1.958	35,22	23,23
2	1	1	2	2	2	2	2	2	−37,30	5.255	35,76	31,27
3	1	1	3	3	3	3	3	3	−45,17	5.965	36,02	32,34
4	1	2	1	1	2	2	3	3	−25,76	2.121	42,25	31,15
5	1	2	2	2	3	3	1	1	−62,54	4.572	21,43	37,27
6	1	2	3	3	1	1	2	2	−62,23	2.891	32,91	33,89
7	1	3	1	2	1	3	2	3	−59,88	3.375	21,39	37,68
8	1	3	2	3	2	1	3	1	−71,69	4.527	22,84	40,46
9	1	3	3	1	3	2	1	2	−68,15	3.946	30,60	41,21
10	2	1	1	3	3	2	2	1	−3,47	3.415	26,85	27,89
11	2	1	2	1	1	3	3	2	−5,08	2.535	38,80	26,02
12	2	1	3	2	2	1	1	3	−54,85	5.781	38,06	31,82
13	2	2	1	2	3	1	3	2	−49,38	2.723	32,07	34,50
14	2	2	2	3	1	2	1	3	−36,54	2.852	43,34	33,20
15	2	2	3	1	2	3	2	1	−64,18	3.201	37,44	34,76
16	2	3	1	3	2	3	1	2	−27,31	3.105	31,86	37,71
17	2	3	2	1	3	1	2	3	−71,51	4.074	22,01	40,45
18	2	3	3	2	1	2	3	1	−72,00	3.596	18,42	39,22

[*] Leere Spalten sind durch L gekennzeichnet

Bild 10.8: Zusammengefasste Datenauswertung nach /PHA 89/

---

3 Anm.: Zielfunktionstyp für Zielwertprobleme.

Weiter sollen die Ergebnisse als Faktorwirkungen transparent gemacht werden. Hierzu muss jede Wirkung aus den Daten heraus abgeleitet werden, z. B. die Wirkung des Faktors A aus seinen Stufen A_1, A_2, A_3:

$$\overline{\eta}'_{A_1} = \frac{1}{6}(0,51 - 37,30 - 45,17 - 3,47 - 5,08 - 54,85) = -24,22 \, \text{dB} ,$$

$$\overline{\eta}'_{A_2} = \frac{1}{6}(-25,76 - 62,54 - 62,23 - 49,38 - 36,54 - 64,18) = -50,105 \, \text{dB} ,$$

$$\overline{\eta}'_{A_3} = \frac{1}{6}(-59,88 - 71,69 - 68,15 - 27,31 - 71,51 - 72,00) = -61,76 \, \text{dB} .$$

Diese Analyse muss für alle Faktoren (von A bis F) auf allen Stufen durchgeführt werden. Man gewinnt so die Informationen des Bildes 10.9 (s. nachfolgende Seite).

Als Resümee folgt aus dieser Auftragung:
- Der Faktor A (Beschichtungstemperatur) hat die größte Wirkung auf alle drei untersuchten Optimierungsmerkmale.
- Durch eine Verringerung der Temperatur, von der Ausgangseinstellung T_0 (A_2) auf $T_0 - 25\,°C$ (A_1), verbessert sich das S/N-Ratio um ca. 26 dB. Dies ist gleichbedeutend mit einer Verringerung der Anzahl der Oberflächendefekte, und zwar um die Größenordnung

$$26 = -10 \cdot \log y^2$$
$$y = \sqrt{10^{2,6}} \approx 20 \frac{\text{Defekte}}{\text{Flächenheit}} .$$

- Die Wirkung dieser Temperaturänderung auf die Gleichmäßigkeit der Schichtdicke beträgt hingegen nur $(35,12 - 34,91) = 0,21\,\text{dB}$, was praktisch vernachlässigbar ist.
- Diese Temperaturänderung führt jedoch weiter zu einer Verringerung der Abscheidegeschwindigkeit, und zwar um $(34,13 - 28,76) = 5,4\,\text{dBam}$, welches

$$v = \sqrt{10^{0,54}} = 1,86$$

entspricht, d. h., die Abscheidezeit muss fast verdoppelt werden. Eine höhere Qualität erfordert damit eine Halbierung des Ausstoßes an Si-Scheiben.
- Der Druck (Faktor B) hat während der Abscheidung die zweitgrößte Wirkung auf die Oberflächendefekte und die Abscheidegeschwindigkeit. Die Wirkung auf die Schichtdicke ist allerdings gering.
- Die Zuführgeschwindigkeit des Stickstoffs (Faktor C) ist mit der Anfangseinstellung (C_1) fast optimal gewählt. Hingegen hat diese Einstellung kaum Einfluss auf die Abscheidegeschwindigkeit.
- Die Zuführgeschwindigkeit des Silans (Faktor D) lässt sich bezüglich der Oberflächendefekte und der Schichtdicke noch geringfügig optimieren. Der Einfluss auf die Abscheidegeschwindigkeit ist allerdings nicht groß.

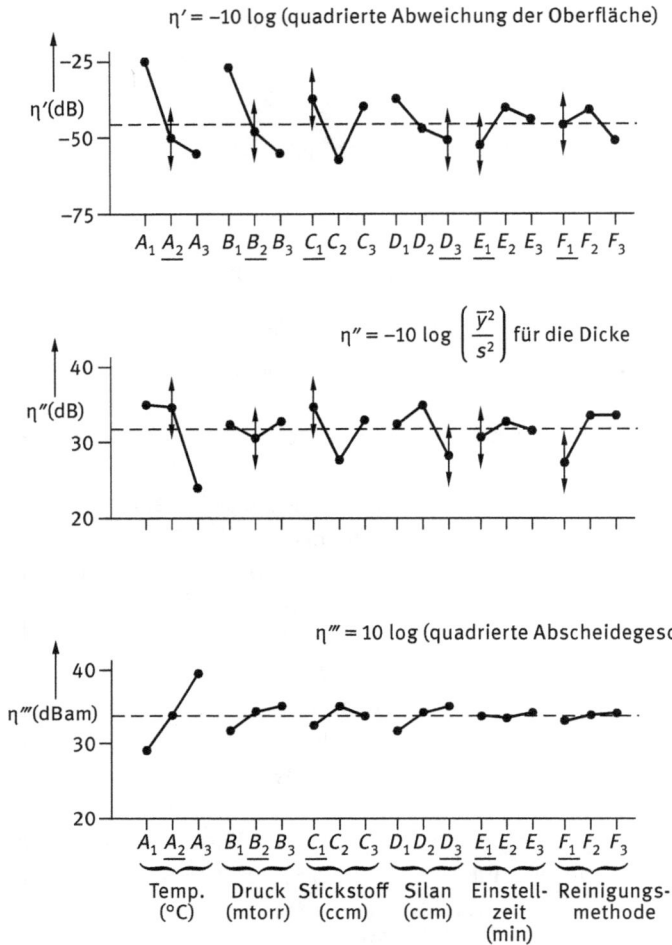

Bild 10.9: Auftragung der Faktorwirkungen (Ausgangsstufen sind jeweils unterstrichen)

- Über die Einstellzeit (Faktor E) lassen sich ebenfalls noch gering die Oberflächendefekte und die Schichtdicke beeinflussen, während der Einfluss auf die Abscheidegeschwindigkeit gering ist.
- Die Reinigungsmethode (Faktor F) zeigt überhaupt keinen Einfluss auf die Abscheidegeschwindigkeit, aber beispielsweise großen Einfluss auf die Schichtdicke und macht sich auch bei den Oberflächendefekten bemerkbar.

Der Versuch ist von der Anlage her weitestgehend praxiskonform, da man es oft mit der Optimierung nach mehrfachen Zielen zu tun haben wird. Dies bedingt immer Entscheidungen unter Wirtschaftlichkeitsgesichtspunkten.

10.4 Berücksichtigung von Störgrößen

In dem vorstehenden Prozess ist idealerweise angenommen worden, dass *Störgrößen* keine Rolle spielen, dies ist aber nicht der Normalfall, sondern eher die Ausnahme. *Robust* wird nämlich ein Prozess erst dann, wenn er auch unempfindlich gegen die Wirkung von Störgrößen wird. Es ist eine besondere Stärke des Taguchi-Ansatzes, dies zu simulieren, und zwar durch einen besonderen Versuchsaufbau. Im nachfolgenden Bild 10.10 ist ein derartiger Versuchsaufbau unter Einbezug der Störgrößen prinziphaft wieder gegeben.

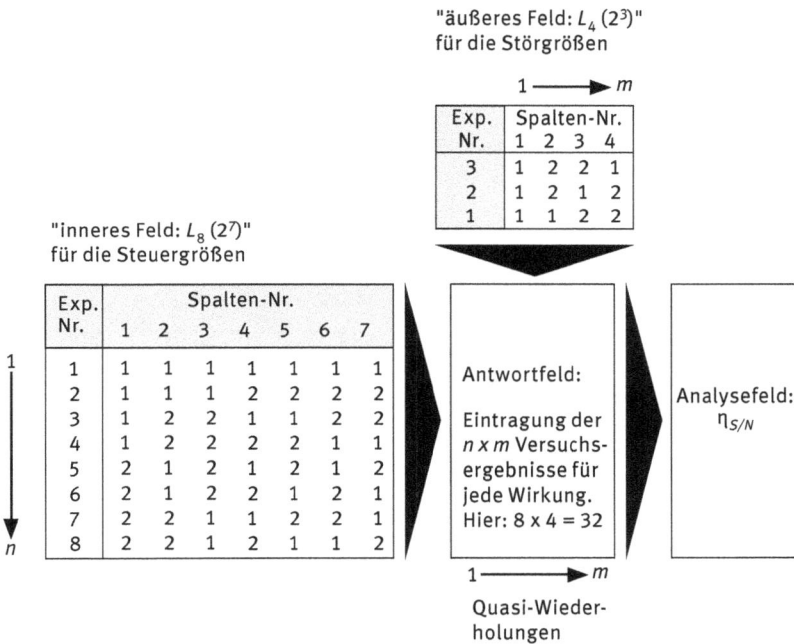

Bild 10.10: Erweiterung eines Matrixexperimentes durch Störeinflüsse

Die Konzeption eines solch integrierten Versuchsrahmens /LAU 91/ ist eine wesentliche Erweiterung von Taguchi über die klassische Versuchsmethodik hinaus und wird nach dem folgenden Schema erstellt:

1. Für die bekannten Steuergrößen wird ein so genanntes *inneres Feld* gebildet; im folgenden Beispiel $L_8(2^7)$.

2. Für die bekannten Störgrößen wird entsprechend ein *äußeres Feld* gebildet; im folgenden Beispiel $L_4(2^3)$.

3. Jedes Steuergrößen-Experiment wird dabei mit einer Störeinstellung überlagert. Dies bedingt, dass zu jedem Steuergrößen-Experiment die Störgrößen variiert werden müssen, wodurch letztlich ein Antwortfeld ($n \times m$-Matrix der Wirkungen) entsteht.

4. Aus den Wirkungen y_i pro Zeile kann dann das durchschnittliche Signal/Rausch-Verhältnis $\overline{\eta}_i$ bestimmt werden, welches wieder nach den bekannten Techniken zur Optimierung eines Produktes/Prozesses bzw. zur Festlegung eines Arbeitspunktes herangezogen werden kann.

Durch die Einbindung von Störeinflüssen führt das Analysefeld letztlich zu *robusten Einstellungen*[4]; es berücksichtigt somit die Einflüsse, denen das Produkt/der Prozess im Einsatz unterliegt. Würde man die Störgrößen zusammen mit den Steuergrößen in einem Feld variieren, wäre die Aussage eine völlig andere, weshalb die Aufspaltung des Experimentes eine deutliche Erweiterung der klassischen Versuchsmethodik darstellt.

---

4 Anm.: In Software-Lösungen kann meist die Technik der „inneren und äußeren Felder" nicht abgebildet werden. Man kann sich jedoch so behelfen, dass man das Antwortfeld als „Wiederholungen" auffasst, um dann die bekannten Auswertungen vorzunehmen.

11 Vergleich mit der klassischen Versuchsmethodik

Die Systemoptimierung kann wohl zu den ältesten Aufgabenstellungen der Naturwissenschaft gezählt werden, welche sich auch derzeit noch in der Weiterentwicklung befindet. Im 16. Jahrhundert entwickelte Francis Bacon[1] die „Ein-Faktor-Methode". Mit diesem Ansatz ließen sich biologische, chemische und physikalische Fragestellungen bearbeiten, für die sich kein geschlossenes mathematisches Modell formulieren ließ. Folglich war man – und ist man auch heute – bei der Untersuchung derartiger Probleme auf empirische Analysen angewiesen, welches teils erhebliche Ressourcen in Anspruch nehmen.

Ein Quantensprung in der Versuchstheorie setzte 300 Jahre später mit den Arbeiten von R. A. Fisher (1925: Statistical Methods for Research Workers) ein, der die „vollständige Mehr-Faktor-Methode" mit neuen statistischen Auswertemethoden einführte. Weitere 10 Jahre später ergänzte F. Yates diese Theorie durch „teilfaktorielle bzw. hochvermengte Versuchspläne".

Bis in die 60er-Jahre war Versuchsmethodik eine Domäne der Wissenschaftler (Pharmakollogen, Biologen, Chemiker) und galt gemeinhin als unübersichtlich, schwierig und aufwändig. Die Anwendung fand größtenteils in Laborumgebung statt und hatte nur geringe praktische Bedeutung. Dies änderte sich erst mit der Qualitätsoffensive (TQM) der japanischen Industrie und der von G. Taguchi proklamierten Philosophie des „Robust Designs" bei minimiertem Versuchsumfang. Dies setzt jedoch Wissen über das reale Verhalten des Modells voraus.

Gegenüber den Taguchi-Experimenten sind die voll- und teilfaktoriellen Pläne „narrensicherer" und leichter anpassbar. Diesem Vorteil steht der meist viel größere Aufwand (2- bis 3-facher) entgegen. Es kann jedoch geboten oder notwendig sein, mit den konventionellen Plänen zu arbeiten. Im folgenden Bild 11.1 wird eine Übersicht über die bekanntesten Pläne gegeben, wobei der Schwerpunkt auf den klassischen Plänen 1. und 2. Ordnung liegt.

Neben den traditionellen Ansätzen gewinnen bei sehr großen Problemen zunehmend softwarebasierte Ansätze an Bedeutung. Diese Richtung wird stellvertretend durch die D-optimalen Pläne abgedeckt, die jedoch als reine Softwareprodukte in diesem Kapitel nur kurz angesprochen werden sollen.

---

[1] Anm.: F. Bacon (1561–1626), englischer Schriftsteller, Philosoph und Naturwissenschaftler; Vertreter des logischen Empirismus.

https://doi.org/10.1515/9783110724516-011

- Statistische Versuchspläne für einen Einflussfaktor
  - Lateinische Quadratpläne
  - Griechisch-lateinische Quadratpläne
  - Hypergriechisch-lateinische Quadratpläne
  - Ausgewogene unvollständige Blockpläne
  - Youden-Quadratpläne
- Statistische Versuchspläne 1. Ordnung
  - vollständige 2^n-Faktorenversuchspläne
  - 2^n-Faktorenversuchspläne mit vermengten Blöcken
  - 2^{n-p}-Teilfaktorenversuchspläne
  - 2^{n-p}-Teilfaktorenversuchspläne mit Blockvermengung
- Plackett-Burman-Versuchspläne
- Statistische Versuchspläne 2. Ordnung
  - 2^n- und 2^{n-p}-Faktorenversuchspläne mit Zentralpunktversuchen
  - vollständige 3^n-Faktorenversuchspläne
  - 3^{n-p}-Teilfaktorenversuchspläne
  - gemischte $2^n 3^n$-Faktorenversuchspläne
  - Box-Behnken-Designs
  - zentral zusammengesetzte Versuchspläne
  - zentral zusammengesetzte drehbare Versuchspläne für 2 bis 6 Faktoren
- D-optimale Designs und modifizierte D-optimale Designs
- Mixture Designs
  - Simplex-Lattice-Designs
  - Simplex-Centroid-Designs
  - Simplex-Axial-Designs
  - Constrained-Mixture-Designs

Bild 11.1: Übersicht über Verfahren der statistischen Versuchsmethodik /SCH 00/

11.1 Statistische Versuchspläne 1. Ordnung

Die in der Praxis vielfach benutzten vollständigen 2^n-Faktorenversuchspläne bezeichnet man allgemein als statistische Versuchspläne 1. Ordnung, weil durch zwei Einstellungen an den Grenzen des n-dimensionalen Versuchsraums nur ein lineares Verhalten abgebildet werden kann.

Ein Versuchsplan heißt zudem noch vollständig, wenn alle denkbaren Kombinationen ohne Auslassungen durchvariiert werden. Es spricht für sich, dass die sich dadurch ergebende hohe Anzahl von Versuchen nachteilig bezüglich Wirtschaftlichkeit und Zeitdauer ist.

Um also den Einfluss von n-Faktoren eines Problems zu untersuchen, müssen bei einem vollständigen 2^n-Faktorenversuchsplan insgesamt 2^n-Versuche durchgeführt werden. Eine eventuell bestehende Nichtlinearität zwischen den Einflussfaktoren und der Zielgröße kann jedoch mit einem 2^n-Faktorenversuch nicht erkannt werden, hier muss dann zu einem quadratischen Modell übergegangen werden, welches 3^n-Pläne erforderlich macht.

In den umseitigen Matrizenschemen sind beispielhaft zwei vollständige Zuordnungen dargestellt, und zwar:

– Im Bild 11.2 sind Schemen für bis zu fünf Faktoren von A bis E, und zwar nur die Hauptwirkungen entwickelt. Alle möglichen Wechselwirkungen können aus kombinatorischer Überlagerung abgeleitet werden. Die Spaltenbelegung erfolgt nach dem Bildungsgesetz[2]:

$$2^{i-1}\,, \quad \text{mit } i = \text{Spaltenzähler}$$

und

– Im Bild 11.3 ist das ergänzte Schema für die drei Faktoren A, B, C mit allen vorkommenden

Zweifaktoren-Wechselwirkungen (2 F-WW): $A \times B$, $A \times C$, $B \times C$

und

Dreifaktoren-Wechselwirkungen (3 F-WW): $A \times B \times C$

aufgestellt worden. Die Kombinatorik ergibt sich aus den bekannten Vorzeichenregeln der Mathematik[3].

– Alle vorkommenden Wechselwirkungen können aus der folgenden Kaskade entwickelt werden:

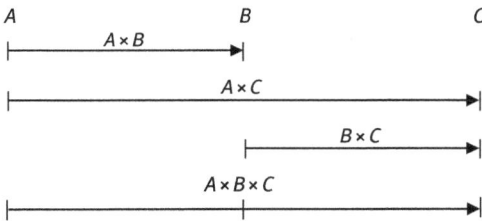

In der klassischen Versuchsmethodik werden entgegen der Taguchi-Nomenklatur die „hohen Stufen" mit (+) und die „niedrigen Stufen" mit (-) bezeichnet.

Wenn keine Vorstellungen über das Optimum einer Zielgröße vorliegen, so wählt man gewöhnlich größere Abstände zwischen den (-)/(+)-Niveaus. In der Nähe des Optimums sind demgemäß *kleine* Niveauabstände zu wählen. Zur Findung eines globalen (d. h. absoluten) Optimums wird man daher die Stufenabstände mehrfach variieren und somit ein weites Versuchsprogramm fahren müssen.

---

2 Anm.: Der Vorzeichenwechsel im Matrixschema folgt der sog. Standardreihenfolge. Hierbei wechselt der erste Faktor jede Zeile das Vorzeichen. Der zweite Faktor wechselt jede zweite Zeile das Vorzeichen usw.

$$2^{i-1}: 2^{1-1} = 1 \quad \text{(ein Vorzeichenwechsel)}$$
$$2^{2-1} = 2 \quad \text{(zwei Vorzeichenwechsel)}$$
$$2^{3-1} = 4 \quad \text{(vier Vorzeichenwechsel)}\,.$$

3 Anm.: 1. Zeile: $WW(A \times B \times C) = (-A) \cdot (-B) \cdot (-C) = (-)$.

		2^5 – Plan			
	2^4 – Plan				
2^3 – Plan					
2^2 – Plan					
Exp.	A	B	C	D	E
1	–	–	–	–	–
2	+	–	–	–	–
3	–	+	–	–	–
4	+	+	–	–	–
5	–	–	+	–	–
6	+	–	+	–	–
7	–	+	+	–	–
8	+	+	+	–	–
9	–	–	–	+	–
10	+	–	–	+	–
11	–	+	–	+	–
12	+	+	–	+	–
13	–	–	+	+	–
14	+	–	+	+	–
15	–	+	+	+	–
16	+	+	+	+	–
17	–	–	–	–	+
18	+	–	–	–	+
19	–	+	–	–	+
20	+	+	–	–	+
21	–	–	+	–	+
22	+	–	+	–	+
23	–	+	+	–	+
24	+	+	+	–	+
25	–	–	–	+	+
26	+	–	–	+	+
27	–	+	–	+	+
28	+	+	–	+	+
29	–	–	+	+	+
30	+	–	+	+	+
31	–	+	+	+	+
32	+	+	+	+	+

Bild 11.2: 2^n-Versuchspläne nach dem Bildungsgesetz 2^{i-1} ohne Wechselwirkungen

Exp.	A	B		C				y
Nr.			$A \times B$		$A \times C$	$B \times C$	$A \times B \times C$	
1	−	−	+	−	+	+	−	×
2	+	−	−	−	−	+	+	×
3	−	+	−	−	+	−	+	×
4	+	+	+	−	−	−	−	×
5	−	−	+	+	−	−	+	×
6	+	−	−	+	+	−	−	×
7	−	+	−	+	−	+	−	×
8	+	+	+	+	+	+	+	×

Bild 11.3: 2^n-Versuchsplan mit allen kombinatorischen Wechselwirkungen

2^n-Pläne werden in der Praxis gerne für so genannte Screening-Versuche (Aussieben der wesentlichen Faktoren bei einem größeren Problem), Test von Neuentwicklungen oder Vergleich von Konkurrenzprodukten herangezogen. Bei einer geringen Anzahl von Faktoren wird der zu leistende Aufwand in der Regel noch als vertretbar angesehen.

Beim 2^2-Plan ist der Versuchsumfang genauso groß wie beim Taguchi-Feld $L_4(2^3)$; hingegen verlangt ein 2^3-Plan bereits den doppelten Aufwand, hier greift jedoch auch der $L_4(2^3)$-Plan. Gleiches gilt für den 2^4-Plan und das Feld $L_8(2^7)$. Wird das L_8-Feld angepasst, so können beispielsweise mit 8 Versuchen fünf unabhängige Faktoren untersucht werden, hierzu müsste entsprechend ein 2^5-Plan mit 32 Versuchen gewählt werden.

Eine ähnliche Relation besteht auch bei den vollfaktoriellen 3^n-Plänen zu den äquivalenten Taguchi-Feldern $L_n(3^n)$. Womit die Aussage unterstrichen ist, dass eben in der Praxis die Taguchi-Methodik vielfach wirtschaftlicher ist.

11.2 Konstruierter 2^{n-p}-Teilfaktorenversuchsplan

Mit steigender Zahl n der Faktoren wächst die Anzahl der Kombinationen auch beim 2^n-Versuchsplan sehr rasch an. Beim Übergang von n auf $n + 1$-Faktoren nämlich genau von 2^n auf 2^{n+1}, womit sich eine praktische Begrenztheit in der Anwendung ergibt.

Anzahl der Faktoren ──→	2	3	4	5	6	7	8	9	10
Umfang bzw. Zeilen des Versuchsplans	4	8	16	32	64	128	256	512	1024

Bild 11.4: Anzahl der erforderlichen Versuche bei vollständigen 2^n-Faktorenversuchsplänen

Wie den Tabellen der Bilder 11.4 und 11.5 zu entnehmen ist, steigt mit der Anzahl der Faktoren nicht nur der Versuchsumfang enorm an, sondern auch die Wechselwirkungen nehmen zu. Bekanntlich sind aber nur die Wechselwirkungen 1. Ordnung (so genannte Zweifaktoren-Wechselwirkungen) signifikant, d. h., alle höheren Ordnungen ab Dreifaktoren-Wechselwirkungen können gewöhnlich vernachlässigt werden.

n	2^n	Hauptwirkung	Wechselwirkung der Ordnung						
			1	2	3	4	5	6	7
3	8	3	3	1	0	0	0	0	0
4	16	4	6	4	1	0	0	0	0
5	32	5	10	10	5	1	0	0	0
6	64	6	15	20	15	6	1	0	0
7	128	7	21	35	35	21	7	1	0
8	256	8	28	56	70	56	28	8	1

Bild 11.5: Übersicht über die Haupt- und Wechselwirkungen bei vollständigen 2^n-Faktorenversuchsplänen (eingerahmt 2 F-WW)

Basierend auf der vorgenannten Feststellung kann also eine auftretende Dreifaktoren-Wechselwirkung ($A \times B \times C$) genutzt werden, um formal einen vierten Faktor unterzubringen. Die Wechselwirkungsspalte kann somit auf D gelegt werden. Auf diese Weise lässt sich ein 2^{4-1}-Teilfaktorenversuchsplan für vier Faktoren mit nur 8 Versuchen an Stelle eines vollständigen 2^4-Faktorenversuchsplans mit 16 Versuchen konstruieren. Die Dreifaktoren-Wechselwirkung $A \times B \times C$ wird dabei aber mit dem Faktor D vermengt[4], bzw. alle Faktoren erhalten eine 3F-WW-Vermengung mit meist sehr kleinen Anteilen.

Als weiteren Nachteil handelt man sich hierbei leider ein, dass die Zweifaktoren-Wechselwirkungen ($A \times C/B \times D$ und $B \times C/A \times D$) nicht sauber trennbar sind, weil diese auch vermengt sind. Die Vorzeichen ergeben sich aus der Zeilen-Kombinatorik, bzw. die höchste Wechselwirkung $A \times B \times C \times D$ findet sich durch Multiplikation der Spaltenbelegung D mit der Spaltenbelegung $A \times B \times C$.

In der Gegenüberstellung des Bildes 11.6 (vollfaktorieller Plan) mit Bild 11.7 (teilfaktorieller Plan) wird die dadurch entstehende Vermengung der Faktoren sichtbar, welches bei praktischen *Pseudo*-Optimierungen meist gut hingenommen werden kann, wenn eben keine letzten Absolutaussagen angestrebt werden.

In einschlägigen Katalogen (s. auch Teil IV: Versuchspläne) existieren fertig entwickelte Versuchspläne mit 5, 6 und 7 Faktoren bei nicht mehr als 8 Versuchen.

---

4 Anm.: Vermengungen eines Faktorproduktes A × B mit einem weiteren Faktor C zu A × B × C wird Aliasse genannt. Die Wirkungen einzelner Faktoren sind dann nicht mehr separierbar.

Exp. Nr.	Faktoren						
	A	B	$A \times B$	C	$A \times C$	$B \times C$	$A \times B \times C$
1	−	−	+	−	+	+	−
2	+	−	−	−	−	+	+
3	−	+	−	−	+	−	+
4	+	+	+	−	−	−	−
5	−	−	+	+	−	−	+
6	+	−	−	+	+	−	−
7	−	+	−	+	−	+	−
8	+	+	+	+	+	+	+

Bild 11.6: Vollständiger 2^3-Faktorenversuchsplan

Faktor	A	B		C			D	
Wechsel-wirkung			$A \times B$		$A \times C$	$B \times C$		
Vermengung	$B{\times}C{\times}D$	$A{\times}C{\times}D$	$C \times D$	$A{\times}B{\times}D$	$B \times D$	$A \times D$	$A{\times}B{\times}C$	$A{\times}B{\times}C{\times}D$
1	−	−	+	−	+	+	−	+
2	+	−	−	−	−	+	+	+
3	−	+	−	−	+	−	+	+

Bild 11.7: Schema für 2^{4-1}-Teilfaktorenversuchsplan mit Belegung

11.3 Versuchspläne mit vermengten Blöcken

Zuvor ist schon die Systematik zur Aufstellung von 2^n-Faktorenversuchsplänen dargestellt worden. Um einzelne Einstellungen[5] zu kennzeichnen, wählt man gewöhnlich eine bestimmte Nomenklatur, die im Folgenden dargestellt ist und meist sinnvoll zur Spezifizierung von Versuchsprogrammen in Labore herangezogen werden kann.

In dieser verkürzten Standardnomenklatur bezeichnen also die Faktoreinstellungen

„(1)“:	$A = (-)$	$B = (-)$	$C = (-)$	$D = (-)$
„a“:	$A = (+)$	$B = (-)$	$C = (-)$	$D = (-)$

oder

„(acd)“:	$A = (+)$	$B = (-)$	$C = (+)$	$D = (+)$

---

5 Anm.: Allgemein wählt man für die Einstellungen 1 = „ − “, 2 = „ + “, 3 = „0“.

Exp. Nr.	Standard-Bezeichnung	A	B	C	D
1	(1)	–	–	–	–
2	a	+	–	–	–
3	b	–	+	–	–
4	ab	+	+	–	–
5	c	–	–	+	–
6	ac	+	–	+	–
7	bc	–	+	+	–
8	abc	+	+	+	–
9	d	–	–	–	+
10	ad	+	–	–	+
11	bd	–	+	–	+
12	abd	+	+	–	+
13	cd	–	–	+	+
14	acd	+	–	+	+
15	bcd	–	+	+	+
16	abcd	+	+	+	+

Bild 11.8: Verschlüsselter Standardplan für 2^2- bis 2^4-Faktorenversuchspläne

Auf diese Systematik kann nun in dem Fall der Charakterisierung randomisierter Blockversuche zurückgegriffen werden. In der Praxis werden beispielsweise Blockversuche durchgeführt, wenn nicht alle erforderlichen Versuche unter gleichen Bedingungen (d. h. bei leicht abweichenden Prüfaufbauten oder -einrichtungen) vorgenommen werden können.

Beispiel: Es soll die Ausbeute bei einem chemischen Herstellprozess optimiert werden, der durch die Faktoren A, B, C und D steuerbar ist.

Jeder Faktor ist dabei auf zwei Stufen zu untersuchen. Um eine möglichst kurze Zeit für das Versuchsprogramm in Anspruch zu nehmen, sollen die $2^4 = 16$ Versuche auf zwei ähnliche Reaktoren aufgeteilt werden. Wenn man hierbei die Störgröße „Reaktor" ausschließen will, kann man die Versuche als Blockprogramm durchführen, und zwar wie folgt:

	1	2	3	4	5	6	7	8
Reaktor I	(1)	abd	ac	abcd	bc	ad	ab	acd
Reaktor II	b	d	bd	a	bcd	c	abc	cd

Bild 11.9: Versuchsprogramm mit randomisierter Aufteilung nach Zufallszuordnung

Durch diese Technik lässt sich eine mögliche Systematik ausschalten und dennoch das Ergebnis zeitgerafft erzeugen.

11.4 Plackett-Burman-Versuchspläne

Wie zuvor schon ersichtlich geworden ist, wachsen die Versuchspläne exponentiell mit der Faktorenanzahl an. Hiermit ist ein dementsprechend großer experimenteller Aufwand verbunden. Plackett-Burman haben sich in 1946 damit beschäftigt, so genannte Screening-Designs (Ausfilter- oder Siebpläne) zu entwickeln. Dies sind reduzierte Versuchspläne, die von 2^{n-p}-Teilfaktorenversuchspläne abgeleitet sind und eine geringere Anzahl von Versuchen benötigen, jedoch keine Wechselwirkungen berücksichtigen. Im Extremfall werden für einen Plackett-Burman-Versuch nur $n + 4$ Versuche benötigt. Derartige Versuchsprogramme sind jeweils für ein Vielfaches von 4 Versuchen, und zwar für 4 bis 100 Faktoren konstruiert und tabelliert worden. Bevorzugt werden jedoch die etwas zuverlässigeren Twelve-Run- (für 8 Faktoren von A-H) und Twenty-Run-Pläne benutzt.

Der lineare Twelve-Run-Plan steht hierbei in Konkurrenz zu einem vollfaktoriellen 2^8-Plan mit 256 Versuchen.

Mit dem im Bild 11.10 gezeigten Schema können somit recht effektiv die *wesentlichen Faktoren (Haupt-Wirkungen)* aus einem größeren Faktorenkollektiv ausgesiebt werden.

Exp. Nr.	A	B	C	D	E	F	G	H	I	J	K	y
1	+	+	−	+	+	+	−	−	−	+	−	x
2	+	−	+	+	+	−	−	−	+	−	+	x
3	−	+	+	+	−	−	−	+	−	+	+	x
4	+	+	+	−	−	−	+	−	+	+	−	x
5	+	+	−	−	−	+	−	+	+	−	+	x
6	+	−	−	−	+	−	+	+	−	+	+	x
7	−	−	−	+	−	+	+	−	+	+	+	x
8	−	−	+	−	+	+	−	+	+	+	−	x
9	−	+	−	+	+	−	+	+	+	−	−	x
10	+	−	+	+	−	+	+	+	−	−	−	x
11	−	+	+	−	+	+	+	−	−	−	+	x
12	−	−	−	−	−	−	−	−	−	−	−	x

Bild 11.10: Twelve Run Plackett-Burman Design für 8 Faktoren (restl. für Versuchsvarianz)

Plackett-Burman haben ihre n-zeiligen Pläne relativ einfach konstruiert, in dem aus einer vorgegebenen Zeile neue Zeilen durch zyklisches Vertauschen von Einstellungen generiert werden. Beispielsweise ist die vorstehende Ausgangszeile wie folgt besetzt:

$$\oplus \quad + \quad - \quad + \quad + \quad + \quad - \quad - \quad - \quad + \quad -$$

Diese Zeile wird nun nach links durchschoben und die 1. Einstellung der 1. Zeile als 11. Einstellung der 2. Zeile hinten angehängt. Somit erhält die 2. Zeile die Einstellungen

$$+ \quad - \quad + \quad + \quad + \quad - \quad - \quad - \quad + \quad - \quad \oplus$$

Die 12. Zeile wird als Abschlusszeile mit allen Einstellungen auf (-) einfach nur angehängt.

11.5 Statistische Versuchspläne 2. Ordnung

Den zuvor dargestellten Verfahren lagen Pläne mit zwei Einstellungen für die Faktoren zu Grunde. Mathematisch ist dies gleichbedeutend mit einem multiplen Regressionsansatz 1. Ordnung, der Linearität zwischen der Zielgröße $\hat{y}$ und den Faktoren x_i voraussetzt:

$$\hat{y} = b_0 + b_1 \cdot x_1 + b_2 \cdot x_2 + \ldots + b_n \cdot x_n + e . \tag{11.1}$$

Hierin ist $\hat{y}$ eine Näherung für y zufolge der Schätzwerte $b_i (b_0 = \overline{y})$ und e eine Fehlergröße, welche mögliche Streuungen von x_i *(Einstellwerte)* erfassen soll.

Ist der vermutete Zusammenhang jedoch nichtlinearer Art, so müssen Pläne mit drei Einstellungen herangezogen werden. Vom mathematischen Ansatz her befriedigt dies ein quadratischer oder gemischt quadratischer Ansatz 2. Ordnung der folgenden Form:

$$\begin{aligned}\hat{y} = {} & b_0 + b_1 \cdot x_1 + b_2 \cdot x_2 + \ldots + b_n \cdot x_n \\ & + b_{12} \cdot x_1 \cdot x_2 + b_{13} \cdot x_1 \cdot x_3 + \ldots + b_{n-1,n} \cdot x_{n-1} \cdot x_n \\ & + b_{11} \cdot x_1^2 + b_{22} \cdot x_2^2 + \ldots + b_{nn} \cdot x_n^2 + e \end{aligned} \tag{11.2}$$

Dieser Ansatz beinhaltet sowohl lineare Terme, Zweifach-Wechselwirkungen und eine parabolische Kurvenanpassung, womit reale nichtlineare Zusammenhänge im Allgemeinen ausreichend genau beschrieben werden können.

Das vorgenannte Verhalten kann versuchstechnisch mit Faktorenversuchsplänen 2. Ordnung, also 3^n-Plänen (s. auch S. 133) abgedeckt werden. Hierzu sind verschiedene Anordnungen (gemäß Auflistung Bild 11.1) bekannt geworden, von denen nachfolgend einige kurz dargestellt werden sollen. Weitere Pläne findet man im Teil IV ab Seite 266 ff.

11.5.1 Zentralpunktversuche

Wie ausgeführt, sind 2^n- und 2^{n-p}-Faktorenversuche linear begründete Auswertungen. Eine Anpassung an die Nichtlinearität kann nur über eine dreistufige Variation erfolgen.

Mit einem Zentralpunktversuch kann zunächst die Stärke der Nichtlinearität überprüft werden: Weicht die Konstante $b_{0\,\text{linear}}$ nur wenig von $b_{0\,\text{ZPkt}}$ ab, so kann mit guter Annäherung mit einem Zentralpunktversuch gearbeitet werden; Bei größeren Abweichungen muss ein 3^n-Versuch durchgeführt werden.

Beispiel: Die Ausbeute eines chemischen Prozesses soll mit einem 2^2-Faktorenversuchsplan unter Einbeziehung eines Zentralpunktes untersucht werden.

Exp. Nr.	Codierung		Planmuster		y	
	A	B	$A = T$ [°C]	$B = t$ [min]	[%]	
1	–	–	70	6,0	50,4	
2	+	–	100	6,0	55,0	$b_{0\,\text{linear}} = 57{,}9$
3	–	+	70	8,0	60,8	
4	+	+	100	8,0	65,5	
5	0	0	85	7,0	56,8	
6	0	0	85	7,0	57,0	$b_{0\,\text{ZPkt}} = 57{,}4$
7	0	0	85	7,0	58,5	
					$\overline{y} \equiv b_0 = 57{,}7$	

Bild 11.11: Versuchsplan mit Zentralpunktversuchen in der Mitte des Faktorraums /PET 91/

Der Zentralpunkt wird auf die gemittelten Faktoreinstellungen gelegt. Da die Differenz zwischen $b_{0\,\text{linear}} = 57{,}9$ und $b_{0\,\text{ZPkt}} = 57{,}4$ vernachlässigt werden kann, ist es zulässig, ersatzweise mit einem linearen 2^n-Versuch zu arbeiten. Für den physikalischen Zusammenhang gilt dann die lineare Regressionsgleichung:

$$\hat{y} = 57{,}7 + 2{,}325 \cdot x_1 + 5{,}225 \cdot x_2 \quad (\text{mit } A = x_1, B = x_2)\,, \qquad (11.3)$$

welche aus den Versuchsdaten entwickelt werden kann. Hierbei bleibt der Zentralpunkt bei b_1 und b_2 unberücksichtigt.

11.5.2 Vollständiger 3^n-Faktorenversuchsplan

Pläne, bei denen Faktoren auf jeweils drei Stufen untersucht werden, bezeichnet man als 3^n-Faktorenversuchspläne. Für die Faktorstufen wird hierbei gewöhnlich die folgende Nivellierung $-1, 0, +1$ gewählt.

Das Aufbauschema der 3^n-Faktorenpläne gibt Bild 11.12 wieder. Darüber hinaus existieren auch teilfaktorielle 3^{n-p}-Pläne, die hier aber nicht diskutiert werden sollen.

Von der Codierung her sind die Versuchspläne für die Faktoren $A–D$ orthogonal und unter Nutzung der Belegungsregeln jedoch für die Wechselwirkung nur näherungsweise orthogonal.

3⁴-Plan				
3³-Plan				
3²-Plan				
Exp.	*A*	*B*	*C*	*D*
1	–	–	–	–
2	+	–	–	–
3	0	–	–	–
4	–	+	–	–
5	+	+	–	–
6	0	+	–	–
7	–	0	–	–
8	+	0	–	–
9	0	0	–	–
10	–	–	+	–
11	+	–	+	–
12	0	–	+	–
13	–	+	+	–
14	+	+	+	–
15	0	+	+	–
16	–	0	+	–
17	+	0	+	–
18	0	0	+	–
19	–	–	0	–
20	+	–	0	–
21	0	–	0	–
22	–	+	0	–
23	+	+	0	–
24	0	+	0	–
25	–	0	0	–
26	+	0	0	–
27	0	0	0	–

Bild 11.12: 3^n-Versuchspläne nach dem Bildungsgesetz 3^{i-1} ohne Wechselwirkungen

11.5.3 Box-Behnken-Design

Box und Behnken haben versucht, den Versuchsaufwand von vollständigen 3^n-Faktorenversuchen zu verringern und haben dazu eine spezielle Reduktionstechnik entwickelt, mit der so genannte Sphären unter Erhaltung der Orthogonalität entwickelt werden können.

Nach dem Ansatz von Box-Behnken werden 3^n-Faktorenversuchspläne auf Kreise oder Kugeloberflächen projiziert und hiervon eine Minimalsystematik abgeleitet. Beispielsweise liegt die Systematik eines 3^2-Plans gemäß Bild 11.13 darin: Ein Versuchspunkt liegt im Zentrum (d. h. 0. Sphäre), vier Versuchspunkte werden durch die Kantenmittelpunkte (d. h. 1. Sphäre) gebildet und weitere vier Versuchspunkte stellen die Eckpunkte (d. h. 2. Sphäre) auf dem konzentrischen äußeren Kreis dar.

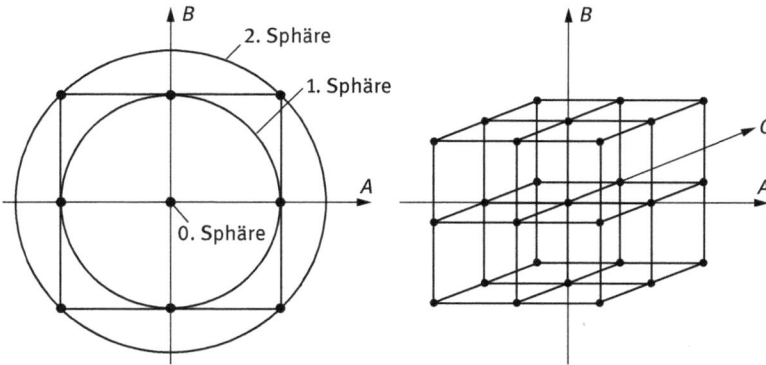

Bild 11.13: Systematik von vollständigen 3^n-Faktorenversuchsplänen

Ein 3^3-Box-Behnken-Plan besteht wiederum aus einem Zentralpunkt (0. Sphäre), 6 Flächenmittelpunkte auf einer inneren Kugeloberfläche (1. Sphäre), 12 Kantenmittelpunkte (2. Sphäre) und 8 Würfeleckpunkte auf einer äußeren Kugeloberfläche (3. Sphäre). Entsprechend ist der Plan mit 27 Einstellungen zu entwickeln.

Ein nach Box-Behnken entwickelter 3^2-Faktorenversuchsplan ergibt dann die im Bild 11.14 entwickelte Kombinatorik.

Sphäre	Anzahl der Versuch	Faktorstufen-Kombination		y
		A	B	
0. Sphäre	$1 \cdot 2^0 = 1$	0	0	x
1. Sphäre	$2 \cdot 2^1 = 4$	0	−1	x
		0	1	x
		−1	0	x
		1	0	x
2. Sphäre	$1 \cdot 2^2 = 4$	−1	−1	x
		1	−1	x
		−1	1	x
		1	1	x

Bild 11.14: Besetzung Box/Behnken-3^2-Faktorenversuchsplan für 9 Versuche

11.6 D-optimale Designs

Die bisher dargestellten klassischen Versuchspläne haben in der Anwendung mehrere Nachteile, und zwar:

- Bei vollständigen 2^n-Faktorenversuchen müssen immer alle 2^n-Experimente durchgeführt werden. Mit steigender Anzahl der Faktoren steigt der Umfang so weit an, dass er bei mehr als 5 Faktoren meist nicht mehr wirtschaftlich ist.
- Bei 2^n-Faktorenversuchen wird zwischen 2 Faktorstufen stets Linearität vorausgesetzt. Diese Versuche geben im strengen Sinne nur einen Trend wieder oder müssen mit unterschiedlicher Schrittweite fortgeführt werden.
- Bei der Anwendung von 2^{n-p}-Teilfaktorenversuchen lässt sich zwar durch Vermengung von Wechselwirkungen der Umfang von Experimenten reduzieren, die Annahme der Linearität bleibt aber weiter bestehen.
- Der Versuchsaufwand bei 3^n- und 3^{n-p}-Faktorenversuchen zur Erfassung nichtlinearen Verhaltens ist bei mehr als 3 Faktoren ebenfalls so groß, dass diese meist auch nicht mehr wirtschaftlich durchführbar sind.
- Versuchen nach Plackett-Burman und Box-Behnken liegt zwar ein vertretbarer Aufwand zu Grunde, ungünstig ist in vielen Fällen aber das starre Schema, das sich grundsätzlich nicht abwandeln lässt.

Zur Vermeidung dieser Schwächen hat man *D-optimale Designs und modifizierte D-optimale Designs* entwickelt, die gegenüber den vorgenannten Versuchsplänen etwa die folgenden Vorteile aufweisen:

- freie Wahl für die Anzahl der Stufen pro Einflussfaktor; die Stufenzahl kann sogar von Faktor zu Faktor unterschiedlich gewählt werden,
- freie Wahl der Stufenabstände, und zwar als äquidistante und nicht-äquidistante Abstände,
- freie Wahl des mathematischen Modells,
- Möglichkeiten zur Verwertung bereits durchgeführter Versuche,
- Möglichkeiten zur Eingabe von Neben- und Zwangsbedingungen

und

- Erweiterungsmöglichkeit durch neue Faktoren.

Die Zahl der Versuchspunkte wird weitestgehend durch die Zahl der Koeffizienten im vermuteten mathematischen Modell der Wirkungsfunktion bestimmt. Hierbei gilt, dass die Zahl der Versuche größer sein muss als die Zahl der Koeffizienten. Wie groß die Zahl der Versuche sein sollte, hängt von der Problemstellung ab. Eine oft angegebene Faustregel besagt hierzu:

$$\text{optimale Anzahl der Versuche} \leq 1,5 \times (\text{Zahl der Koeff. } k \text{ im math. Modell}) \quad (11.4)$$

Im Allgemeinen ist es für praktische Problemstellungen ausreichend, ein lineares Modell mit Zweifach-Wechselwirkungen oder in selteneren Fällen ein quadratisches Mo-

dell zu wählen. Die Anzahl k der Koeffizienten für die Modellansätze lässt sich leicht bestimmen, und zwar für einen
- linearen Ansatz

$$k = n + 1 \,,$$

- quadratischen Ansatz

$$k = \frac{(n + 1) \cdot (n + 2)}{2} \,.$$

Eine Übersicht über die auftretenden Versuchsumfänge gibt Bild 11.15 wieder.

Versuchsplan	Anzahl der Faktoren				
	2	3	4	5	6
2^n	4	8	16	32	64
3^n	9	27	81	243	729
D-Pläne					
– linear minimal	3	4	5	6	7
– linear maximal	4	6	7	9	10
– quadr. minimal	6	10	15	21	28
– quadr. maximal	9	15	23	32	42

Bild 11.15: Versuchsumfänge bei verschiedenen Modellen

Die Eigenschaft eines D-optimalen Designs lässt sich am einfachsten über den verallgemeinerten Regressionsansatz

$$\underline{y} = \underline{X} \cdot \underline{\beta} \tag{11.5}$$

begründen. Hierin bezeichnet
$\underline{y}$ den Vektor $(n \times 1)$ aller beobachteten Versuchsergebnisse,
$\underline{X}$ die Design-Matrix $(n \times p)$ der Faktoren
und
$\underline{\beta}$ den Vektor $(p \times 1)$ der unbekannten Modellkoeffizienten b_i.

Die Modellkoeffizienten kann man mittels der folgenden matriziellen Umformung[6] bestimmen zu

$$\underline{X}^t \cdot \underline{y} = \left(\underline{X}^t \cdot \underline{X}\right) \cdot \underline{\beta} \qquad | \cdot \underline{X}^t \tag{11.6}$$

bzw. zu

$$\left(\underline{X}^t \cdot \underline{X}\right)^{-1} \cdot \underline{X}^t \cdot \underline{y} = \underline{\beta} \qquad | \cdot (\underline{X}^t \cdot \underline{X})^{-1} \,. \tag{11.7}$$

---

6 Anm.: Da in der Matrizenrechnung die Division nicht erklärt ist, muss stattdessen invertiert $()^{-1}$ werden.

Zur Umformung wurde die Transposition (mit t) und die Inversion (mit -1) benutzt, um alle b_i aus $\underline{\beta}$ eliminieren zu können. Die maßgebliche Information für das Gesamtmodell gibt jedoch die *Determinante* det $= (\underline{X}^t \cdot \underline{X})$, woraus auch die Bezeichnung *D-optimal* abgeleitet ist.

Ein D-optimaler Versuchsplan ist somit ein statistischer Versuchsplan, der die Determinante maximiert oder gleichbedeutend die Determinante der Inversen minimiert.

Bei der Planung der Versuche nach einem D-optimalen Design werden die theoretisch möglichen Versuchspunkte über den ganzen Versuchsraum verteilt. Dann teilt man die Intervalle für die Faktoren in zweckmäßige Stufen ein, die von Faktor zu Faktor und im Bereich eines Faktors unterschiedlich sein dürfen und auch nicht unbedingt äquidistant sein müssen. Nur die somit entstehenden Gitterpunkte des n-dimensionalen Versuchsraums (n = Anzahl der Faktoren) werden als mögliche Faktorstufenkombinationen zugelassen, wenn keine zusätzlichen Nebenbedingungen oder Restriktionen eingegeben werden. Es können jedoch auch Versuchspunkte eingelesen werden, die keine Gitterpunkte sind und vielleicht aus vorhergehenden Versuchen stammen.

Gewöhnlich wird diese Vorgehensweise programmgesteuert abgearbeitet, weil hiermit sehr viel manueller Aufwand verbunden ist. Die Entwicklung eines Versuchsprogramms beginnt so, dass ein Startpunkt für die Faktoren vorgegeben wird; ein weiterer Zustand wird dann so selektiert, dass er die vorstehende Determinante maximiert.

Für D-optimale Versuchsmatrizen gibt es in der Spezialliteratur einige feste Schemata, die oft übernommen werden können. In einigen Fällen können D-optimale Pläne auch direkt aus vollständigen 2^n-Versuchsplänen oder auch aus 2^{n-p}-Teilfaktorenplänen generiert werden.

Beispiel: Mit einem angepassten D-optimalen Versuchsplan sollen die Faktoren A, B, C auf zwei Stufen untersucht und die Wechselwirkung $A \times B$ bewertet werden.

Dieses Problem lässt sich mit einem 2^3-Plan systematisch untersuchen. Alle vollfaktoriellen Pläne sind per se schon D-optimal, so dass hier das Ziel verfolgt wird, den kleinsten D-optimalen Plan zu entwickeln. Die Determinante des 2^3-Plans ist

$$\det \left(\underline{X}^t \cdot \underline{X} \right) = 512$$

und ist aus der nachfolgenden Matrix des Bildes 11.16 nach dem Laplaceschen Entwicklungsgesetz errechnet worden.

Der kleinste D-optimale Plan soll vom Umfang her (s. auch Gl. (11.4))

$$5 \leq N < 7,5$$

sein. Das mathematische Modell ist durch die Regressionsgleichung

$$y = b_0 + b_1 \cdot x_1 + b_2 \cdot x_2 + b_3 \cdot x_3 + b_{12} \cdot x_1 \cdot x_2 \tag{11.8}$$

Exp.	A	B	C
1	−1	−1	−1
2	1	−1	−1
3	−1	1	−1
4	1	1	−1
5	−1	−1	1
6	1	−1	1
7	−1	1	1
8	1	1	1

Bild 11.16: Vollfaktorieller 2^3-Plan

gegeben, d. h., der Versuchsplan kann aus minimal fünf Versuchen bestehen. Dieser kann als Grundplan aus dem vorstehenden vollfaktoriellen Plan entwickelt werden, und zwar so, dass sich alle Haupt- und Wechselwirkungen bestimmen lassen. Dazu bedarf es der durchgeführten Umstellung mit der hinterlegten Kombinatorik. Die 5. Zeile kann jetzt beliebig aus den noch übrigen Versuchen (1, 6, 7 + 8) besetzt werden, aber so, dass die Determinante maximal wird. Dieses Problem lässt sich somit nur durch Probieren lösen.

	Exp.	A	B	C	
1	2	1	−1	−1	HW A
2	3	−1	1	−1	HW B
3	5	−1	−1	1	HW C
4	4	1	1	−1	WW $A \times B$
⑤	?		?		

Bild 11.17: Noch unfertiger D-optimaler Plan mit Haupt- (HW) und Wechselwirkungen (WW)

Erster Versuch: Einsetzen von Versuch Nr. 1

$$\underline{X}^t \cdot \underline{X} = \begin{bmatrix} 1 & -1 & -1 & 1 & -1 \\ -1 & 1 & -1 & 1 & -1 \\ -1 & -1 & 1 & -1 & -1 \end{bmatrix} \cdot \begin{bmatrix} 1 & -1 & -1 \\ -1 & 1 & -1 \\ -1 & -1 & 1 \\ 1 & 1 & -1 \\ -1 & -1 & -1 \end{bmatrix} = \begin{bmatrix} 5 & 1 & -1 \\ 1 & 5 & -1 \\ -1 & -1 & 5 \end{bmatrix}$$

Damit wird die Determinante

$$\det(\underline{X}^t \cdot \underline{X}) = \begin{vmatrix} 5 & 1 & -1 & \vdots & 5 & 1 \\ 1 & 5 & -1 & \vdots & 1 & 5 \\ -1 & -1 & 5 & \vdots & -1 & -1 \end{vmatrix} = (125 + 1 + 1) - (5 + 5 + 5) = 112 \,.$$

zugefügter Versuch	det($\underline{X}^t \cdot \underline{X}$)
1	112
6	64
7	64
8	112

Bild 11.18: Werte der errechneten Determinanten und Auswahl der max. Determinante

Entsprechend ist mit den übrigen Zeilen zu verfahren. Man findet somit alle Determinanten. Bild 11.18 gibt eine Zusammenstellung der Ergebnisse wieder.

Den besten, d. h. kleinsten D-optimalen Plan erhält man demnach durch Zufügung des Versuchs Nr. 1 oder 8. Eine Hinzufügung der Versuche 6 oder 7, wäre nicht zielführend, da die Determinante kleiner würde.

11.7 Mixturepläne

In allen bisher betrachteten Fällen konnten die Faktoreinstellungen beliebig unabhängig voneinander gewählt werden. Es kann jedoch Situationen geben, wo dies nicht mehr zutrifft. Das Kennzeichen von so genannten Mischungsproblemen ist gerade die direkte Abhängigkeit der Eigenschaften vom Mischungsverhältnis und nicht von der Menge der Komponenten. Beispiele dafür sind:
– Konfektionierung von Metalllegierungen, Kunststoffe, Gummi,
– Anmischung von Beton,
– Zuführung von Treibstoff oder chemischen Produkten
sowie
– Abstimmung von Lebensmittel- oder Getränkeprodukten.

Meist wird hierbei angenommen, dass bei einem bestimmten Mischungsverhältnis die Produktqualität besser ist, als wenn sie additiv vorhergesagt wird. Als kleines Beispiel /PET 91/ soll die Ergiebigkeit von Kraftstoff im Fahrversuch herangezogen werden. Mit 10 Ltr. der Kraftstoffsorte *A* konnte ein Testfahrzeug 130 km und mit der Kraftstoffsorte *B* nur 70 km zurücklegen. Es soll nun geprüft werden, ob mit Mischungen der beiden Kraftstoffsorten nur der additive Durchschnitt der Fahrstrecken oder weniger bzw. mehr gefahren werden kann. Wenn Additivität vorliegt, würde man sich bei einem Mischungsverhältnis von 50 zu 50 auf der diagonalen Verbindungsgeraden befinden und einen Verbrauch von 10 Ltr. auf 100 km ermitteln. Bei einer höheren Ergiebigkeit würde man sich auf der oberen Kurve und bei einer geringeren auf der unteren Kurve von Bild 11.19 bewegen.

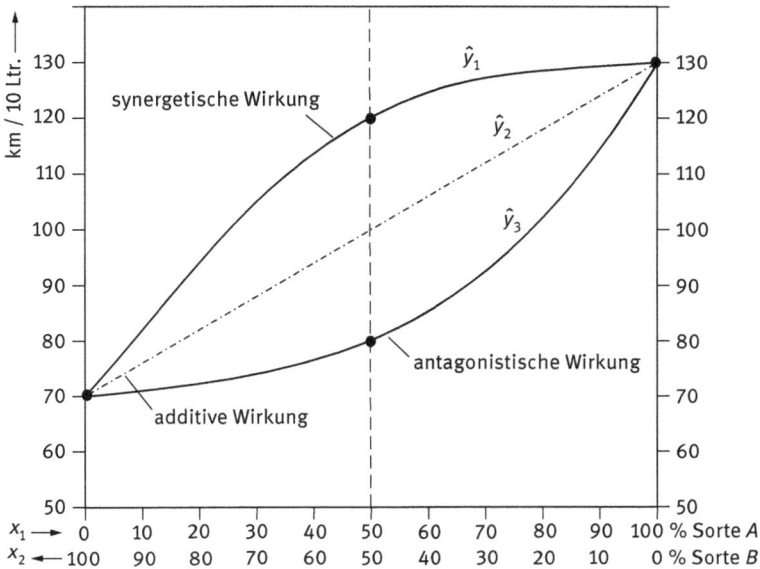

Bild 11.19: Mögliche Effekte bei der Mischung von zwei Kraftstoffsorten

Als mathematische Modelle für die Verläufe gelten:
- bei synergetischer Wirkung

$$\hat{y}_1 = b_0 + b_1 \cdot x_1 + b_2 \cdot x_2 + b_{12} \cdot x_1 \cdot x_2 \,, \tag{11.9}$$

- bei rein additiver Wirkung

$$\hat{y}_2 = b_0 + b_1 \cdot x_1 + b_2 \cdot x_2 \tag{11.10}$$

und
- bei antagonistischer Wirkung

$$\hat{y}_3 = b_0 + b_1 \cdot x_1 + b_2 \cdot x_2 - b_{12} \cdot x_1 \cdot x_2 . \tag{11.11}$$

Wenn das Problem weiter versuchstechnisch analysiert werden soll, so ist zu beachten, dass die Komponenten $x_1 \equiv A$ und $x_2 \equiv B$ nicht unabhängig gewählt werden können. Bei Mischungsproblemen muss stets die Summe aller Komponenten 1 oder 100 % sein, insofern gilt die Zwangsbedingung

$$\sum_{i=1}^{m} x_i = 1 \quad \text{oder} \quad 100\,\%. \tag{11.12}$$

Die m-te Komponente kann daher immer aus den verbleibenden $m - 1$ Komponenten bestimmt werden

$$x_m = 1{,}0 - \sum_{i=1}^{m-1} x_i \,. \tag{11.13}$$

Der Versuchsraum ist somit ein regulärer m-1 dimensionaler Simplex. Zur Erläuterung sind im folgenden Bild 11.20 einmal die Versuchsflächen für zwei *unabhängige* Faktoren und für eine *Zwei-Komponenten-Mischung* dargestellt. Da eine Komponentenabhängigkeit besteht, können nur Mischungsverhältnisse auf der Diagonalen realisiert werden.

Die Abhängigkeit von drei Faktoren lässt sich entsprechend in einem zweidimensionalen Simplex (so genanntes Triangel oder planares Dreieck mit $x_1 + x_2 + x_3 = 1$) darstellen. Für vier Faktoren ist schon ein dreidimensionales Tetrahedron erforderlich.

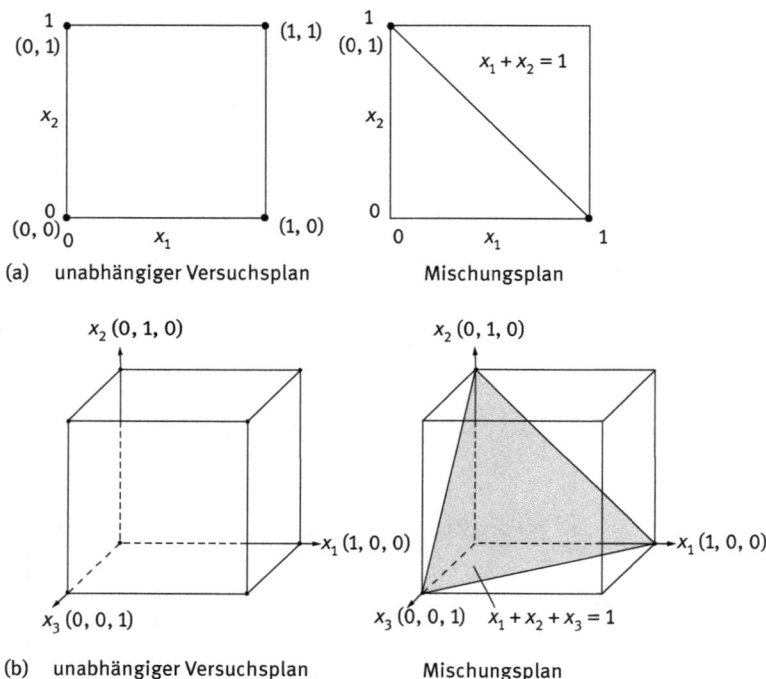

(a)   unabhängiger Versuchsplan   Mischungsplan

(b)   unabhängiger Versuchsplan   Mischungsplan

Bild 11.20: Unterschiede zwischen orthogonalem Versuchsplan und Mixtureplänen
a) für zwei Faktoren bzw. zwei Komponenten,
b) für drei Faktoren bzw. drei Komponenten
(Darstellung in Anlehnung an /PET 91/)

In dem Fall, dass jede einzelne Komponente Werte von 0 bis 100 in einer Mischung aufweisen kann, verteilt man die Versuchspunkte über den ganzen Versuchsraum. Eine gleichmäßige Verteilung von Punkten in einem Simplex wird Lattice genannt. Eine Lattice hat einen direkten Bezug zum Polynom-Modell, d. h., ein Modell vom Grad q mit m-Komponenten wird als (m, q)-Simplex-Lattice bezeichnet. Damit hat jede Komponente $q + 1$ gleiche Anteile zwischen 0 und 1. Insofern werden alle Kombinationen der Mischungskomponenten abgedeckt.

Beispielsweise gehört zu einem $m = 3$-Komponenten-System mit einer proportionalen Aufteilung von $q = 2$ ein Modell 2. Ordnung mit 6 Versuchspunkten, so wie im Bild 11.21 aufgeführt.

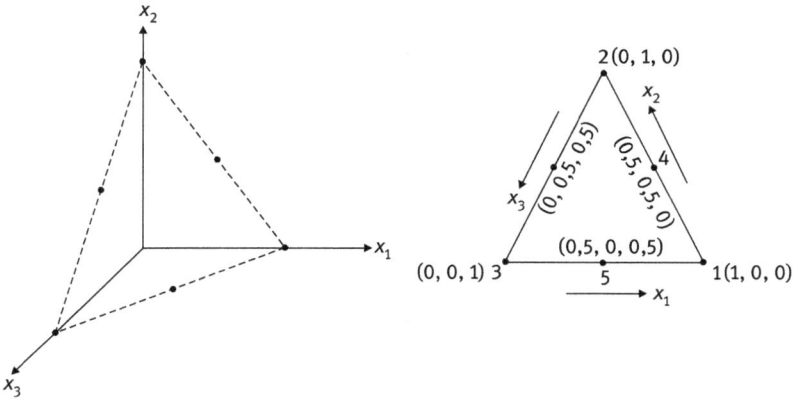

Exp. Nr.	Mischungskomponenten		
	x_1	x_2	x_3
1	1	0	0
2	0	1	0
3	0	0	1
4	0,5	0,5	0
5	0,5	0	0,5
6	0	0,5	0,5

Bild 11.21: Simplex-Lattice-Design mit $m = 3$ Mischungskomponenten und $q = 2$

Weitere Pläne können vor allem auf chemische Aufgabenstellungen ausgerichtete Publikationen /BRA 94/, /BRA 95/ entnommen werden.

12 Statistische Auswerteverfahren

Bei allen zuvor durchgeführten Versuchen sind die Beobachtungen oder die Zielgrößen stets als Zufallsgrößen aufgefasst worden. Das dazugehörige Auswerteverfahren ist somit die Gaußsche Normalverteilung, die von einem additiven Zusammenwirken aller Zufallsereignisse ausgeht. Ist diese Voraussetzung nicht gegeben (z. B. Binomial-, Exponential- oder Weibullverteilung), dann können die gezeigten einfachen Auswerteverfahren so nicht herangezogen werden.

Um im Weiteren die Hintergründe von DoE noch etwas tiefer abzusichern, sollen nachfolgend noch einige Problempunkte der zuvor genutzten Statistik ergänzt werden.

12.1 Charakterisierung der Normalverteilung

In der technischen Physik fallen die überwiegende Anzahl von Messwerten rein zufällig an und lassen sich über das Modell der *Normalverteilung* auswerten. Für normalverteilte Messwerte können der Median, Erwartungs- bzw. Mittelwert ($\overline{y}$) und die Varianz (s^2) oder Streuung (s) /KLE 20/ bestimmt werden.

Der *arithmetische Mittelwert* aus den Einzelbeobachtungen $y_{1,1}$, $y_{1,2}$,..., $y_{1,n}$ kann nach der bekannten Beziehung

$$\overline{y}_1 = \frac{1}{n} \sum_{j=1}^{n} y_{1,j} \tag{12.1}$$

bestimmt werden. Zur Bewertung der Datenqualität reicht dies aber nicht aus, sondern hierfür ist noch die Varianz

$$s_1^2 = \frac{1}{n-1} \sum_{j=1}^{n} \left(y_{1,j} - \overline{y}_1\right)^2 \tag{12.2}$$

bzw. die *Streuung* $s_1 = +\sqrt{s_1^2}$ heranzuziehen. Mittelwert und Streuung sind Parameter der Gauß'schen Normalverteilung, so wie sie im Bild 12.1 wiedergegeben sind.

Die anlässlich von Versuchen gewonnenen Messwerte stellen hinsichtlich aller möglichen Einstellungen und Verhältnisse nur eine Stichprobe von einer unendlich großen Grundgesamtheit dar[1]. Insofern sind der ermittelte Mittelwert $\overline{y}_i$ und die ermittelte Varianz s_i^2 nur Schätzwerte für den mit endlichem Versuchsaufwand nicht ermittelbaren wahren Mittelwert μ_0 und die wahre Varianz σ_0^2 der Grundgesamtheit. In der Praxis sind meist aber nur Rückschlüsse auf eine Großgesamtheit (Produktionsmenge eines Zeitraums) möglich.

---

[1] Anm.: Gewöhnlich kann aus einer kleinen Stichprobe nicht sicher auf eine Groß- oder Grundgesamtheit geschlossen werden.

https://doi.org/10.1515/9783110724516-012

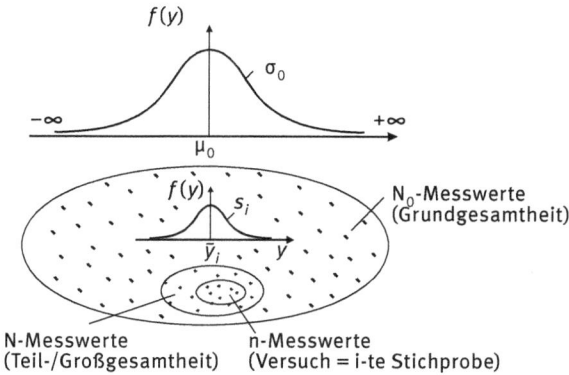

Bild 12.1: Stichprobe in Relation zur Grundgesamtheit

Die Wahrscheinlichkeitsverteilung der Messwerte wird bei Zufallsprozessen näherungsweise durch eine symmetrische Funktion wiedergegeben, welche die folgende Dichte

$$f(y_i) = \frac{1}{\sqrt{2\pi} \cdot s_i} \cdot e^{-\frac{(y_i-\bar{y}_i)^2}{2s_i^2}} \qquad (12.3)$$

aufweist. Diese kann sich von $-\infty$ bis $+\infty$ erstrecken. Um weiterhin verschiedene Normalverteilungen vergleichbar machen zu können, nutzt man die so genannte Standardnormalverteilung (Grundgesamtheitsparameter: $\mu = 0$, $\sigma = 1$) mit dem transformierten Parameter

$$u = \frac{y_i - \bar{y}_i}{s_i} \, , \qquad (12.4)$$

die eine Fläche unterhalb der Verteilungskurve von der Größe *eins* oder *100 %* überstreicht. Diese Flächenanteile werden genommen, um die Güte einer Auslegung zu charakterisieren oder Toleranzen einzuschränken.

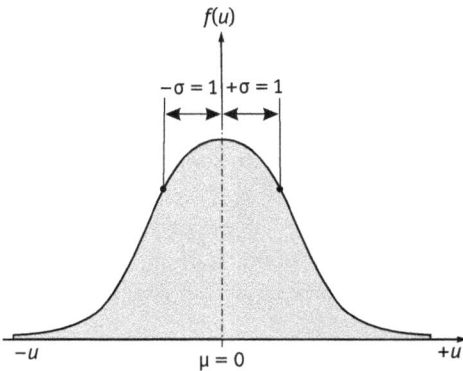

Bild 12.2: Definition der Standardnormalverteilung (SNV: $\mu = 0$, $\sigma = 1$)

So ergibt sich beispielsweise die folgende Eingrenzung:
–   Der Bereich $-1\sigma \leq u \leq +1\sigma$ umspannt 68,3 % der Gesamtfläche,
–   der Bereich $-2\sigma \leq u \leq +2\sigma$ umspannt 95,5 % der Gesamtfläche,
–   der Bereich $-3\sigma \leq u \leq +3\sigma$ umspannt 99,73 % der Gesamtfläche,
–   der Bereich $-4\sigma \leq u \leq +4\sigma$ umspannt 99,994 % der Gesamtfläche,
–   der Bereich $-5\sigma \leq u \leq +5\sigma$ umspannt 99,99994 % der Gesamtfläche,
–   der Bereich $-6\sigma \leq u \leq +6\sigma$ umspannt 99,999999 % der Gesamtfläche.

In der Serienproduktion werden dann hierauf begründete Qualitätsmaßstäbe an Einzelteilmesswerten oder Systemmesswerten formuliert, wie der Prozessfähigkeitsindex

$$C_{pk} \geq 1,33 \quad (\text{entspricht} \pm 4\sigma),$$

womit die Reproduzierbarkeit unter Zufallsbedingungen[2] gefordert wird. In der Praxis wird der C_{pk} mittels SPC in einer Produktion laufend überwacht.

12.2 Aussagesicherheit

Bei der Auswertung von Daten werden in der Praxis immer wieder drei Fragestellungen aufgeworfen:
1.   Sind die gemessenen Daten überhaupt hinreichend normalverteilt?
2.   Wie verlässlich ist der aus einem kleinen Versuchsumfang heraus ermittelte Mittelwert?
und
3.   Gibt es Unterschiede zwischen zwei Messreihen?

Da es keine absolute Wahrheit gibt, kann versucht werden, mit statistischen Mitteln eine hinreichend sichere Antwort zu geben.

Zur Beantwortung der *ersten Frage* kann kein streng mathematischer Test herangezogen werden, sondern es lässt sich nur ein Vergleich anstellen, der in gewisser Weise subjektiv ist. Im einfachsten Fall kann die Übereinstimmung von Häufigkeiten verglichen werden. An einer fiktiven Messreihe soll dies greifbar erläutert werden.

Um ein neues Schweißverfahren an einer Pkw-Achse abzusichern, werden an 100 Achsen zeitgeraffte Prüfstandstests durchgeführt und jeweils die Laufstunden bis zu einem Riss als Lebensdauerkriterium angesehen. Nach Ablauf des Versuchs werden die gewonnenen Messwerte aufsteigend sortiert, in Klassen eingeordnet und je Klasse die Häufigkeit bestimmt. Es ergibt sich die im Bild 12.3 gezeigte Auswertung.

Durch Vergleich der Klassenhäufigkeiten der empirischen Verteilung mit den entsprechenden Häufigkeiten der Standardnormalverteilung lässt sich abschätzen, ob

---

2 Anm.: Systematische Fehler werden durch die Maschinenfähigkeit $C_{mk} \geq 1,33$ bis 1,67 gekennzeichnet und sind zu eliminieren.

Klassen-intervall	Klassen-mitte	absolute Klassenhäufigkeit		emp. Klassen-häufigkeit h
		Strichliste	n	
3.600–4.000	3.800	|||	3	0,03
4.000–4.400	4.200	ᚻᚻ |||	8	0,08
4.400–4.800	4.600	ᚻᚻ ᚻᚻ ᚻᚻ	15	0,15
4.800–5.200	5.000	ᚻᚻ ᚻᚻ ᚻᚻ ᚻᚻ ||||	24	0,24
5.200–5.600	5.400	ᚻᚻ ᚻᚻ ᚻᚻ ᚻᚻ ||	22	0,22
5.600–6.000	5.800	ᚻᚻ ᚻᚻ ᚻᚻ ||	17	0,17
6.000–6.400	6.200	ᚻᚻ ||	7	0,07
6.400–6.800	6.600	||||	4	0,04
			100	1,00

Bild 12.3: Erfasste und ausgewertete Messreihe

Klassenintervall in Laufstunden	empirische Häufigkeit	erwartete Häufigkeit
< 3.600	0,00	0,0078
3.600–4.000	0,03	0,0273
4.000–4.400	0,08	0,0800
4.400–4.800	0,15	0,1625
4.800–5.200	0,24	0,2304
5.200–5.600	0,22	0,2277
5.600–6.000	0,17	0,1568
6.000–6.400	0,07	0,0753
6.400–6.800	0,04	0,0253
> 6.800	0,00	0,0069
	1,00	1,0000

Bild 12.4: Vergleiche der empirischen Häufigkeiten mit den Häufigkeiten der NV

die Messwerte hinreichend normalverteilt sind. Aus den Messwerten müssen zunächst der Mittelwert $\overline{y} = 5.188,70$ LW und die Streuung $s = 655,40$ LW bestimmt werden. Damit lassen sich jetzt die im Bild 12.4 ausgewiesenen Häufigkeiten erstellen.

Die theoretisch erwartete Häufigkeit[3] für ein einzelnes Intervall I_k (s. Teil IV, S. 283 ff.) errechnet sich beispielsweise wie folgt:

$$(4.000 < u \leq 4.400) = F(u_1) - F(u_2)$$
$$= F\left(\frac{4.400 - 5.188,70}{655,40}\right) - F\left(\frac{4.000 - 5.188,70}{655,40}\right)$$
$$= F(-1,2034) - F(-1,8137) = (1 - 0,88493) - (1 - 0,96485)$$
$$= 0,08 \ .$$

---

3 Anm.: $F(-u) = 1 - F(u)$.

In der Praxis wird es immer kleinere Abweichungen geben, insofern muss man fallweise entscheiden, ob die Annäherung an die NV ausreichend genau ist.

Die *zweite Frage* zielt im Kern auf das Problem, ob letztlich für eine Bewertung genügend Messwerte vorliegen und wie sicher eine Aussage ist. Hierzu zieht man gewöhnlich den „*t*-Test für den Erwartungswert" heran. Mit diesem Test kann abgeschätzt werden, wie genau der aus wenigen Messwerten abgeleitete Mittelwert zum wahrscheinlichen Mittelwert der Grundgesamtheit ist. Eine Einschätzung kann aber nur innerhalb eines zweiseitigen Vertrauensbereichs mit einer bestimmten Wahrscheinlichkeit (1-α/2: P = 95 %, 97,5 %, 99 % oder 99,9 %) vorgenommen werden, und zwar mit der Ungleichung

$$\overline{y} - t_x \cdot \frac{s}{\sqrt{n}} \leq \mu_0 \leq \overline{y} + t_x \cdot \frac{s}{\sqrt{n}} \, . \tag{12.5}$$

Mit $t_x = t_{n-1;1-\alpha/2}$ wird der kritische Wert der Student-Verteilung bezeichnet. Die *t*-Werte zur Bestimmung der Vertrauensbereiche sind tabelliert, wobei ein Parameter der Freiheitsgrad (DOF) des Experimentes ist. Dieser ergibt sich zu $f = n - 1$ (nach Abzug des Mittelwertes verbleiben noch $n - 1$ Werte zur Berechnung der Streuung), während der zweite Parameter den Irrtum α bezeichnet.

Der Test soll nun auf eine kleine Problemstellung /KLE 03/ angewandt werden:

Stahlprofile sollen in einem Verzinkungsprozess eine möglichst gleiche Schichtdicke erhalten. Nachdem das Bad eingerichtet ist, werden probeweise vier Profile verzinkt um eine Tendenz festzustellen. Es wurden die folgenden Schichtdicken gemessen:

$$27; 31; 30; 32 \quad \text{(alle in } \mu\text{m)} \, .$$

Der Mittelwert beträgt somit

$$\overline{y} = \frac{\sum y_i}{n} = \frac{27 + 31 + 30 + 32}{4} = 30 \, \mu\text{m}$$

und die Varianz bzw. Standardabweichung

$$s^2 = \frac{1}{3}[(27 - 30)^2 + (31 - 30)^2 + (30 - 30)^2 + (32 - 30)^2] = 4{,}67 \, \mu\text{m}^2$$

$$s = 2{,}16 \, \mu\text{m}$$

Für den Vertrauensbereich des Mittelwertes erhält man mit dem Freiheitsgrad $f = 4 - 1 = 3$ auf dem *95-%-Vertrauensniveau*: $t(n = 3; \alpha/2 = 2{,}5) \triangleq t_{3;0,975} = 3{,}182$

$$30 - 3{,}182 \cdot \frac{2{,}16}{\sqrt{4}} = 26{,}56 \leq \mu_0 \leq 33{,}44 = 30 + 3{,}182 \cdot \frac{2{,}16}{\sqrt{4}}$$

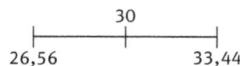

```
          30
   ├───────┼───────┤
 26,56          33,44
```

auf dem *99-%-Vertrauensniveau*: $t = 5,841$

$$30 - 5,841 \cdot \frac{2,16}{\sqrt{4}} = 23,69 \leq \mu_0 \leq 36,31 = 30 + 5,841 \cdot \frac{2,16}{\sqrt{4}}$$

```
                      30
   ├──────────────────┼──────────────────┤
 23,69                               36,31
```

auf dem *99,9-%-Vertrauensniveau*: $t = 12,92$

$$30 - 12,92 \cdot \frac{2,16}{\sqrt{4}} = 16,05 \leq \mu_0 \leq 43,95 = 30 + 12,92 \cdot \frac{2,16}{\sqrt{4}}$$

```
                                30
├───────────────────────────────┼───────────────────────────────┤
16,05                                                         43,95
```

Je höher also das Vertrauensniveau sein soll, desto breiter muss der Vertrauensbereich sein, in dem mit der vorgegebenen Wahrscheinlichkeit die weiteren Messwerte zu suchen sein werden.

Das gezeigte Prinzip kann auf beliebige Problemstellungen ausgedehnt werden. In der Praxis ist oft ein Vergleich zwischen zwei Produkt-, Prozess- und Verfahrensvarianten von Interesse. Hierbei soll eine Aussage darüber getroffen werden, ob sich die wahren oder unbekannten Mittelwerte (statistisch: die beiden Grundgesamtheiten) signifikant unterscheiden oder nicht.

Die *dritte Fragestellung* zielt auf die Problematik, dass zwei Messreihen gefahren worden sind, und im Weiteren zu klären ist, ob sich diese Messreihen signifikant unterscheiden. Hiernach ist von folgender Situation auszugehen:
-   Es liegen n Messwerte aus Gruppe 1 mit $\bar{y}_1, s_1^2$

und
-   ebenfalls n Messwerte aus Gruppe 2 mit $\bar{y}_2, s_2^2$

vor. Die Gesamtzahl der Messwerte beträgt somit: $N = 2 \cdot n$.

Unter der Voraussetzung, dass die Einzelwerte repräsentativ und normalverteilt sind, ist die folgende Vorgehensweise möglich:
-   Man berechnet die Differenz der beiden Stichprobenmittelwerte

$$d = \bar{y}_1 - \bar{y}_2 \tag{12.6}$$

damit liegt ein Schätzwert für die wahre Mittelwertdifferenz d_0 der beiden zu vergleichenden Messreihen vor.
-   Man berechnet den Vertrauensbereich für die wahre Differenz

$$d - t_x \cdot \bar{s} \leq d_0 \leq d + t_x \cdot \bar{s} \tag{12.7}$$

mit

$$\bar{s} = \sqrt{\frac{2}{n} s^2} = \sqrt{\frac{2}{n} \cdot \left(\frac{s_1^2 + s_2^2}{2} \right)}, \tag{12.8}$$

$$f = N - 2 = 2(n - 1). \tag{12.9}$$

– Interpretation: Enthält der Vertrauensbereich den Wert Null, so kann die wahre Differenz $d_0 = 0$ ebenfalls eintreten. Die Daten sind dann insofern konsistent, als kein Unterschied existiert. Die festgestellte Differenz kann aber auch zufällig sein, der Effekt ist dann *nicht signifikant*. Enthält der Vertrauensbereich den Wert Null nicht, so ist davon auszugehen, dass ein tatsächlicher Unterschied vorliegt. Insgesamt ist dann der Effekt *signifikant*.

Noch tiefer gehende Fragen sollten mit der einschlägigen Statistikliteratur (z. B. /PRE 93/, /PRE 05/) geklärt werden.

12.3 Varianzzerlegung

Als das wohl wichtigste Auswerteverfahren der Versuchsplanung ist zuvor das ANOVA-Verfahren (Analysis of Variance) für ein- und mehrparametrige Probleme herangezogen worden. Wie schon erwähnt, geht das Verfahren auf Fisher[4] zurück, der es zunächst empirisch fand und später theoretisch begründete. Er unterstellte normalverteilte Messwerte und Gültigkeit der Gaußschen Varianzdefinition, welche die Varianzzerlegung (Zerlegung in Fehlerquadratsummen) ermöglicht.

Um für den interessierten Leser den mathematischen Hintergrund noch besser auszuleuchten, soll von einer Versuchsmatrix mit dem Umfang 1 bis n und dem folgenden Beobachtungsfeld mit y_{ij} (Wirkungen) ausgegangen werden:

Exp.	Wiederholungsmessungen der Wirkfunktion					
	1	2	...	j	...	m	
1	y_{11}	y_{12}		y_{1j}		y_{1m}	$\bar{y}_{1j}$
2	y_{21}	y_{22}		y_{2j}		y_{2m}	$\bar{y}_{2j}$
$\vdots$							
i	y_{i1}	y_{i2}		y_{ij}		y_{im}	$\bar{y}_{ij} \equiv \bar{y}_{i.}$
$\vdots$							
n	y_{n1}	y_{n2}		y_{nj}		y_{nm}	$\bar{y}_{nj}$
							$\bar{y}_{..}$

$i = 1, \ldots, n,\ j = 1, \ldots, m,\ N = n \cdot m.$

---

4 Anm.: Ronald Aylmer Fisher (1890–1962) leitete die Agricultural Field Station in Rothamsted/England. Hauptsächliche Aufgabenstellung war es, die Einflüsse auf den Ertrag an Feldfrüchten und Getreidesorten zu erforschen. Wegen der hohen Zeitdauer ersann Fisher die *mehrfaktorielle Versuchsplanung* und erweiterte damit die von Francic Bacon (1561–1626) begründete *Ein-Faktor-Methode*. Zur Auswertung seiner Versuche nutzte Fisher statistische Methoden, die er teils entscheidend erweiterte.

Der Gesamtmittelwert[5] aus allen Messungen ist

$$\overline{y}_{..} = \frac{1}{N} \sum_{i,j} y_{ij} \equiv \frac{1}{n \cdot m} \sum_{i=1}^{n} \sum_{j=1}^{m} y_{ij} \,, \tag{12.10}$$

entsprechend ergibt sich die Gesamtvarianz zu

$$s^2 = \frac{1}{N-1} \sum_{i,j} (y_{ij} - \overline{y}_{..})^2 \,. \tag{12.11}$$

Aus dem Ausdruck der Gesamtvarianz erkennt man, dass dieser im Wesentlichen durch die Summe (auch Variation genannt)

$$\sum_{i,j} (y_{ij} - \overline{y}_{..})^2 \tag{12.12}$$

festgelegt ist.

Weiterhin lässt sich zeigen, dass diese Summe aufgeteilt werden kann in

$$\underbrace{\sum_{i,j} (y_{ij} - \overline{y}_{..})^2}_{SQ_T} = \underbrace{\sum_{i} \sum_{j} (y_{ij} - \overline{y}_{i.})^2}_{SQ_I} + \underbrace{\sum_{i} n (\overline{y}_{i.} - \overline{y}_{..})^2}_{SQ_Z} \,. \tag{12.13}$$

Die linke Seite dieser Gleichung nennt man „Totalsumme der quadratischen Abweichungen (SQ_T)". Auf der rechten Seite nennt man den zweiten Ausdruck „die Summe der Quadrate zwischen den Gruppen (SQ_Z)" und den ersten Ausdruck „die Summe der Quadrate innerhalb der Gruppen (SQ_I)".

Der Beweis für die vorstehende Zerlegung sei folgendermaßen geführt:

$$\sum_{i,j} (y_{ij} - \overline{y}_{..})^2 = \sum_{i,j} (y_{ij} - \overline{y}_{i.} + \overline{y}_{i.} - \overline{y}_{..})^2 = \sum_{i,j} ((y_{ij} - \overline{y}_{i.}) + (\overline{y}_{i.} - \overline{y}_{..}))^2$$

$$= \sum_{i} \sum_{j} \left[(y_{ij} - \overline{y}_{i.})^2 + 2(y_{ij} - \overline{y}_{i.})(\overline{y}_{i.} - \overline{y}_{..}) + (\overline{y}_{i.} - \overline{y}_{..})^2 \right]$$

$$= \underbrace{\sum_{i} \sum_{j} (y_{ij} - \overline{y}_{i.})^2}_{A} + \underbrace{2 \sum_{i} \sum_{j} (y_{ij} - \overline{y}_{i.})(\overline{y}_{i.} - \overline{y}_{..})}_{B=0} + \underbrace{\sum_{i} \sum_{j} (\overline{y}_{i.} - \overline{y}_{..})^2}_{C} \,. \tag{12.14}$$

Hierin ist der Mischterm gleich null. Es gilt nämlich

$$\sum_{i} (y_{ij} - \overline{y}_{i.}) = \sum_{i} y_{ij} - m \cdot \overline{y}_{i.} = 0 \,. \tag{12.15}$$

Weiterhin gilt noch für Term C

$$\sum_{i} \sum_{j} (\overline{y}_{i.} - \overline{y}_{..})^2 = \sum_{i} n (\overline{y}_{i.} - \overline{y}_{..})^2 \,. \tag{12.16}$$

---

5 Anm.: In der Mathematik ist *ein Punkt* als Summierung über die Indizes *i* bzw. *j* vereinbart.

Die *Abweichungsquadrate bzw. Varianzen* erhält man durch Division durch die entsprechenden Freiheitsgrade zu

$$V_Z = \frac{SQ_Z}{f_Z} \quad \text{mit } f_Z = n - 1 \tag{12.17}$$

$$V_I = \frac{SQ_I}{f_I} \quad \text{mit } f_I = N - n. \tag{12.18}$$

In der Versuchstechnik sind dies *gute Schätzwerte* für die Faktor- bzw. Fehlervarianzen.

Der *Fisher-Wert* für Stichproben aus derselben Grundgesamtheit ist weiter definiert zu

$$F(n - 1 \, ; N - n) = \frac{SQ_Z}{SQ_I}. \tag{12.19}$$

Die gezeigte Varianzzerlegung lässt sich übersichtlicher in einem Varianz-Zerlegungsfeld darstellen, welches identisch der ANOVA-Tabelle ist.

Variationsursache	Abweichungs-quadratsummen: SQ	Freiheits-grad	Varianzen	F-Wert
zwischen den Gruppen	$SQ_Z = \sum_i n(\overline{y}_{i.} - \overline{y}_{..})^2$	$n - 1$	$V_Z = \frac{SQ_Z}{n-1}$	$F = \frac{V_Z}{V_I}$
innerhalb der Gruppe	$SQ_I = \sum_{i,j}(y_{ij} - \overline{y}_{i.})^2$	$N - n$	$V_I = \frac{SQ_I}{N-n}$	
gesamt	$SQ_T = \sum_{i,j}(y_{ij} - \overline{y}_{..})^2$			

Zuvor ist im Kapitel 6 die Bildung der Quadratsummen vereinfacht worden, was nur zu einer kürzeren Schreibweise führt, und zwar

$$SQ_T = \sum_{i,j}(y_{ij} - \overline{y}_{..})^2 = \sum_{i,j} y_{ij}^2 - \underbrace{\frac{\left(\sum_j y_{ij}\right)^2}{N}}_{CF} \tag{12.20}$$

$$SQ_Z = \sum_i \frac{\left(\sum_j y_{ij}\right)^2}{n} - CF \tag{12.21}$$

$$SQ_I = SQ_T - SQ_Z = \sum_{i,j} y_{ij}^2 - \sum_i \frac{\left(\sum_j y_{ij}\right)^2}{n} \tag{12.22}$$

In den vorstehenden Kapiteln (s. hierzu auch Beispiel 11) wie auch in der einschlägigen Literatur bezeichnet man SQ_Z, also die Variation zwischen den Gruppen oder über die Stufen eines Faktors, regelmäßig mit SQ_A.

Obwohl vorstehend der Einfachheit halber die Varianzzerlegung nur für einen Faktor gezeigt wurde, lässt sich das Verfahren ohne weiteres auf mehrere Faktoren ausdehnen. Für die totale Summe der Abweichungsquadrate ist sodann anzusetzen:

$$SQ_\mathrm{T} = SQ_A + SQ_B + SQ_C + SQ_{A\times B} + SQ_{A\times C} + SQ_{B\times C} + SQ_{A\times B\times C} + SQ_F \,. \tag{12.23}$$

Insofern lässt sich eindeutig die Bedeutung jedes Faktors bestimmen.

12.4 Abschätzung eines Versuchsumfangs

In vielen Fragestellungen ist es von Interesse, vorab den notwendigen Versuchs- bzw. Stichprobenumfang von gleichartigen Objekten zu bestimmen. Eine verbreitete Möglichkeit dazu ist, die Wahrscheinlichkeitsaussage eines Konfidenzintervalls zu diskutieren. In Gl. (12.5) ist diese Beziehung schon aufgestellt worden. Als Wahrscheinlichkeitsaussage kann dies als zweiseitige Grenzbetrachtung

$$P\left(-u_Q \le \frac{\overline{y} - \overline{y}_0}{s/\sqrt{n}} \le +u_Q\right) = Q$$

oder zweckmäßiger als einseitige Grenzbetrachtung

$$P\left(|\overline{y} - \overline{y}_0| \le u_Q \cdot \frac{s}{\sqrt{n}}\right) = Q \,. \tag{12.24}$$

angesetzt werden. Mit Worten ausgedrückt heißt dies: Die Wahrscheinlichkeit, dass der Fehler $|\overline{y} - \overline{y}_0|$ zwischen dem durchschnittlichen Messwert und dem wahren Wert höchstens $(u_Q \cdot s/\sqrt{n})$ ist, soll Q (Angabe in %) betragen. Falls dieser Fehler hingegen höchstens gleich einem vorgegebenen Wert d sein darf, so gilt die folgende ergänzende Regel:

Der absolute Fehler $|\overline{y}-\overline{y}_0|$ ist mit einer Wahrscheinlichkeit von Q höchstens gleich oder kleiner einem vorgeschriebenen Wert d, wenn gilt

$$\frac{u_Q \cdot s}{\sqrt{n}} \le d \,. \tag{12.25}$$

Aus dieser Beziehung lässt sich weiter der notwendige Stichprobenumfang n bei einem ein- oder zweiseitigen Vertrauensintervall bestimmen zu

$$n \ge \frac{u_Q^2 \cdot s^2}{d^2} \,. \tag{12.26}$$

In dieser Gleichung ist die wesentliche Kenngröße das u-Quantil der Normalverteilung, die in jedem Statistikbuch tabelliert ist. Am häufigsten werden die folgenden Quantile benutzt:

$$u_{90\%} = 1{,}28 \,; \quad u_{95\%} = 1{,}645 \,; \quad u_{97,5\%} = 1{,}96 \,;$$
$$u_{99\%} = 2{,}33 \,; \quad u_{99,9\%} = 3{,}09 \,.$$

An einem kleinen Beispiel aus der Werkstoffprüfung soll wieder die Anwendung der Formel gezeigt werden.

Beispiel: Für eine Bauteilentwicklung ist ein begleitender Absicherungstest unter Serienbedingungen vorgeschrieben. Aus mehreren Eingangsprüfungen an verschiedenen Chargen ist bekannt, dass die Festigkeitswerte des Materials mit $s = 40\,\text{MPa}$ streuen.

Wie viel Proben müssen also geprüft werden, um mit 90%iger Sicherheit auftretende Festigkeitsabweichungen von $d = 20\,\text{MPa}$ zwischen den Prüflingen erkennen zu können? Die vorstehende Gleichung ergibt

$$n \geq \frac{1{,}28^2 \cdot 40^2}{20^2} = 6{,}55 \approx 7\,.$$

Aufgerundet sind also mindestens 7 Proben erforderlich, um diese Abweichung mit $Q\,\%$ auch statistisch belegen zu können.

Mit dieser Betrachtung sei unterstrichen, dass die Aussage von Experimenten immer nur auf der Basis statistisch abgesicherter Versuchsdaten erfolgen sollte.

Teil II: **DoE-Beispiele**

https://doi.org/10.1515/9783110724516-part02

Die folgenden Beispiele geben dem Leser die Möglichkeit, sich den Lehrstoff vertieft anzutrainieren. Mit den Überschriften wird ein Hinweis auf die jeweiligen Zielrichtungen gegeben.

Aufgaben
Ablaufplan für die Problembearbeitung

Exemplarische Musterlösungen

```
┌─────────────────────┐
│     DoE-Konzept     │
└─────────────────────┘
```

I. Problemanalyse
1. Festlegung der Zielfunktion als Minimum- oder Maximumaufgabe
2. Ermittlung sämtlicher Parameter der Zielfunktion
3. Identifikation der Stell-, Steuer- und Störgrößen
4. Konsequente Reduzierung der Versuchsgrößen
5. Abgrenzung möglicher Wechselwirkungen

II. Versuchsplanung
6. Festlegung der Parameterstufen
7. Auswahl bzw. Anpassung eines Matrixexperimentes
8. Erstellung der Planmatrix

III: Durchführung eines Matrixexperimentes

IV. Statistische Auswertung des Experimentes
9. Analyse der Parameter- und Wechselwirkungseffekte
10. Ermittlung der optimalen Parametereinstellung mit ANOM
11. Quantifizierung der Parameterbedeutung mit ANOVA

V. Durchführung eines Bestätigungsexperiments
und
Rückführung der Erkenntnisse

1. Beispiel: „Versuch und Irrtum" versus Systematik

Das Kuchenbacken ist meist ein mehr oder weniger systematischer Vorgang, der sich aber sehr gut eignet, die Vorteile des zielgerichteten Experimentierens zu vermitteln. Nehmen wir an, als Qualitätsmerkmal (*Wirkung*) eines Kuchens ist die Kuchenhöhe zu optimieren. Ein guter Kuchen „geht auf" und ein schlechter Kuchen „fällt ein". Im Allgemeinen werden zum Kuchenbacken nur wenige Zutaten (*Einstellgrößen*) benötigt:

Parameter/Faktoren,
hier Steuergrößen:
– Mehl,
– Hefe,
– Zucker,
– Eier,
– Butter,
– Milch.

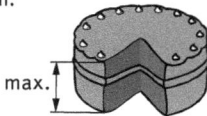

Stellgrößen:
– Temperatur,
– Zeit
Störgrößen:
– Temperatur-
  schwankungen,
– Temperaturver-
  teilung

Bild 1.1: Kuchen mit dem Qualitätsmerkmal „Höhe" (inklusive des „Backprozesses")

Würde man die ausgemachten 6 Parameter auf 2 Stufen (d. h. mit je zwei Einstellungen) variieren, so wären

$$2^6 = 64 \text{ Experimente}$$

notwendig ohne eine Wiederholung durchgeführt zu haben. Als wesentliche Steuergrößen sollen hier jedoch
–   die *Hefe* (als Treibmittel)
und
–   die *Milch* (als Bindemittel)
festgelegt werden.

Die symbolische Darstellung dieses Prozesses im P-Diagramm (Bild 1.2) verdeutlicht die beobachtete *Wirkung* y (= Qualitätsmerkmal) eines Produktes in Abhängigkeit von seinen Eingangsparametern. Diese Parameter können einen unterschiedlichen Einfluss auf das Qualitätsmerkmal haben.

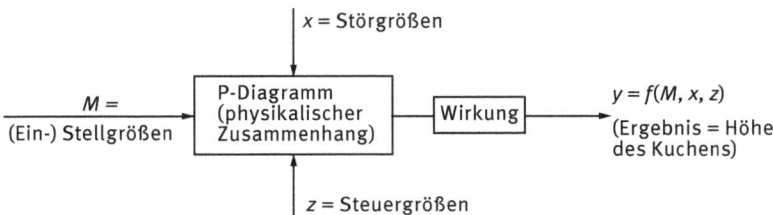

Bild 1.2: P-Diagramm

https://doi.org/10.1515/9783110724516-013

Wie im Lehrtext schon dargelegt, wirken in einem Experiment stets drei Arten von Parametern bzw. Faktoren, und zwar hier

- Einstellgrößen (M), die die Hausfrau aus ihrer Erfahrung richtig wählt,
- Störgrößen (x), die im Backprozess entstehen und sich nicht einfach beherrschen lassen,
- Steuergrößen (z), deren Optimierung zu einer besseren Wirkung führt.

Im vorliegenden Fall werden als Hauptwirkungen Hefe und Milch angesehen, die somit als Steuergrößen auf zwei Stufen variiert werden sollen.

Steuergröße				statistischer Versuchswert	Taguchi
z_1 = Hefe	→ viel:	45 g	(+)		(2)
	→ wenig:	30 g	(−)		(1)
z_2 = Milch	→ viel:	200 ml	(+)		(2)
	→ wenig	50 ml	(−)		(1)

Daraus ergibt sich ein Umfang der anstehenden Experimente von lediglich

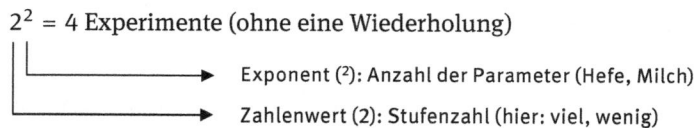

$$2^2 = 4 \text{ Experimente (ohne eine Wiederholung)}$$

Exponent (^{2}): Anzahl der Parameter (Hefe, Milch)

Zahlenwert (2): Stufenzahl (hier: viel, wenig)

Es wird ein Standard-Experiment $L_4(2^3)$ nach folgender Versuchsplanung durchgeführt:

I		A (z_1 = Hefe)	B (z_2 = Milch)	C $z_1 \times z_2$ (Hefe + Milch)	y_i [mm] (Höhe des Kuchens)
1	+	1	1	1	50
2	+	1	2	2	40
3	+	2	1	2	80
4	+	2	2	1	60

$$E_A = \frac{140}{2} - \frac{90}{2} \qquad E_B = \frac{100}{2} - \frac{130}{2} \qquad E_{AB} = \frac{120}{2} - \frac{110}{2} \qquad \bar{y} = \frac{230}{4} = 57{,}5$$

$$= 70 - 45 = +25 \qquad\quad = 50 - 65 = -15 \qquad\quad = 60 - 55 = +5$$

(1. Priorität)	(2. Priorität)	(unwichtig)	

Eine erste Information über die Stärke der Faktoren erhält man mittels einer Effektanalyse. Diese bewertet die durchschnittliche Änderung der Wirkung, wenn der Faktor von minus nach plus bzw. von eins nach zwei wechselt. Der Effekt bestimmt sich zufolge

$$E_i = \bar{y}_{i2} - \bar{y}_{i1}, \quad (\text{mit } i = A, B, C = A \times B).$$

Viel interessanter ist für die Praxis aber die Kenntnis des mathematischen Zusammenhangs zwischen den Faktoren und der Wirkung. Hierzu nutzt man die „Regression". Der vorstehende Versuchsplan ist ein linearer mit einer Wechselwirkung, hierfür gilt das mathematische Modell

$$\hat{y} = b_0 + b_1 \cdot z_1 + b_2 \cdot z_2 + b_{12} \cdot z_1 \cdot z_2 \quad (\text{Höhe des Kuchens})$$

mit

$$b_0 = \bar{y} = \frac{\sum_{i=1}^{n} y_i}{n} = \frac{(+50 + 40 + 80 + 60)}{4} = 57,5,$$

$$b_1 = \frac{(-y_1 - y_2 + y_3 + y_4)}{4} = \frac{-50 - 40 + 80 + 60}{4} = 12,5,$$

$$b_2 = \frac{(-y_1 + y_2 - y_3 + y_4)}{4} = \frac{-50 + 40 - 80 + 60}{4} = -7,5,$$

$$b_{12} = \frac{(-y_1 + y_2 + y_3 - y_4)}{4} = \frac{-50 + 40 + 80 - 60}{4} = 2,5.$$

Entsprechend ergibt sich

$$\hat{y} = 57,5 + 12,5 \cdot z_1 - 7,5 \cdot z_2 + 2,5 \cdot z_1 \cdot z_2.$$

Die in die Gleichung eingehenden Parameter z_1 und z_2 sind auf den Bereich $(-1, 0, +1)$ normiert. Die *Normierung* erfolgt durch

$$z = \frac{E - \left(\frac{E_{\text{oben}} + E_{\text{unten}}}{2}\right)}{\left(\frac{E_{\text{oben}} - E_{\text{unten}}}{2}\right)}.$$

Im festgelegten Bereich bestimmen sich die normierten Parameter zu

Hefe: $E_{\text{oben}} = 45$ und $E_{\text{unten}} = 30$

$$z_1 = \frac{E - \left(\frac{45 + 30}{2}\right)}{\left(\frac{45 - 30}{2}\right)} = \frac{E - 37,5}{7,5}$$

Milch: $E_{\text{oben}} = 200$ und $E_{\text{unten}} = 50$

$$z_2 = \frac{E - \left(\frac{200 + 50}{2}\right)}{\left(\frac{200 - 50}{2}\right)} = \frac{E - 125}{75}$$

Wir treffen folgende Prognose mit der Einstellung:

$$z_1 \text{ bei } E_2 = 45$$

$$z_1 = \frac{45 - 37,5}{7,5} = 1$$

und

$$z_2 \text{ bei } E_1 = 50$$

$$z_2 = \frac{50 - 125}{75} = -1$$

Eingesetzt in

$$\hat{y} = 57,5 + 12,5 \cdot z_1 - 7,5 \cdot z_2 + 2,5 \cdot z_1 \cdot z_2 =$$
$$= 57,5 + 12,5 \cdot 1 + 7,5 \cdot 1 - 2,5 =$$
$$= 75 \text{ cm},$$

d. h., der vorhergesagte Wert von $\hat{y} = 75$ cm ist gut dem experimentellen Wert von $y = 80$ cm angenähert. Die Vorhersage gilt unter der Annahme eines linearen Verhaltens.

Die Ermittlung der Optimierungsrichtung lässt sich sehr einsichtig mit der Mittelwert- bzw. ANOM-Analyse darstellen. Im folgenden Diagramm (Bild 1.3) sind die Faktorwirkungen für je 2 Stufen mittels der Software *WinRobust* erstellt worden.

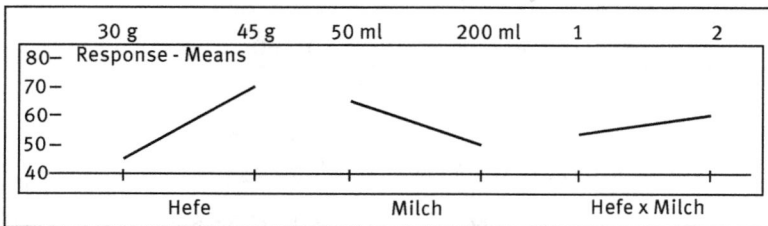

Bild 1.3: ANOM-(analyse of means)-Diagramm

Man sieht durch die Darstellung, dass eine große Kuchenhöhe erreicht wird, wenn viel Hefe (= 45 g) und wenig Milch (= 50 ml) zugegeben werden. Der Einfluss der Wechselwirkung auf die Kuchenhöhe ist gering.

Die Wirkungsunterschiede sind identisch den Effekten

$$E_A = \overline{y}_{A_2} - \overline{y}_{A_1} = 70 - 45 = +25 \quad \text{(Hefe)},$$
$$E_B = \overline{y}_{B_2} - \overline{y}_{B_1} = 50 - 65 = -15 \quad \text{(Milch)},$$
$$E_{AB} = \overline{y}_{AB_2} - \overline{y}_{AB_1} = 60 - 55 = +5 \quad \text{(Hefe} \times \text{Milch)}.$$

Je nach Niveaueinstellung der Faktoren geben die Messergebnisse die Antwort wieder. Um abgesicherte Aussagen zu erhalten, müssen diese statistisch überprüft werden. Für die Güte der Anpassung werden die Residuen

$$d_i = y_i - \hat{y}_i,$$

d. h. die Differenz zwischen Zielgrößen und Regressionswert sowie das Bestimmtheitsmaß

$$B = \frac{\sum_{i=1}^{n}(\hat{y}_i - \overline{y})^2}{\sum_{i=1}^{n}(y_i - \overline{y})^2} \quad \text{mit } \overline{y} = \frac{1}{n}\sum_{i=1}^{n} y_i$$

herangezogen. Das Bestimmtheitsmaß hat die Eigenschaft $0 \leq B \leq 100\,\%$ mit den Extremfällen
- $B = 100\,\%$, wenn alle $\hat{y}_i = y_i$ sind (d. h. die Regressionswerte = Zielgrößen)

und
- $B = 0\,\%$, wenn alle $\hat{y}_i = y$ sind (d. h. Regressionswerte = Faktorwirkungen).

Je größer also das Bestimmtheitsmaß ist, desto besser ist die Modellanpassung gelungen.

Varianzanalyse (ANOVA = analysis of variance)

Aufgabe der Varianzanalyse ist es allgemein festzustellen, ob Faktoren für ein Ergebnis signifikant sind, d. h. inwieweit das Ergebnis von ihnen abhängt. Das standardisierte ANOVA-Verfahren läuft recht schematisch ab, wie in den nachfolgenden Beispielen immer wieder dargestellt ist.

Die Idee besteht darin, Varianzen[1] bzw. Varianzabweichungen festzustellen und zu bewerten. Aus der Größe der Abweichungen lässt sich dann auf die Bedeutung eines Faktors schließen. Im Folgenden soll dies stark verkürzt angewendet werden, obwohl die Aussage letztlich die gleiche ist.

1. Quadratischer Mittelwert

$$SQ_{\mathrm{m}} \equiv \mathrm{CF} = \frac{\left(\sum y_i\right)^2}{n} = \frac{230^2}{4} = 13.225$$

2. Fehlerquadratsumme aller Abweichungen

$$SQ_{\mathrm{gesamt}} \equiv \sum y_i^2 - \mathrm{CF} = 875$$

3. Quadratsummen der Abweichungen der Faktoren

$$SQ_A = \left[\frac{\left(\sum y_{A_1}\right)^2}{n_{A1}} + \frac{\left(\sum y_{A_2}\right)^2}{n_{A2}} \right] - \mathrm{CF}$$

$$= \frac{90^2}{2} + \frac{140^2}{2} - 13.225 = 625 \,\hat{=}\, 71{,}4\,\%$$

$$SQ_B = \frac{130^2}{2} + \frac{100^2}{2} - 13.225 = 225 \,\hat{=}\, 25{,}7\,\%$$

$$SQ_{AB} = \frac{110^2}{2} + \frac{120^2}{2} - 13.225 = 25 \,\hat{=}\, 2{,}9\,\%$$

---

1 Anm.: Die Varianz wird allgemein ausdrückt durch

$$s^2 = \frac{1}{n-1} \left[\sum_{i=1}^{n} y_i^2 - n \left(\frac{\sum_{i=1}^{n} y_i}{n} \right)^2 \right].$$

Aufgrund dieser Zerlegung sieht man sofort die Analogie zum ANOVA-Verfahren.

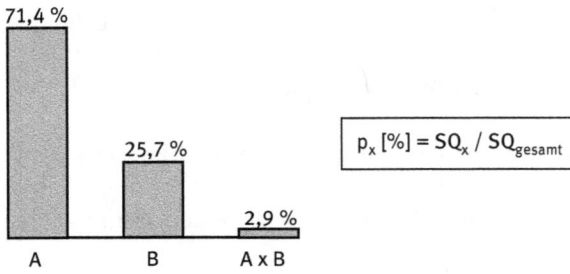

71,4 %

25,7 %

$$p_x \, [\%] = SQ_x \, / \, SQ_{gesamt}$$

2,9 %

A   B   A x B

Bild 1.4: Prozentuale Bedeutung der Faktoren für maximale Kuchenhöhe

Die Auftragung im Diagramm zeigt die Dominanz, wenn jeder Faktor ($SQ_{A,B,AB}$) auf die gesamte Fehlerquadratsumme (SQ_{gesamt}) bezogen wird.

2. Beispiel: Klassisches vollfaktorielles Experiment

Für eine industrielle Abgasanlage ist ein verbessertes Konzept und ein günstiger Betriebspunkt zu suchen. Als Zielfunktion ist hierbei die Emissionsabscheidung (Reduzierung des Ausstoßes von CO_2 in %) festgemacht worden. Unter der Vielzahl der möglichen Abhängigkeiten sollen hier die drei wesentlichen Faktoren betrachtet werden.

Weiterhin wird es als ausreichend angesehen, den Versuch für jeden Faktor nur auf zwei Stufen zu fahren.

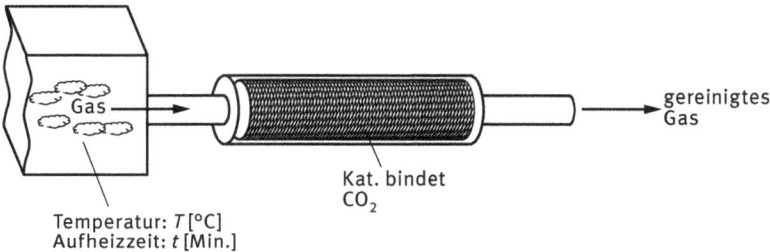

Bild 2.1: Prinzip einer industriellen Abgasreinigungsanlage

Faktoren:	A	Einfluss der Betriebstemperatur,	$A_- = 100\,°C$ / $A_+ = 130\,°C$
	B	Einfluss der Betriebszeit,	$B_- = 4\,min$ / $B_+ = 8\,min$
	und		
	C	Einfluss des Katalysatoreinsatzes,	$C_- = $ Zirkon / $C_+ = $ Silizium

Abgestimmt auf den Problemschwerpunkt wird ein klassisches vollfaktorielles Experiment 2^3 als ausreichend angesehen. Ergebnis des Versuches soll insbesondere sein, ob eine teure Zirkon-Keramik ersetzt werden kann, d. h. ob die kostengünstigere Silizium-Keramik die gleiche Wirkleistung im Betrieb zeigt.

Je nach Niveaueinstellungen der Faktoren geben die Messergebnisse die Antworten wieder. Um abgesicherte Aussagen zu erhalten, müssen diese statistisch untermauert werden. Das Beispiel soll insofern auch dafür stehen, die unterschiedlichen Auswertetechniken (insbesondere ANOM und ANOVA) noch einmal zu festigen. Hierzu können Sie die beiliegende DoE-Software (Modul: *klassisch*) nutzen.

https://doi.org/10.1515/9783110724516-014

Vers. Nr.	Temp. A	Zeit B	Kat. C	AB	AC	BC	ABC	Messergebnisse [%]		$\bar{y}_i$	s_i^2
1	–	–	–	+	+	+	–	53,0	54,0	53,5	0,500
2	+	–	–	–	–	+	+	61,7	61,7	61,7	0
3	–	+	–	–	+	–	+	56,9	55,1	56,0	1,620
4	+	+	–	+	–	–	–	68,1	70,1	69,1	2,000
5	–	–	+	+	–	–	+	53,8	54,0	53,9	0,020
6	+	–	+	–	+	–	–	62,3	62,9	62,6	0,180
7	–	+	+	–	–	+	–	56,7	54,5	55,6	2,420
8	+	+	+	+	+	+	+	68,4	67,4	67,9	0,500
Σ	42,30							480,9	479,7	480,3	7,240
Eff.	10,58										0,905
Sig.	***	***	–	**	–	–	–				

I. **Auswertung der Effekte**

$$\Delta A = \sum A_+ - \sum A_- = 42,30$$

bzw.

$$E_A = 10,58 \qquad\qquad E_{A\times C} =$$
$$E_B = \qquad\qquad\qquad E_{B\times C} =$$
$$E_C = \qquad\qquad\qquad E_{A\times B\times C} =$$
$$E_{A\times B} =$$

II. **Auswertung der mittleren Faktorwirkungen**

A) $\bar{y}_{A_-} = \qquad\qquad\qquad \bar{y}_{A_+} =$

B) $\bar{y}_{B_-} = \qquad\qquad\qquad \bar{y}_{B_+} =$

C) $\bar{y}_{C_-} = \qquad\qquad\qquad \bar{y}_{C_+} =$

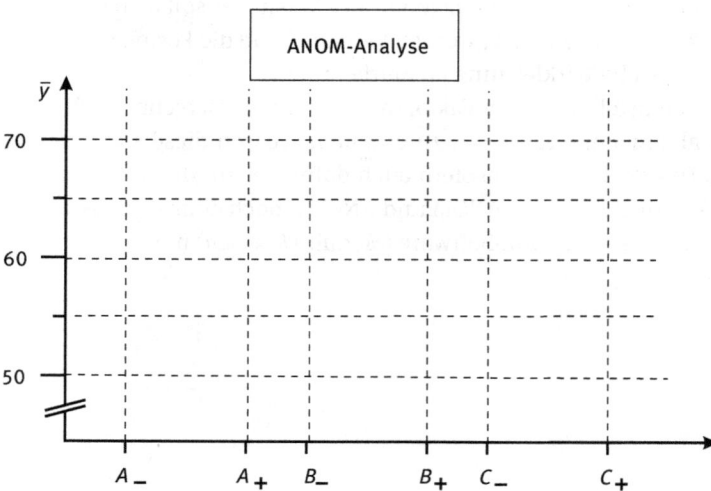

ANOM-Analyse

III. Multivariate Varianzanalyse (ANOVA)

(a) Quadratsumme der *Mittelwertabweichungen*

$$SQ_m \equiv CF = \frac{\left(\sum y_i\right)^2}{n} =$$

$(f_{CF} = \quad)$

(b) Fehlerquadratsumme *aller Abweichungen*

$$SQ_{gesamt} = \sum y_i^2 - CF =$$

$(f_{gesamt} = \quad)$

(c) Quadratsumme der *Abweichungen aller Einzelwerte*

$$SQ_A = \left[\frac{\left(\sum y_{A_1}\right)^2}{n_{A_1}} + \frac{\left(\sum y_{A_2}\right)^2}{n_{A_2}}\right] - C_F$$

$(f_A = \quad)$

$=$

$SQ_B =$ $\qquad$ $(f_B = \quad)$

$SQ_C =$ $\qquad$ $(f_C = \quad)$

$SQ_{AB} =$ $\qquad$ $(f_{AB} = \quad)$

$SQ_{AC} =$ $\qquad$ $(f_{AC} = \quad)$

$SQ_{BC} =$ $\qquad$ $(f_{BC} = \quad)$

$SQ_{ABC} =$ $\qquad$ $(f_{ABC} = \quad)$

(d) Quadratsumme aller Faktoren

$$SQ_{A,B,C} = SQ_A + SQ_B + SQ_C + SQ_{AB} + SQ_{AC} + SQ_{BC} + SQ_{ABC}$$

$=$

$(f_{Fak} = \quad)$

(e) Der Fehler *e* von Wiederholung zu Wiederholung wird charakterisiert durch

$$SQ_e = SQ_{gesamt} - SQ_{A,B,C} =$$

Zusätzlich ist der Freiheitsgrad zu bestimmen:

$$f_e = f_{gesamt} - f_{Fak} =$$

Damit wird

$$V_e = \frac{SQ_e}{f_e} =$$

und stimmt überein mit der Stichprobenvarianz s_i^2 aus den Messwerten.

(f) Kenngrößen der Varianzanalyse

$$V_x = \frac{SQ_x}{f_x} \quad \text{(Schätzvarianz der Faktoren)}$$

$$F_x = \frac{V_x}{V_e} \quad \text{(F-Wert der Faktoren)}$$

$$SQ_x{'} = SQ_x - f_x \cdot V_e$$

$$p_x = \frac{SQ_x{'}}{SQ_{\text{gesamt}}} \cdot 100\,(\%)$$

Diese gilt es für das umseitige ANOVA-Tableau zu bestimmen und einzutragen.

(g) ANOVA-Auswertung[1]

Faktoren	f_x	SQ_x	V_x	F_x	SQ_x'	p (%)
A						
B						
C						
AB						
AC						
BC						
ABC						
e						

Fisher-Werte:

$$F_{\text{krit}_{95\,\%}} \left| \begin{matrix} 1 \\ 8 \end{matrix} \right. =$$

$$F_{\text{krit}_{99\,\%}} \left| \begin{matrix} 1 \\ 8 \end{matrix} \right. = \qquad\qquad \text{signifikant}^{**}$$

$$F_{\text{krit}_{99,9\,\%}} \left| \begin{matrix} 1 \\ 8 \end{matrix} \right. = \qquad\qquad \text{hochsignifikant}^{***}$$

---

1 Anm.: Zur Ermittlung der Fehlervarianz V_e braucht hier nicht gepoolt werden, da sich bei mehreren Wiederholungen V_e aus den Versuchsdaten bestimmen lässt.

3. Beispiel: Parameter- und Wechselwirkungsanalyse

Zur Verbesserung der Korrosionsbeständigkeit sollen Bauteile in einem Sprühverfahren nass beschichtet werden. Für den Prozess sind hierbei die Faktoren Druck und Temperatur entscheidend, die erfahrungsgemäß den bestimmenden Einfluss auf die Schichtdicke und die Gleichmäßigkeit des Auftrags haben. Weiterhin wird auch eine gegenseitige Beeinflussung der Faktoren vermutet. Da beste Qualität in dem neu entwickelten Durchlaufverfahren angestrebt wird, sind die Faktoreinstellungen zu optimieren.

Für die angestrebte Prozessverbesserung sollen die folgenden Einstellungen auf die Auftragungsgeschwindigkeit ausgetestet werden:

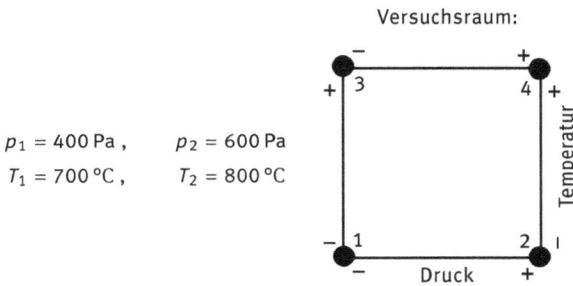

$p_1 = 400\,\text{Pa}$, $\quad p_2 = 600\,\text{Pa}$
$T_1 = 700\,^\circ\text{C}$, $\quad T_2 = 800\,^\circ\text{C}$

Das Beispiel dient vor allem dazu, verschiedene Auswerteverfahren kennen zu lernen.

Zur Bearbeitung des Problems soll ein vollständiger 2^2-Plan herangezogen werden. Dieser ist umseitig gemäß dem Bildungsgesetz 2^{i-1} (i = Spaltenzähler) entwickelt worden. Der Druck entspricht hier dem Faktor A und die Temperatur dem Faktor B. Die 2 F-WW $A \times B$ ist aus der Kombinatorik von A und B abgeleitet.

Kombinierte Plan- und Versuchsmatrix

Exp. Nr.	Dichte	Temperatur	WW	Auftragsgeschw.				$\overline{y}_i$	s_i^2
	A	B	$A \times B$	v [µm/min]					
1	400 (-)	700 (-)	+	6,2	5,9	5,9	6,4	6,1	0,060
2	600 (+)	700 (-)	−	6,2	7,8	8,5	7,1	7,4	0,967
3	400 (-)	800 (+)	−	5,8	6,4	7,5	6,7	6,6	0,500
4	600 (+)	800 (+)	+	9,7	10,9	10,1	10,1	10,2	0,253
$\sum$	4,90	3,30	2,30					$\sum 30,3$	$\sum 2,523$
Effekt	2,45	1,65	1,15					$\overline{y}_i = 7,575$	$\overline{s}^2 = 0,445$

https://doi.org/10.1515/9783110724516-015

Formel für die Berechnung der mittleren Effekte

$$\text{Effekt:} \quad E_{\text{Faktor}} = \frac{2}{n}\left(\sum y_{i_+} - \sum y_{i_-}\right)$$

Bestimmung der beiden Haupteffekte und des Wechselwirkungseffektes

$$E_A = \frac{y_2 + y_4}{2} - \frac{y_1 + y_3}{2} = 2,45\,, \quad n = 4$$

$$E_B = \frac{y_3 + y_4}{2} - \frac{y_1 + y_2}{2} = 1,6$$

$$E_{A \times B} = \frac{y_4 + y_1}{2} - \frac{y_2 + y_3}{2} = 1,15$$

Systematische Untersuchung der Faktorwirkungen

1. Mittlere Wirkung von Faktor A (Ladungsdichte)

$$\overline{y}_{A_+} = \frac{7,4 + 10,2}{2} = 8,8\,\mu\text{m/min}$$

$$\overline{y}_{A_-} = \frac{6,1 + 6,6}{2} = 6,35\,\mu\text{m/min}$$

$$E_A = \left[\overline{y}_{A_+} - \overline{y}_{A_-}\right] = 8,8 - 6,35 = 2,45\,\mu\text{m/min}$$

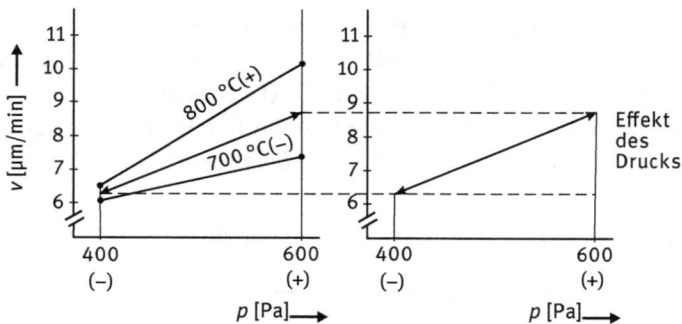

2. Mittlere Wirkung von Faktor B (Temperatur)

$$\overline{y}_{B_+} = \frac{6,6 + 10,2}{2} = 8,4\,\mu\text{m/min}$$

$$\overline{y}_{B_-} = \frac{6,1 + 7,4}{2} = 6,75\,\mu\text{m/min}$$

$$E_B = \left[\overline{y}_{B_+} - \overline{y}_{B_-}\right] = 8,4 - 6,75 = 1,65\,\mu\text{m/min}$$

Wenn innerhalb von Prozessen die Faktoren Druck, Temperatur und/oder Zeit relevant erscheinen und die Einstellungen zu optimieren sind, ist regelmäßig eine Wechselwirkung zu prüfen, da eine hohe Wahrscheinlichkeit abhängiger Wirkungen besteht. In der Praxis gibt es hierfür vielfältige Beispiele wie Vulkanisations-, Spritzgieß- oder Härteprozesse etc.

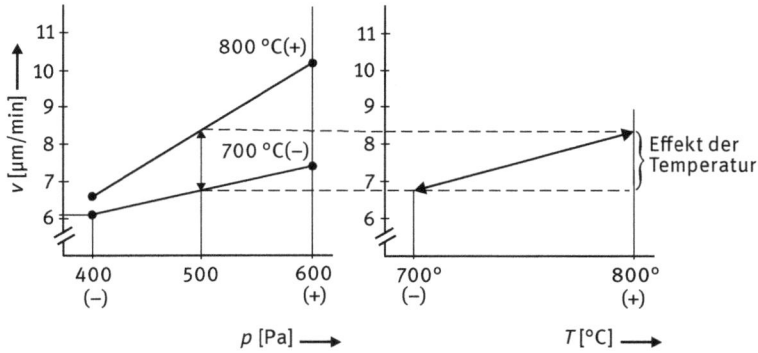

3. Analyse der Wechselwirkung $A \times B$

   Eine Wechselwirkung zwischen zwei Faktoren (2 F-WW) bedeutet, dass der Effekt des einen Faktors davon abhängt, welchen Wert der andere Faktor hat. Im Allgemeinen ist es schwer, sich eine Wechselwirkung als eigenständige Größe vorzustellen.

   Insbesondere ist eine Wechselwirkung nicht einstellbar, d. h. sie ergibt sich im Versuch und wirkt auf das Ergebnis. Daher ist es oft wichtig die Art und Größe einer Wechselwirkung abzuschätzen.

   Die vorherigen Auswirkungen haben gezeigt, dass zwischen A und B eine 2 F-WW besteht. Dies erkennt man deutlich an der Nichtparallelität der Effekte. Insofern sollte unbedingt der Effekt der Wechselwirkung ermittelt werden. Die Effekte ermittelt man bekannter weise unter Berücksichtigung der Kombinatorik (Vorzeichenbelegung).

   Die Stärke eines Wechselwirkungseffektes kann stets angegeben werden als

$$E_{A \times B} = E_{B \times A} \ ,$$

d. h., es gilt das Kommutativgesetz, welches nachfolgend noch kurz bewiesen werden soll.

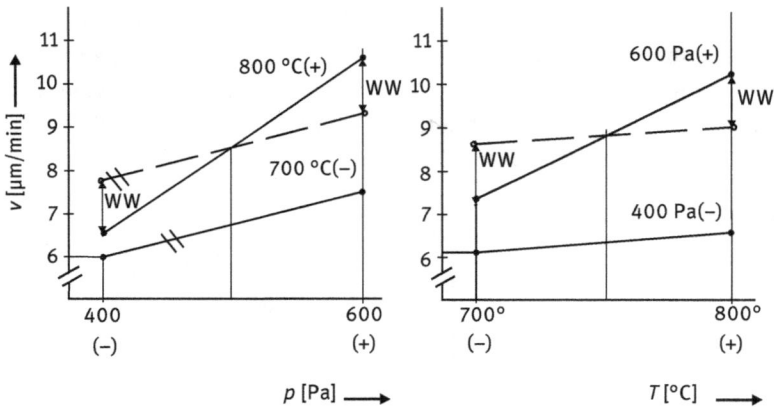

Damit ist die gegenseitige Beeinflussung von „B durch A" oder umgekehrt von „A durch B" zu analysieren.

– Bildung der Effektdifferenzen Temperatur gegen Druck

$$d_{A_+,B} = y_{A_+,B_+} - y_{A_+,B_-} = 10,2 - 7,4 = 2,8\,\mu m/min$$

$$d_{A_-,B} = y_{A_-,B_+} - y_{A_-,B_-} = 6,6 - 6,1 = 0,5\,\mu m/min$$

$$d_{A\times B} = d_{A_+,B} - d_{A_-,B} = 2,8 - 0,5 = 2,3\,\mu m/min$$

$$E_{A\times B} = \left|\frac{d_{A\times B}}{2}\right| = 1,15(2F\text{-WW})$$

– oder der Effektdifferenzen Druck gegen Temperatur

$$d_{A,B_+} = y_{A_+,B_+} - y_{A_-,B_+} = 10,2 - 6,6 = 3,6\,\mu m/min$$

$$d_{A,B_-} = y_{A_+,B_-} - y_{A_-,B_-} = 7,4 - 6,1 = 1,3\,\mu m/min$$

$$d_{B\times A} = d_{A,B_+} - d_{A,B_-} = 3,6 - 1,3 = 2,3\,\mu m/min$$

$$E_{B\times A} = \left|\frac{d_{B\times A}}{2}\right| = 1,15(2F\text{-WW})$$

4. Signifikanztest für die Bedeutung der Faktoren

– Schätzwert für die mittlere Varianz

$$\bar{s}^2 = \frac{s_1^2 + s_2^2 + s_3^2 + s_4^2}{4} = 0,445$$

(auch ermittelbar über das Wurzel-n-Gesetz von Gauß)

– Freiheitsgrad[1]

$$f = 2^k(n-1)$$

mit k = Anzahl der Faktoren,

n = Anzahl der Kombinationen je Faktorstufe.

---

[1] Anm.: Die Formel gilt nur für zweistufige Experimente.

Ausgewertet:

$$f = 4(n-1) = 12$$

- Standardabweichung der Effekte
  Jeder Effekt ist die Differenz zweier Mittelwerte aus jeweils n/2 Einzelwerten.
  Daher erfolgt für den Schätzwert der Standardabweichung eines Effektes

$$s = \sqrt{\left(\frac{2}{n}\right)^2 \cdot \bar{s}^2} = \sqrt{\frac{4}{16} \cdot 0{,}445} = 0{,}3335$$

- Bestimmung der zweiseitigen Vertrauensbereiche für $f = 12$ und $t = t_{n-1;1-\alpha/2}$:

$$95\,\%\colon \ t \cdot s = 2{,}179 \cdot 0{,}3335 = 0{,}727\,,$$

$$99\,\%\colon \ t \cdot s = 3{,}055 \cdot 0{,}3335 = 1{,}019\,,$$

$$99{,}9\,\%\colon \ t \cdot s = 4{,}318 \cdot 0{,}3335 = 1{,}440\,.$$

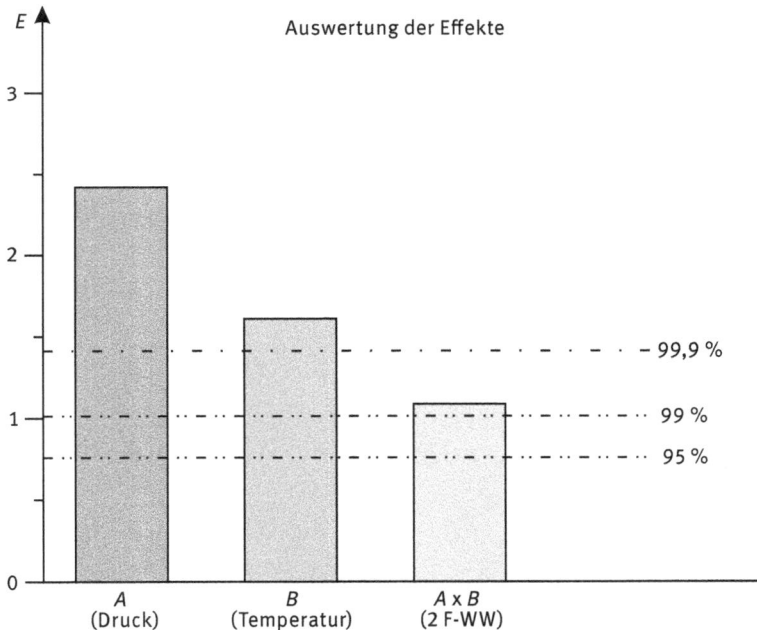

Auswertung der Effekte

Aus dem Vergleich mit den Vertrauensbereichen folgt:
- Effekt des Faktors A $= 2{,}45^{***}$
- Effekt des Faktors B $= 1{,}65^{**}$
- Effekt des Faktors $A \times B$-WW $= 1{,}15^{*2}$

---

2 Anm. *** = hochsignifikant ** = signifikant * = indifferent (* kann nur bei mehr Daten sicher bewertet werden).

4. Beispiel: Anwendung der Regression

Im labormäßigen Maßstab werden Probestäbe aus einer NE-Metall-Legierung hergestellt, wobei das Ziel eine möglichst hohe Kriechfestigkeit ist. Bei den durchzuführenden Versuchen sollen 3 Einstellfaktoren auf zwei Stufen variiert und als Zielgröße jeweils die Bruchfestigkeit bei ansonsten gleichen Bedingungen gemessen werden.

Das Beispiel dient dazu, den Weg zur Gewinnung einer Regressionsgleichung (nach /DER 93/) zu zeigen.

Die 3 Faktoren bzw. Steuergrößen sind:

	untere Stufe E_{unten}	obere Stufe E_{oben}
x_1 = Abschrecktemperatur	1.050 °C	1.150 °C
x_2 = Auslagerungstemperatur	700 °C	800 °C
x_3 = Auslagerungszeit	2 h	6 h

Hierfür kann ein vollständiger 2^3-Versuchsplan angesetzt werden. In der Regel wird dieser nicht mit den Originalwerten der Stufen, sondern mit normierten Werten gebildet. Mit der Normierung wird dem unteren Stufenwert jeweils die Zahl −1 und dem oberen Stufenwert jeweils die Zahl +1 zugeordnet, was gleichbedeutend einem Versuchsraum ist.

Nachfolgend ist der Versuchsplan mit allen Kombinationen als Vorzeichenschema wiedergegeben:

Exp.-Nr.	x_1	x_2	x_3
1	−	−	−
2	+	−	−
3	−	+	−
4	+	+	−
5	−	−	+
6	+	−	+
7	−	+	+
8	+	+	+

Bild 4.1: Vollständiger Versuchsplan 2^3

Die abgebildete Kombinatorik findet man als Ecken des in Bild 4.2 dargestellten Würfels wieder.

https://doi.org/10.1515/9783110724516-016

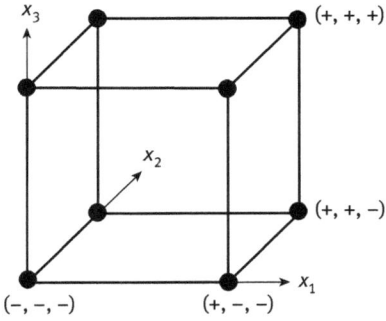

Bild 4.2: Kombinatorik des vollständigen faktoriellen Versuchsplans 2^3 mit 8 unabhängigen Einstellungen

Im Originalbereich ergibt sich hingegen ein Quader. Der Übergang zwischen dem normierten und dem Originalbereich wird durch die folgenden Gleichungen beschrieben:

- Normierung:

$$x = \frac{E - \frac{E_{\text{oben}} + E_{\text{unten}}}{2}}{\frac{E_{\text{oben}} - E_{\text{unten}}}{2}}$$

- Renormierung:

$$E = \frac{E_{\text{oben}} + E_{\text{unten}}}{2} + \frac{E_{\text{oben}} - E_{\text{unten}}}{2} \cdot x.$$

Das dem zu Grunde liegende Zuordnungsschema zeigt Bild 4.3.

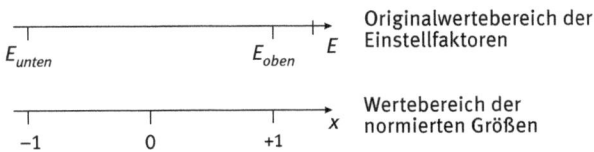

Bild 4.3: Abbildungsbereiche der Einstellgrößen

Bei der Auswertung der Regressionsgleichung muss beachtet werden, dass die Gleichung nicht mit Originalwerten ausgewertet wird, sondern mit den entsprechenden normierten Größen.

Nach der Realisierung des Versuchsprogramms für das Beispiel sollen sich die folgenden Zielgrößenwerte ergeben:

Exp.-Nr.	I	x_1	x_2	x_3	y [N/mm^2]
1	+	–	–	–	8,0
2	+	+	–	–	27,9
3	+	–	+	–	5,8
4	+	+	+	–	43,0
5	+	–	–	+	14,1
6	+	+	–	+	7,0
7	+	–	+	+	20,2
8	+	+	+	+	30,2
	b_0	b_1	b_2	b_3	$\bar{y} = \dfrac{156,2}{8} = 19,52$

Von seiner Konstruktion her ist dies ein *linearer Versuchsplan* mit drei *unabhängigen Faktoren* x_i. Gewöhnlich kann hierfür ein linearer Regressionsansatz gemacht werden:

$$\hat{y} = b_0 + b_1 \cdot x_1 + b_2 \cdot x_2 + b_3 \cdot x_3 \,,$$

dessen Koeffizienten können aus den Zielwerten bestimmt werden:

$$b_0 = \bar{y} = 19,52$$

$$b_1 = \frac{(-8 + 27,9 - 5,8 + 43 - 14,1 + 7 - 20,2 + 30,2)}{8} = \frac{60}{8} = 7,5 \,.$$

Entsprechend ergibt sich

$$b_2 = 5,275$$

$$b_3 = -1,65 \,.$$

Das gewonnene Modell lautet also:

$$\hat{y} = 19,52 + 7,5 \cdot x_1 + 5,275 \cdot x_2 - 1,65 \cdot x_3 \,.$$

Wenn mit dieser Gleichung jetzt das Kriechbruchverhalten simuliert werden soll, so dürfen nur normierte Werte für x_i eingesetzt werden. Beispielsweise ergibt sich für den Einstellwert $E_1 = 1.070\,°C$:

$$x_1 = \frac{E_1 - \frac{1.150 + 1.050}{2}}{\frac{1.150 - 1.050}{2}} = \frac{1.070 - 1.100}{50} = -0,6$$

bzw. für die weiteren Einstellwerte $E_2 = 790\,°C$ und $E_3 = 5\,h$:

$$x_2 = \frac{790 - 750}{50} = 0,8 \,, \quad x_3 = \frac{5 - 4}{2} = 0,5 \,.$$

Nach Einsetzen dieser Werte in die Regressionsgleichung folgt für diese Verhältnisse

$$\hat{y} = 19{,}52 + 7{,}5 \cdot (-0{,}6) + 5{,}275 \cdot 0{,}8 - 1{,}65 \cdot 0{,}5 = 18{,}415 \, \text{N/mm}^2 \, .$$

Die Güte der Modellanpassung soll jetzt noch mit den Residuen und dem Bestimmtheitsmaß kontrolliert werden:
- Residuum: $\quad\quad\quad d_i = y_i - \hat{y}_i,$

- Bestimmtheitsmaß: $\quad B = \dfrac{\sum_{i=1}^{n}(\hat{y}_i - \overline{y})^2}{\sum_{i=1}^{n}(y_i - \overline{y})^2} \, .$

Die Auswertung zeigt folgende Tabelle:

Exp.-Nr.	y_i-Werte	Reg.-Werte $\hat{y}_i$	Residuum d_i	$\dfrac{(\hat{y}_i - \overline{y})^2}{(y_i - \overline{y})^2}$
1	8,0	8,40	−0,40	123,77
				132,83
2	27,9	23,40	4,50	15,02
				70,14
3	5,8	18,95	−13,15	0,33
				188,38
4	43,0	33,95	9,05	208,08
				551,05
5	14,1	5,10	9,00	208,08
				29,43
6	7,0	20,10	−13,10	0,33
				156,88
7	20,2	15,65	4,55	15,02
				0,46
8	30,2	30,65	−0,45	123,77
				113,96
	$\overline{y} = 19{,}525$			$B = \dfrac{694{,}40}{1.243{,}16} \equiv 55{,}86\,\%$

Das Verhalten der Residuen mit wechselnden positiven und negativen Vorzeichen lässt keine Systematik erkennen, was insofern ganz gut ist. Die Residuen-Werte sind allerdings recht hoch. Ergänzend weist das Bestimmtheitsmaß mit 55,9 % eine ebenfalls schlechte Anpassung aus.

Aus diesen beiden Erkenntnissen kann geschlossen werden, dass das Modell zu ungenau ist, weil wahrscheinlich Wechselwirkungen übersehen worden sind.

Die Versuche brauchen deshalb nicht neu durchgeführt werden, sondern es müssen nur die so genannten Zweifach-Wechselwirkungen ausgewertet werden:

Exp.-Nr.	I	x_1	x_2	x_3	x_1x_2	x_1x_3	x_2x_3	y
1	+	–	–	–	+	+	+	8,0
2	+	+	–	–	–	–	+	27,9
3	+	–	+	–	–	+	–	5,8
4	+	+	+	–	+	–	–	43,0
5	+	–	–	+	+	–	–	14,1
6	+	+	–	+	–	+	–	7,0
7	+	–	+	+	–	–	+	20,2
8	+	+	+	+	+	+	+	30,2
	b_0	b_1	b_2	b_3	b_{12}	b_{13}	b_{23}	$\bar{y} = 19,52$

Im Modell sollen jetzt alle drei möglichen Wechselwirkungen berücksichtigt werden:

$$y = b_0 + b_1 \cdot x_1 + b_2 \cdot x_2 + b_3 \cdot x_3 + b_{12} \cdot x_1 \cdot x_2 + b_{13} \cdot x_1 \cdot x_3 + b_{23} \cdot x_2 \cdot x_3 \,,$$

damit ergeben sich die neuen Koeffizienten

$$b_{12} = \frac{8 - 27,9 - 5,8 + 43 + 14,1 - 7 - 20,2 + 30,2}{8} = 4,3$$

bzw. wieder entsprechend

$$b_{13} = -6,775$$
$$b_{23} = 2,05 \,.$$

Die Regressionsgleichung für das erweiterte Modell lautet somit:

$$\hat{y} = 19,52 + 7,5 \cdot x_1 + 5,275 \cdot x_2 - 1,65 \cdot x_3 + 4,3 \cdot x_1 \cdot x_2$$
$$- 6,775 \cdot x_1 \cdot x_3 + 2,05 \cdot x_2 \cdot x_3 \,.$$

4. Beispiel: Anwendung der Regression

Hierzu ist in der Tabelle eine neue Auswertung vorgenommen worden:

Exp.-Nr.	y_i-Wert	Reg.-Wert $\hat{y}_i$	Residuum d_i	$\dfrac{(\hat{y}_i - \overline{y})^2}{(y_i - \overline{y})^2}$
1	8,0	7,98	−0,025	133,29
				132,83
2	27,9	27,92	−0,025	70,48
				70,14
3	5,8	5,82	−0,025	187,83
				188,38
4	43,0	42,97	0,025	549,67
				551,08
5	14,1	14,12	−0,025	29,21
				29,43
6	7,0	6,98	0,025	157,38
				156,88
7	20,2	20,17	0,025	0,42
				0,46
8	30,2	30,22	−0,025	114,38
				113,96
	$\overline{y} = 19{,}525$			$B = \dfrac{1.242{,}66}{1.243{,}16} \equiv 99{,}96\,\%$

An den Residuen und dem Bestimmtheitsmaß wird ersichtlich, dass die durchgeführte Modelloptimierung ihren Zweck erfüllt hat und eine sehr gute Anpassung erfolgt ist. Von einer guten Anpassung spricht man in der Mathematik ab etwa $B \geq 81\,\%$.

5. Beispiel: Regression zur Plausibilitätsprüfung

Im Kap. 9 wurde als Leitbeispiel die Absenkung eines Türscharniers betrachtet. Bei dem Taguchi-Experiment $L_8(2^7)$ wurde dabei ein Widerspruch zum klassischen Versuchsplan 2^{7-4} sichtbar, welchen wir jetzt noch einmal durch Regression klären wollen. Damit kann gleichzeitig eine sinnvolle Anwendung diskutiert werden.

a)   Allgemeine Regressionsgleichung nach der Feldbelegung

$$y = b_0 + b_1 \cdot x_1 + b_2 \cdot x_2 + b_3 \cdot x_3 + b_4 \cdot x_4 + b_5 \cdot x_5 + b_6 \cdot x_6 + b_7 \cdot x_7$$
$$\quad\quad\;\; (C) \qquad (B) \qquad (F) \qquad (A) \qquad (E) \qquad (D) \qquad (G)$$

b)   Bestimmung der Regressionskoeffizienten

$$b_0 = \frac{\sum y_i}{8} = \frac{13,35}{8} = 1,67 \,,$$

$$b_1 = \frac{-2,22-1,91-1,49-1,52+1,48+1,50+1,65+1,68}{8} = -\frac{0,95}{8} = -0,118$$

etc.

$$b_2 = -0,110 \,, \quad b_3 = -0,171 \,,$$
$$b_4 = -0,040 \,, \quad b_5 = -0,030 \,,$$
$$b_6 = -0,031 \,, \quad b_7 = -0,055 \,.$$

c)   Angepasste Regressionsgleichung

$$y = 1,67 - 0,118 \cdot x_1 - 0,110 \cdot x_2 - 0,171 \cdot x_3$$
$$- 0,040 \cdot x_4 - 0,030 \cdot x_5 - 0,031 \cdot x_6 - 0,055 \cdot x_7$$

d)   Test, ob die Regressionsgleichung mit dem Ergebnis des Experiments Nr. 5

$$C2, B2, F2, A1, E1, D1, G2 \quad \rightarrow \quad y_5 = 1,48\,\text{mm}$$

übereinstimmt:

$$y_5 = 1,667-0,118+0,110-0,171+0,040-0,030+0,031-0,055 = 1,476\,\text{mm}.$$

Die Übereinstimmung ist also vollständig gegeben.

e)   Test, ob die Einstellung

$$C2, B2, F2, A2, E2, D2, G2 \quad \rightarrow \quad y \leq y_5$$

ein besseres Ergebnis bringt:

$$y = 1,669-0,118-0,110-0,171-0,040-0,030-0,031-0,055 = 1,114\,\text{mm}.$$

Damit ist ebenfalls bewiesen (ebenso wie im fraktionierten Experiment 2^{7-4}), dass die Einstellung „alle Faktoren auf 2" besser ist, als die Vermutung Einstellung Exp. 5 im Taguchi-Plan L_8.

https://doi.org/10.1515/9783110724516-017

f) Ergänzung

Die Regressionsanalyse für den fraktionierten 2^{7-4}-Plan soll hier ebenfalls angegeben werden, um gegebenenfalls Vergleiche ziehen zu können. Danach ist wieder

$$y = \underset{(A)}{b_0} + \underset{(B)}{b_1 \cdot x_1} + \underset{(C)}{b_2 \cdot x_2} + \underset{(D)}{b_3 \cdot x_3} + \underset{(E)}{b_4 \cdot x_4} + \underset{(F)}{b_5 \cdot x_5} + \underset{(F)}{b_6 \cdot x_6} + \underset{(G)}{b_7 \cdot x_7}$$

mit

$$b_0 = \frac{13{,}318}{8} = 1{,}665 \,,$$

$$b_1 = \frac{-1{,}67 + 1{,}63 - 1{,}78 + 1{,}78 - 1{,}98 + 1{,}79 - 1{,}44 + 1{,}29}{8} = -0{,}052 \,,$$

$$b_2 = -0{,}100 \,, \quad b_3 = -0{,}047 \,,$$

$$b_4 = -0{,}007 \,, \quad b_5 = -0{,}041 \,,$$

$$b_6 = -0{,}164 \,, \quad b_7 = -0{,}004 \,.$$

Die Regression für den Plan lautet:

$$y = 1{,}665 - 0{,}052 \cdot x_1 - 0{,}100 \cdot x_2 + 0{,}047 \cdot x_3 + 0{,}007 \cdot x_4$$
$$- 0{,}041 \cdot x_5 - 0{,}164 \cdot x_6 - 0{,}004 \cdot x_7$$

Für die Einstellung Exp. 8, wobei alle Faktoren auf „+" stehen, erhält man dann

$$y_8 = 1{,}264 \, \text{mm} \,,$$

welches identisch ist mit dem Ergebnis des Versuchs.

6. Beispiel: Quantifizierung des Qualitätsverlustes

An einem Fensterrahmenbeispiel zeigt Taguchi /TAG 89/ den Sinn funktionaler Grenzen und Toleranzen auf. Es handelt sich hierbei um ein Fenster, welches in ein Mauerwerk (oder alternativ in eine Autokarosserie) einzusetzen ist. Um die Bewertungstechnik zu demonstrieren, sei angenommen, dass das Mauerwerk *fest* ist und wirtschaftliche Toleranzen für den Fensterrahmen zu ermitteln sind. Wenn der Rahmen stark streut, können die Fälle eintreten, dass das Fenster für die Mauerwerksöffnung zu klein oder zu groß ist. Vereinfachend soll hierbei aber nur die Längenausdehnung analysiert werden. Diese Situation zeigt auch Bild 6.1.

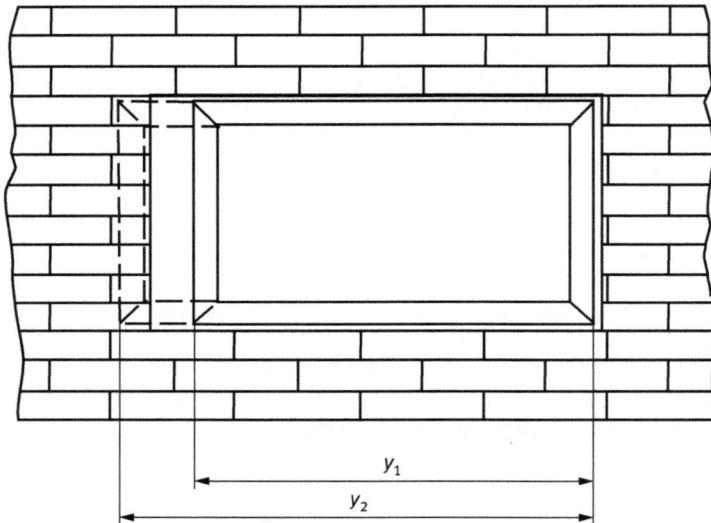

Bild 6.1: Einbausituation für einen Fensterrahmen bei zu großem (y_2) und zu kleinem Rahmen (y_1)

Der Durchschnitt oder Mittelwert der hergestellten Rahmen sollte somit beim Einbau bei

$$\overline{y} = \frac{y_1 + y_2 + \cdots + y_n}{n} \approx m \quad (= \text{Sollmaß i. d. Zeichnung})$$

liegen, die durchschnittliche Kundentoleranz beträgt dann

$$\Delta_0 = \frac{y_{i\,\text{max}} - y_{i\,\text{min}}}{2} .$$

Die Einbaumaße für den Kunden bewegen sich somit bei $m \pm \Delta_0$.

Die Einbau- oder Kundentoleranz (Δ_0) muss man aber anders bewerten als die Herstelltoleranz (Δ), da der Verlust des Montageunternehmens nämlich größer sein kann als der Verlust des Herstellers.

https://doi.org/10.1515/9783110724516-018

Der geldliche Verlust des Montageunternehmens (A_0) beinhaltet nämlich die Transport-, Arbeits-, Bestell-, Erwerbs- und Reklamationskosten, die vielleicht höher sind, als die Einkaufskosten (A) des Fensterrahmens von 300 €.

Wir wollen jetzt versuchen, den Verlust in Geld zu quantifizieren, wozu exemplarisch die Qualitätsverlustfunktion /TAG 86/ herangezogen werden soll.

Mit dem Sollwert m und dem streuenden Fenstermaß y kann um den Mittelwert herum eine Taylor-Reihe entwickelt werden, und zwar zu

$$L(y) = L(m + y - m) = L(m) + \frac{L'(m)}{1!}(y - m) + \frac{L''(m)}{2!}(y - m)^2 + \cdots .$$

Entspricht nun das Längenmaß y dem (idealen) Sollwert m, so ist der Qualitätsverlust gleich null (d. h. $L(m) = 0$) und ebenso muss die erste Ableitung null sein. Die vorstehende Gleichung wirkt somit erst ab dem dritten Glied und berücksichtigt die Krümmung der Kurve.

Insofern kann der wirksame Qualitätsverlust definiert werden zu

$$L(y) \approx k(y - m)^2 = \frac{A_0}{\varDelta_0^2}(y - m)^2 .$$

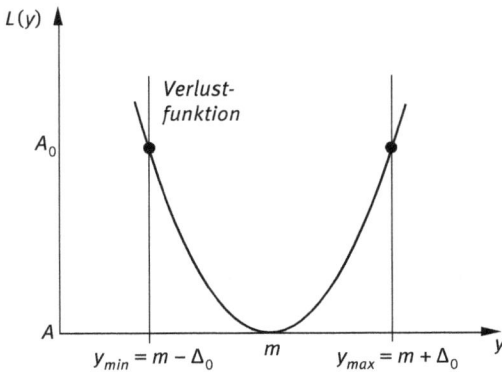

Bild 6.2: Qualitätsverlustfunktion nach G. Taguchi

Die wirtschaftlichste Toleranz $\varDelta$ des Rahmens bei der Herstellung kann nur bestimmt werden, wenn der Gesamtverlust A_0(= Herstellkosten des Rahmens zuzüglich aller Folgekosten, bis festgestellt wird, dass der Rahmen nicht passt) bekannt ist, der dadurch entsteht, dass die Kundentoleranz $\varDelta_0$ unzweckmäßig ausfällt. Für die Kundentoleranz kann somit die Proportion

$$\frac{A_0}{\varDelta_0^2} = \frac{A}{\varDelta^2}$$

aufgestellt werden. Hieraus folgt

$$\Delta = \sqrt{\frac{A}{A_0}} \cdot \Delta_0 \,.$$

Bisher wurden die Rahmen mit $\Delta_0 = \pm 2,0$ mm für den Einbau toleriert, gleichzeitig wurde festgestellt, dass der Gesamtaufwand 900,– € beträgt, wenn an der Baustelle erst festgestellt wird, dass ein Rahmen eigentlich als Ausschuss anzusehen ist. Die Toleranzgrenze, ab der kein Rahmen mehr das Werk verlassen darf, ist somit zu legen bei

$$\Delta = \sqrt{\frac{300}{900}} \cdot 2,0 = \pm 1,2 \text{ mm} \,.$$

Die Breite des Fensterrahmens sollte auf $m \pm 1,2$ mm zeichnungsgemäß begrenzt werden.

Nach dieser Analyse und Neufestlegung der Toleranz soll jetzt die Produktion bzw. Prozessfähigkeit bewertet werden. Hierzu wird eine Stichprobe von 20 Fensterrahmen vermessen. Die realen Abweichungen Δ sind hierbei

1,1; 1,6; –0,5; 0; 1,0; 1,7; –0,8; 0,9; 1,3; 0,2;
0,8; 1,1; –0,9; 0,7; 1,4; 0,6; 1,2; –1,3; 1,5; 0

Der Mittelwert der Toleranz beträgt dann

$$\Delta_{\bar{y}} = \frac{11,6}{20} = \pm 0,58 \quad \text{bzw.} \quad \Delta_{\bar{y}}^2 = 1,16^2 = 1,35$$

Die Varianz (quadrierte Abweichungen vom Sollwert) beträgt weiter

$$s^2 = \frac{1}{19}(1,1^2 + 1,6^2 + \cdots) = \frac{21,94}{19} = 1,1547 \quad \text{bzw.} \quad s = 1,07458$$

Der durchschnittliche Qualitätsverlust dieser Fertigung ist gesamtheitlich mit

$$L_{\bar{y}} = \frac{A}{\Delta^2} \cdot s^2 = \frac{300}{1,16^2} \cdot 1,1547 \approx 256,60 \,€$$

zu bewerten.

Um einen Ansatzpunkt zur Verbesserung der Fertigung zu finden, soll jetzt eine vereinfachte Varianzanalyse (ANOVA) durchgeführt werden. Hierzu sind zu bestimmen:

– Summe der quadrierten Abweichungen der betrachteten Größe

$$SQA_\Delta = \sum_{i=1}^{20} \Delta_i^2 = 21,94 \quad \text{(Freiheitsgrad } f_{SQA_\Delta} = 20) \,,$$

– Summe der Mittelwertabweichungen der betrachteten Größe

$$SQM_{\bar{y}} = \frac{\left(\sum_{i=1}^{n} \Delta_i\right)^2}{n} = \frac{11,6^2}{20} = \frac{134,56}{20} = 6,728 \quad \left(f_{SQM_{\bar{y}}} = 1\right) ,$$

－ Quadratsumme des Wiederholungsfehlers

$$SQF_{s^2} = SQA_\Delta - SQM_{\overline{y}} = 21{,}94 - 6{,}728 = 15{,}212 \qquad (f_{SQF} = 19)\,.$$

ANOVA-Tabelle

Ursache	f	SQ	$V = \dfrac{SQ}{f}$	F^*	SQ'	$p\ (\%)$
$\Delta_{\overline{\mu}}$	1	6,728	6,728	4,38	5,928	27,02
s^2	19	15,212	0,800		16,012	72,98
Δ	20	21,94	1,097		21,94	100,00

1. Anm.: Formeln: 1. Parameter: $SQ'_{\overline{y}} = SQ_{\overline{y}} - f_{\overline{y}} \cdot V_{s^2} = 6{,}728 - 1 \cdot 0{,}8 = 5{,}928$

                2. Streuungsauswertung: $SQ'_{s^2} = SQF_{s^2} + (f_{SQA_\Delta} - f_{s^2}) \cdot V_{s^2}$

                                    $= 15{,}212 + (20 - 19) \cdot 0{,}8 = 16{,}012$

2. Anm.: F-Wert = Fisher-Wert, Maß für die Signifikanz eines Faktors an einem Effekt.
Es gilt allgemein: $F \leq V$ = dann ist der Streuungsunterschied signifikant,
                 $F > V$ = dann ist der Streuungsunterschied zufällig
Im obigen Fall: $F_{19}^1 = 4{,}38$, d. h. $V_m > F_{19}^1$, dann ist mit 95 % Signifikanz ein Streuungsunterschied
vorhanden.

An der Varianzanalyse ist zu erkennen, dass 27 % Mittelwerteinfluss und 72,98 % Streuungseinfluss in der Fertigung sind.

Strategie für eine qualitätsfähige Fertigung muss es sein, den Mittelwert auf den Sollwert einzustellen und eine tatsächliche Varianz in der Nähe der Fehlervarianz ($s^2 = 0{,}8$) zu erreichen. Der Verlust der Fertigung kann dann mit der Zieltoleranz bewertet werden zu

$$L_{\overline{y}} = \frac{300}{1{,}2^2} \cdot 0{,}8 \approx 166{,}67\ \text{€}\,.$$

7. Beispiel: Problematik der Fertigungstoleranzen

Die Verlustfunktion von Taguchi eignet sich in besonderer Weise auch dazu, wirtschaftliche Toleranzen für ein Produkt festzulegen (s. hierzu /TAG 86/).

Zuvor wurden schon folgende Größen benutzt:

Δ_0 = Toleranz des Käufers (außerhalb dieser Toleranz wird ein Kunde ein Produkt nicht akzeptieren),

A_0 = gesamte Kosten, die auf Grund von Toleranzüberschreitungen entstehen (z. B. unnötige Transporte, Löhne, Bestellungen, Lagerung etc.),

A = Kosten, die dem Hersteller entstehen, wenn das Produkt als schlecht eingestuft wird (z. B. Herstellkosten zuzüglich Ausschuss/Nacharbeit, Ersatzlieferung etc.),

Δ = Herstellertoleranz, die als notwendig gehalten werden muss.

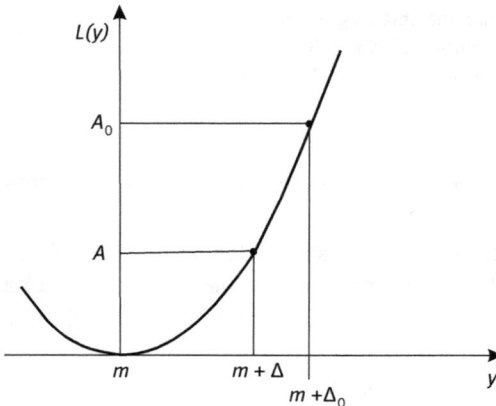

Bild 7.1: Kosten-Toleranz-Proportion an der symmetrischen Qualitätsverlustfunktion

Auf der Basis einer abschnittsweisen Linearisierung der Qualitätsverlustfunktion kann die folgende Proportion zwischen den „Aufwandskosten" und den „Toleranzen" angegeben werden:

$$A = \frac{A_0}{\Delta_0{}^2} \cdot \Delta^2 \; .$$

Wenn A, A_0, Δ_0 bekannt sind, so ergibt sich als wirtschaftlichste Herstellungstoleranz

$$\Delta = \sqrt{\frac{A}{A_0}} \cdot \Delta_0 \; .$$

Δ ist hiernach die Toleranz, die auf der Zeichnung eingetragen werden sollte.

https://doi.org/10.1515/9783110724516-019

Eine gewisse Schwierigkeit ergibt sich mit dem Kostenwert A, da keine Produktion ohne Streuungen und damit Maßabweichungen vernünftig durchzuführen ist. Bei einer Großserienfertigung ergibt sich dann für das Merkmal y eine *Gauß'sche* Normalverteilung (NV)

$$F_{NV}(y) = \frac{1}{\sqrt{2\pi} \cdot s} \int\limits_{m-\Delta}^{m+\Delta} e^{-\frac{(y-m)^2}{2s^2}} \, dy \; .$$

Der Wert von $F(y)$ ist immer kleiner eins oder 100 %, und zwar für Merkmale[1] (s. Tab. 5):
- y innerhalb $m \pm 1s$: $F(\Delta) = 0,68269$ (68,26 %)
- y innerhalb $m \pm 2s$: $F(\Delta) = 0,9550$ (95,44 %)
- y innerhalb $m \pm 3s$: $F(\Delta) = 0,99730$ (99,73 %)
- y innerhalb $m \pm 4s$: $F(\Delta) = 0,99994$ (99,994 %)
- y innerhalb $m \pm 5s$: $F(\Delta) = 0,9999994$ (99,9999 %).

Interpretiert stellen diese Verteilungswerte die „Gutteile" innerhalb der durch die Streuungsgrenzen abgesteckten Toleranzbereiche da.

Damit kann für die Toleranz unter Berücksichtigung von Serienstreuungen angesetzt werden

$$\Delta = \sqrt{\frac{A}{A_0 \cdot F_{NV}}} \cdot \Delta_0 \; .$$

Auch dies soll an einem kleinen Beispiel beleuchtet werden.

Nehmen wir an, die akzeptierte Toleranzgrenze der Kunden sei bei einem Produkt $m \pm 0,2$, und das Überschreiten würde einen gesamten geldwerten Verlust von $A_0 = 1.000 \, €$ verursachen. Hiergegen betragen die Herstellverlustkosten des Produktes $A = 300 \, €$. Die Streuung des Fertigungsprozesses sei mit $s = 0,065 = 65 \, \mu m$ festgestellt worden. Nach vorstehender Beziehung sollte dann eigentlich folgende Herstelltoleranz angesetzt werden:

$$\Delta = \sqrt{\frac{300}{1.000}} \cdot 200 = 109,54 \, \mu m \approx \pm 0,1 \, mm \; .$$

Da der Fertigungsprozess jedoch eine bestimmte Streuung hat, würden nunmehr aber viele Teile außerhalb der Zieltoleranz hergestellt. Diesen Anteil wollen wir jetzt abschätzen. Hierfür ist die folgende Betrachtung mit der normierten NV erforderlich:

$$F_{NV}(y) = \frac{1}{\sqrt{2\pi} \cdot s} \int\limits_{m-\Delta}^{m+\Delta} e^{-\frac{(y-m)^2}{2s^2}} \, dy \; ,$$

---

[1] Anm.: Die NV verläuft von $-\infty$ nach $+\infty$, die Fläche unterhalb dieser Kurve ist 1 oder 100 % (= Integral der Verteilungsfunktion).

und zwar mit der Transformation

$$\frac{(y-m)}{s} = \frac{\Delta}{s} = u \quad \text{bzw.} \quad \frac{dy}{s} = du \text{ bei } m = 0$$

erhält man die normierte Standardnormalverteilung

$$F(u) = \frac{1}{\sqrt{2\pi}} \int_{-u}^{+u} e^{-\frac{u^2}{2}} du$$

und somit für die vorermittelten Werte

$$F_{\mathrm{NV}}\left(\frac{109,54}{65}\right) = \frac{1}{\sqrt{2\pi}} \int_{-109,54/65}^{109,54/65} e^{-\frac{\left(\frac{109,54}{65}\right)^2}{2}} du \ .$$

Der Integralwert kann mit der Standard-NV-Tabelle (s. Anhang) angegeben werden. Für das vorstehende Integral lautet die Auswertung:

$$F(u) = F_{\mathrm{NV}}\left(\frac{0,10954}{0,065}\right) \equiv F_{\mathrm{NV}}(1,685) = 0,9075 = 90,75\,\% \ .$$

Das heißt, bei dem reduzierten Toleranzfeld würden 100 % – 90,75 % = 9,25 % Teile außerhalb der Zieltoleranz liegen. Dies ist aber nicht sinnvoll, weshalb wir iterativ die Toleranzgrenze anpassen wollen. Hierzu wird folgendes Schema benutzt:

1. $\Delta = \sqrt{\dfrac{300}{1.000 \cdot 0,9075}} \cdot 200 = 114,99\,\mu\mathrm{m} \quad \rightarrow \quad F(u) = F_{\mathrm{NV}}\left(\dfrac{114,99}{65}\right) = 0,923$

2. $\Delta = \sqrt{\dfrac{300}{1.000 \cdot 0,923}} \cdot 200 = 114,02\,\mu\mathrm{m} \quad \rightarrow \quad F(u) = F_{\mathrm{NV}}\left(\dfrac{114,02}{65}\right) = 0,92$

3. $\Delta = \sqrt{\dfrac{300}{1.000 \cdot 0,92}} \cdot 200 = 114,2\,\mu\mathrm{m} \quad \rightarrow \quad F(u) = F_{\mathrm{NV}}\left(\dfrac{114,2}{65}\right) = 0,92$

Nach der dritten Iteration ändert sich das Ergebnis nicht mehr, d. h., bei der vorhandenen Streuung von $s = 65\,\mu\mathrm{m}$ und einer gewählten Toleranz von $m \pm 0,114$ werden immer noch ca. 8 % Teile gefertigt, die außerhalb der Toleranz liegen. Dieses Problem ist somit nur lösbar, wenn die Fertigungsgenauigkeit erhöht wird.

In einer industriellen Fertigung beginnt die Prozessfähigkeit bei $\pm 3 \cdot s$ (entspricht $C_{pk} = 1,0$), während eine prozesssichere Fertigung $\pm 4 \cdot s$ (entspricht $C_{pk} = 1,33$) verlangt.

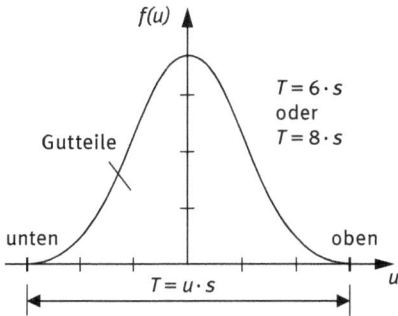

Bild 7.2: Standardisierte Gaußsche Normalverteilung

Die erforderliche Streuung an der Prozessfähigkeitsgrenze beträgt somit

$$s = \frac{114}{3} = 38\,\mu\text{m}$$

$$F(u) = F_{\text{NV}}\left(\frac{114}{38}\right) = 0{,}9973 = 99{,}73\,\%\,,$$

d. h. 0,27 % Teile fallen außerhalb der Toleranz an, und zwar unterschreiten die Maße y entweder die untere Toleranzgrenze oder überschreiten die obere Toleranzgrenze.

8. Beispiel: Shainin-Multi-Vari-Experiment

Aus einer praktischen Multi-Vari-Untersuchung stammen die nachfolgenden Daten. Untersucht wurde das Haftvermögen von produzierten Kleberollen. Hierbei wurde jeweils an verschiedenen Klebestreifenstücken die Abzugskraft (in N) auf einer definierten Oberfläche gemessen.

Exemplarische Daten

Streifen-Nr.	8^{00} Uhr				13^{00} Uhr				15^{00} Uhr		
	1	2	3	...	25	26	27	...	40	41	42
Haftkräfte	66	59	54		60	57	47		38	14	56
	56	58	32		53	37	57		9	43	39
	58	66	59		44	46	48		54	8	60
	65	48	48		50	44	49		60	60	58
	67	63	72		58	52	56		57	38	60
Streifenmittelwert	62,45	58,8	53,0	...	53,0	47,2	51,4	...	43,6	32,6	54,6
Zeitmittelwert	58,1				50,5				43,6		

Von Nutzern liegen verschiedene Rückmeldungen vor, die Kleberollen von „sehr schlecht klebend" bis „sehr gut klebend" umfassen. Aus der laufenden Produktion sollen daher Proben gezogen und die Streuung eingegrenzt werden. Ziel ist es, den Prozess besser zu beherrschen.

Die Auswertung soll Hinweise geben auf:
1. Was ist das rote X?
2. Was ist das rosa X?
3. Sind irgendwelche Trends zu erkennen?

Nachfolgend ist das entsprechende *Multi-Vari-Chart* dargestellt.

https://doi.org/10.1515/9783110724516-020

Multi-Vari-Chart

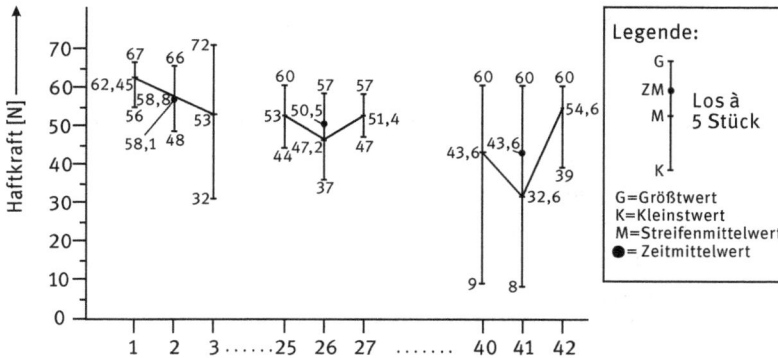

Die Datenauswertung führt zu folgenden Erkenntnissen:

a) Spannweite der zeitlichen Mittelwertstreuungen: $58,1 \ldots 43,6 = 14,50\,N$
b) Spannweite der Mittelwertstreuungen von Streifen
   zu Streifen: $62,45 \ldots 32,6 = 29,85\,N$
c) Spannweite der Streuungen innerhalb der Streifen: $60,0 \ldots 8,0 = 52,00\,N$

Diskussionspunkte

1. Die größte Streuung tritt innerhalb eines Streifens auf → *rotes X* (Nr. 41).
2. Die zweitgrößte Streuung tritt von Streifen zu Streifen auf → *rosa X*.
3. Nicht zufällige Trends
   – Es entsteht eine zeitabhängige Verschlechterung der Haftkraft.
   – Um 15^{00} Uhr tritt die größte Streuung und Verschlechterung im Haftvermögen auf.
   – Es tritt mit großer Häufigkeit eine Haftkraft über 60 N auf, die somit gehalten werden könnte, wenn die Ursachen der Streuung gefunden sind.

Resümee

Mit einer SPC-Regelkarten-Auswertung hätte man in diesem Fall nur den Mittelwerttrend gefunden und Qualitätsunterschiede „mit der Zeit" ausmachen können.

Eine Grundaussage des *Multi-Vari-Charts* ist aber, dass die größte Streuung regelmäßig zu einem späten Zeitpunkt in der Produktion auftritt und das größte Problem im Haftvermögen auf einer Kleberolle liegt. Dies deutet daraufhin, dass ein Grund im Kleber selbst und ein anderer in der Veränderung des Klebers liegt. Damit ist das Problem weitestgehend eingegrenzt.

9. Beispiel: Shainin-Komponenten-Bestimmungstechnik

In der Literatur /SCI 90/ wird das Beispiel der Geräuschlokalisierung an einem Motor diskutiert, welches der klassischen Shainin-Technik des Komponentenbestimmungsversuchs entspricht. Hiernach sei die folgende Situation gegeben: An Pkw-Motoren tritt nach den ersten Fahrkilometern ein Zahnriemengeräusch auf, welches vermutlich durch Schwingungen zwischen der Kurbelwelle und der Zwischenwelle hervorgerufen wird. Hierdurch gibt es Kundenreklamationen, die letztlich den Umfang von 10 % der ausgelieferten Motoren annehmen. Nach einem Gespräch mit den entsprechenden Spezialisten ist klar, dass das Problem theoretisch nicht schnell lösbar ist, weshalb man sich auf Versuche verständigt.

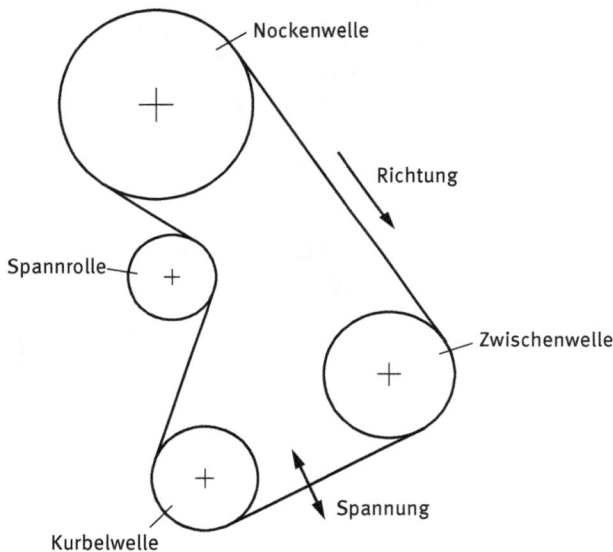

Bild 9.1: Ausgangssituation

Die vermuteten Einflüsse werden im Weiteren als Komponenten definiert, und zwar
A = Laufrichtung des Zahnriemens
B = Zahnriemen selbst
C = Zwischenwellenlagerung
D = Antriebsrad/Kurbelwellenlagerung
E = Zahnriemenspannung
F = Spannrollenposition

https://doi.org/10.1515/9783110724516-021

Die Analyse wird im Weiteren durch drei Versuchstechniker durchgeführt. Hierzu werden aus der Serie zwei Motoren entnommen, die Grenzlagen darstellen, und zwar ein nach einer akustischen Bewertung (auf einer Rangskala von 1 bis 5) als gut einzustufender Motor und ein als schlecht einzustufender Motor:

$$M_\text{gut} = 1{,}33 \text{ Pkt.} \qquad M_\text{schlecht} = 4{,}5 \text{ Pkt.}$$

Diese beiden Motoren werden danach demontiert und wieder zusammengebaut. Eine erneute Bewertung ergibt

$$M_\text{gut} = 1{,}5 \text{ Pkt.} \qquad M_\text{schlecht} = 4{,}67 \text{ Pkt.}$$

Der nur geringe Unterschied sagt aus, dass das Ergebnis nicht signifikant durch die Montage beeinflusst wird.

Danach ist zu klären, ob im Weiteren die Komponenten-Bestimmungstechnik nach Shainin zulässig ist. Hierzu muss das Verhältnis

$$\frac{\text{Differenz der Mittelwerte}}{\text{Differenz der Wiederholungen}} \geq 5 : 1$$

sein.

Testauswertung

$$D = \left| \frac{1{,}33 + 1{,}5}{2} - \frac{4{,}5 + 4{,}67}{2} \right| = \left| \frac{2{,}83}{2} - \frac{9{,}17}{2} \right| = 3{,}17$$

$$d = \left| \frac{1{,}33 - 1{,}5}{2} \right| + \left| \frac{4{,}5 - 4{,}67}{2} \right| = \left| \frac{0{,}17}{2} \right| + \left| \frac{0{,}17}{2} \right| = 0{,}17$$

$$D : d = 3{,}17 : 0{,}17 = 18{,}65 : 1 > 5 : 1 \,.$$

Hiernach müsste das Experiment zu einem brauchbaren Ergebnis führen.

In dem folgenden Bild 9.2 ist eine Versuchsauswertung (Gut/Schlecht-Vergleiche) nach der Komponentenbestimmungstechnik wiedergegeben.

Vorgehensweise

Es wird nun ein gezielter Austausch der Komponenten durchgeführt:

–   Im ersten Versuch wurde der Zahnriemen abgenommen und in umgekehrter Laufrichtung (Faktor *A*) wieder auf den gleichen Motor aufgelegt. Der gute Motor wird als noch besser eingestuft, bzw. die Laufgeräusche bei dem schlechten Motor konnten deutlich gesenkt werden. Die Laufrichtung des Riemens hat somit einen erheblichen Einfluss, erklärt das Phänomen aber nicht restlos.

Versuch	1. gute Komponente Index g Ergebnis		2. schlechte Komponente Index s Ergebnis		
Ausgang:		$M_g = 1,33$		$M_s = 4,50$	
Demontage/Montage:		$M_g = 1,50$		$M_s = 4,67$	
1	A	$R_g = 1,25$	A	$R_s = 3,80$	Laufrichtung
2	B_s	$R_g = 1,50$	B_g	$R_s = 2,00$	Zahnriemen
3	C_s	$R_g = 2,16$	C_g	$R_s = 3,16$	Zwischenwelle
4	D_s	$R_g = 2,33$	D_g	$R_s = 3,16$	Kurbelwelle
5	E_s	$R_g = 1,60$	E_g	$R_s = 2,00$	Riemenspannung
6	F_s	$R_g = 1,83$	F_g	$R_s = 4,16$	Spannrolle
Bestätigung	$(BE)_s$	$R_g = 4,83$	$(BE)_g$	$R_s = 2,16$	

Bild 9.2: Versuchsauswertung bei Komponententausch (z. B. B_g = „gute" Komponente, R_s = alle anderen Komponenten „schlecht")

- Als Nächstes wurde der Zahnriemen wieder in die ursprüngliche Laufrichtung gebracht und zwischen den Motoren getauscht (Faktor B). Die Änderung ist aber nur einseitig: der gute Motor wird nicht viel schlechter, der schlechtere Motor wird aber deutlich besser. Aus den bisherigen Erkenntnissen ist zu vermuten, dass eine Wechselwirkung zwischen Laufrichtung und Qualität des Zahnriemens existiert. Da aber immer noch ein hohes Geräuschniveau existiert, müssen weitere Komponenten beteiligt sein.
- Im weiteren Versuchsprogramm zeigt sich, dass C und D einen geringen und E einen starken Einfluss ausüben. Der Parameter F spielt hier hingegen eine untergeordnete Rolle.
- Der Bestätigungsversuch zeigt, dass mit dem gemeinsamen Tausch von B und E tatsächlich die Wirkung umgedreht wird, d. h. der Kern des Problems im Zusammenwirken dieser beiden Einflüsse liegt.

Im umseitigen Bild 9.3 sind die Ergebnisse des Versuchsprogramms als Niveaus ausgewertet dargestellt.

Haupt- und Wechselwirkungsanalyse

Sinn und Zweck der Bedeutungsanalyse ist, die Wichtigkeit jedes Hauptfaktors sowie die Wechselwirkung zwischen diesen Hauptgrößen, die das gewünschte Ergebnis beeinflussen, quantitativ zu ermitteln.

Da die Komponenten B und E zuvor eine teilweise Ergebnisumkehrung zeigten, können sie zunächst als Rosa X angesehen werden. Eine völlige Umkehrung (Rotes X) lieferte dann das Bestätigungsexperiment, in dem beide gemeinsam getauscht wurden. Somit ist offensichtlich, dass eine signifikante Wechselwirkung zwischen B und E vorliegt. Um dies quantitativ nachzuweisen, muss die so genannte Wechselwirkungsmatrix aufgestellt werden, die im nachfolgenden Bild 9.4 gezeigt ist.

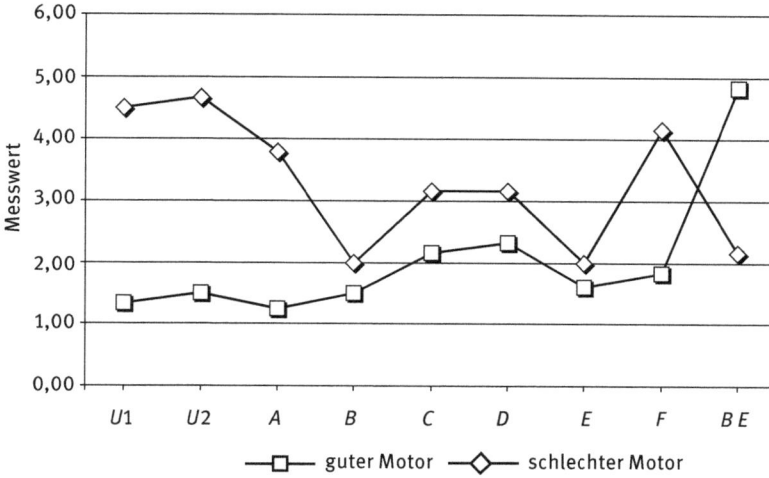

Bild 9.3: Analyse zum Versuchsprogramm „Zahnriemengeräusche"
Legende: U1 = Ausgangszustand; U2 = Prüfung nach Demontage und erneuter Montage;
BE = Bestätigungsversuch mit (BE); A–F = Prüfung nach Tausch der entsprechenden Komponenten

verwendete Komponenten	1. Komponente (gut) K_{1g}	1. Komponente (schlecht) K_{1s}
2. Komponente (gut) K_{2g}	In diese Zelle werden alle Messwerte der Kombinationen eingetragen, für die gilt: ▷ 1. Komponente (gut) und ▷ 2. Komponente (gut) Aus diesen Werten bildet man den Mittelwert.	In diese Zelle werden alle Messwerte der Kombinationen eingetragen, für die gilt: ▷ 1. Komponente (schlecht) und ▷ 2. Komponente (gut) Aus diesen Werten bildet man den Mittelwert.
2. Komponente (schlecht) K_{2s}	In diese Zelle werden alle Messwerte der Kombinationen eingetragen, für die gilt: ▷ 1. Komponente (gut) und ▷ 2. Komponente (schlecht) Aus diesen Werten bildet man den Mittelwert.	In diese Zelle werden alle Messwerte der Kombinationen eingetragen, für die gilt: ▷ 1. Komponente (schlecht) und ▷ 2. Komponente (schlecht) Aus diesen Werten bildet man den Mittelwert.

Bild 9.4: Lateinisches Quadrat der Bedeutungsanalyse

Unter Zuhilfenahme der Mittelwerte, die in den vier Zellen berechnet werden, ist es möglich, die Hauptwirkung für jede der beiden Komponenten sowie deren Wechselwirkung zu berechnen.

Diese Wirkungen lassen sich nach folgenden Formeln berechnen:

Hauptwirkung Komponente 1:

$$HW_1 = \left| \frac{[K_{1g}K_{2g} + K_{1g}K_{2s}] - [K_{1s}K_{2g} + K_{1s}K_{2s}]}{2} \right|$$

Hauptwirkung Komponente 2:

$$HW_2 = \left| \frac{[K_{2g}K_{1g} + K_{2g}K_{1s}] - [K_{2s}K_{1g} + K_{2s}K_{1g}]}{2} \right|$$

Wechselwirkung Komponente 1 und 2:

$$WW = \left| \frac{[K_{1g}K_{2g} + K_{1s}K_{2s}] - [K_{1s}K_{2g} + K_{1g}K_{2s}]}{2} \right|$$

Legende:

HW_1: Hauptwirkung Komponente 1
HW_2: Hauptwirkung Komponente 2

K_{1s}: Komponente 1 (schlecht) K_{2s}: Komponente 2 (schlecht)
K_{1g}: Komponente 1 (gut) K_{2g}: Komponente 2 (gut)

Auf das Beispiel übertragen, ergeben sich die in Bild 9.5 aufgeführten Werte:

	B_g		B_s	
E_g	alle gut	1,33	B_sR_g	1,50
	alle gut	1,50	E_gR_s	2,00
	A_sR_g	1,25		
	C_sR_g	2,16		
	D_sR_g	2,33		
	F_sR_g	1,83		
	$B_gE_gR_s$	2,16		
	Mittelwert:	1,79	Mittelwert:	1,75
E_s	B_gR_s	2,00	alle schlecht	4,50
	E_sR_g	1,60	alle schlecht	4,67
			A_gR_s	3,80
			C_gR_s	3,16
			D_gR_s	3,16
			F_gR_s	4,16
			$B_sE_sR_g$	4,83
	Mittelwert:	1,80	Mittelwert:	4,04

Bild 9.5: Ausgewertete Bedeutungsmatrix für die Hauptwirkungen und die Wechselwirkung (Legende: Index s = schlecht, g = gut / R = restliche Komponenten)

Aus den erfassten Werten lassen sich jetzt die Hauptwirkungen B und E sowie die Wechselwirkung $B \times E$ bestimmen:

$$B = \left| \frac{(1,79 + 1,80)}{2} - \frac{(1,80 + 4,04)}{2} \right| = 1,13$$

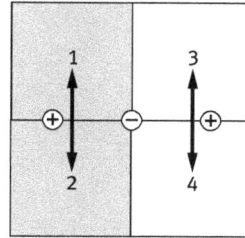

$$E = \left| \frac{(1,79 + 1,75)}{2} - \frac{(1,80 + 4,04)}{2} \right| = 1,15$$

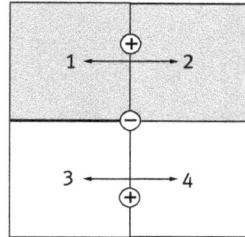

$$B \times E = \left| \frac{(1,79 + 4,04)}{2} - \frac{(1,75 + 1,8)}{2} \right| = 1,14$$

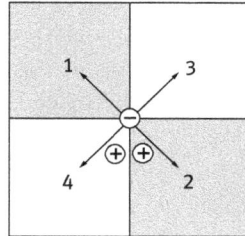

Unter Zuhilfenahme der berechneten Mittelwerte nach Bild 9.5 wird das Wechselwirkungsdiagramm gezeichnet, welches in Bild 9.6 erstellt worden ist. Hierzu werden auf der x-Achse die Komponenten $K_{1s}(B_s)$ und $K_{1g}(B_g)$ gewählt. Anhand dieser beiden Punkte werden zwei Geraden mit den Bezeichnungen $K_{2s}(E_s)$ und $K_{2g}(E_g)$ eingezeichnet. Verlaufen bekanntlich diese beiden Geraden parallel, liegt keine Wechselwirkung zwischen den beiden Komponenten vor. Die starke Nichtparallelität der beiden Geraden deutet auf eine maßgebende Wechselwirkung der beiden Komponenten hin.

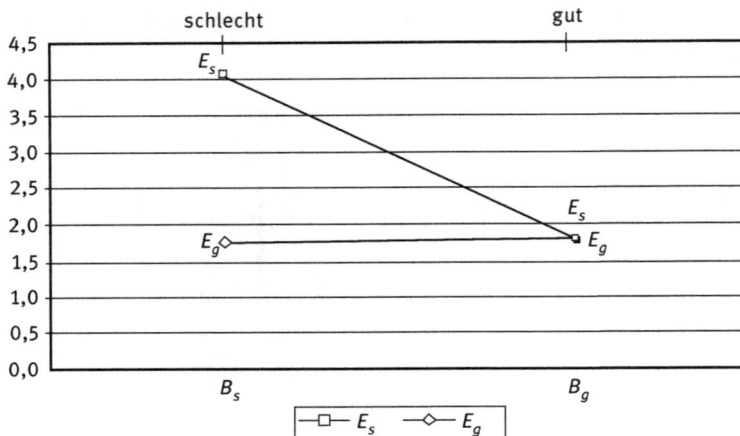

Bild 9.6: Wirkungs- bzw. Wechselwirkungsdiagramm (B × E)

Konsequenzen aus der Analyse

1. Bei der Laufrichtung des Zahnriemens gibt es eine Vorzugsrichtung, die bei der Montage unbedingt zu berücksichtigen ist.
2. Die Zahnriemenspannung ist kontrolliert einzustellen.
3. Dem Schlag der Riemenscheiben von Zwischenwelle, Kurbelwelle und Spannrolle sowie den Lagerstellen ist große Aufmerksamkeit entgegenzubringen.

Bei der Montage des Motors sollten die vorstehenden Erkenntnisse unbedingt berücksichtigt werden.

10. Beispiel: Vermengungsproblematik bei Taguchi

Die Versuchspläne nach Taguchi sind hochvermengte Pläne (d. h. wie bei teilfaktoriellen Plänen sind die Wechselwirkungen vermengt), die deshalb nur nach einer sorgfältigen Problemanalyse angewandt werden sollten. In der Literatur[1] wird immer wieder ein markantes Beispiel herangezogen, welches die Taguchi-Methode ad absurdum führen soll.

Das diskutierte Problem ist:

Die Dichtigkeit einer Tür soll bewertet werden. Der Experimentator wählt als Parameter *Rahmenabmessungen*, *Türabmessungen* und *Farbe des Türblattes*. Gemessen wird der Luftdurchsatz durch den Spalt, wenn wechselseitig das Türblatt an der unteren/oberen Toleranzgrenze liegt bzw. der Rahmen ebenfalls extrem in den Abmessungen gewählt wird.

Faktoren/Parameter:

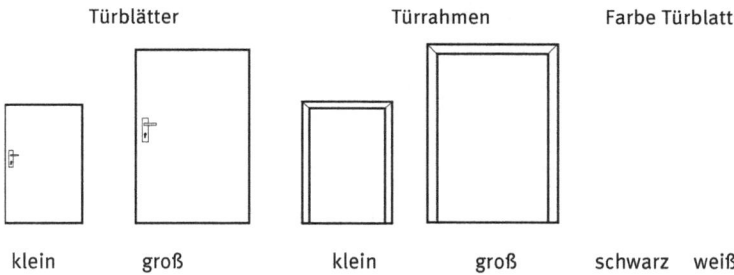

Bild 10.1: Variationen zur Türproblematik

Experiment mit $L_4(2^3)$

Exp. Nr.	A	B	C	Tür	Rahmen	Farbe	Messergebnis $y(\mathrm{m}^3/\mathrm{h})$
1	1	1	1	klein	klein	schwarz	2
2	1	2	2	klein	groß	weiß	42
3	2	1	2	groß	klein	weiß	32
4	2	2	1	groß	groß	schwarz	2
		Effekt					

1 Beispiel in Anlehnung an Kuhn, H.: Klassische Versuchsplanung, Taguchi-Methode, Shainin-Methode: Versuch einer Wertung. VDI-Z 132 (1990) 12, S. 91–94.

https://doi.org/10.1515/9783110724516-022

Die Bedeutung einzelner Parameter kann bekanntlich mit einer *Effektanalyse* festgestellt werden:

Effekt = mittlere Differenz der Wirkungen zwischen „1" und „2" Einstellungen

---

z. B.

$$E_A = \frac{\sum y_{A2}}{n_{A2}} - \frac{\sum y_{A1}}{n_{A1}} = \frac{(32+2)}{2} - \frac{(42+2)}{2} - = 17 - 22 = -5 \, ,$$

d. h., bei einem Wechsel des Parameters A von Stufe 1 nach Stufe 2 nimmt der Luftdurchsatz um 5 m^3/h ab.

Bestimmen Sie die anderen Effekte (also E_B, E_C)!

$$E_B = $$

$$E_C = $$

Resümee

Aus den ausgewerteten Effekten ist somit zu schließen: Tür- und Rahmengröße spielen für den Luftdurchsatz keine Rolle, sondern die Farbe des Türblattes ist entscheidend!

Bei diesem Beispiel ist jedoch einiges nicht in Ordnung, deshalb ist zu hinterfragen:

1. Sind die Parameter sinnvoll gewählt worden?
2. Ist die Belegung der Versuchsmatrix korrekt?

   Gemäß dem Graphen von $L_4(2^3)$ steht in der Spalte 3 die Wechselwirkung von $A \times B$, die in diesem Fall mit einem unabhängigen Hauptparameter belegt worden ist, welches nicht regelkonform ist.

3. Was ist eigentlich gemessen worden?

   Tatsächlich ist der gemessene dominante Effekt der Wechselwirkungseffekt (Spalte zwischen Tür und Rahmen), so, wie es auch zu erwarten war.

Die Wichtigkeit der richtigen Belegung der Versuchsmatrix und die Bedeutung der Wechselwirkungen für ein praktisch brauchbares Ergebnis sind damit sichtbar geworden.

11. Beispiel: Vollständige Taguchi-Analyse

Bei der Montage von Kraftfahrzeugen wird bei der Endabnahme immer wieder festgestellt, dass Schrauben, die vorher mit einem konstanten Nennmoment angezogen und kurzzeitig belastet wurden, bei einer Überprüfung dennoch nicht die erforderliche Vorspannung aufwiesen. Als Ursache hierfür wurden Reibwertstreuungen und Setzerscheinungen auf lackierten Oberflächen vermutet. Um diesen Effekten (Lockern der Schrauben) auf den Grund zu gehen, sollen Versuche (s. /KRO 94/) durchgeführt werden.

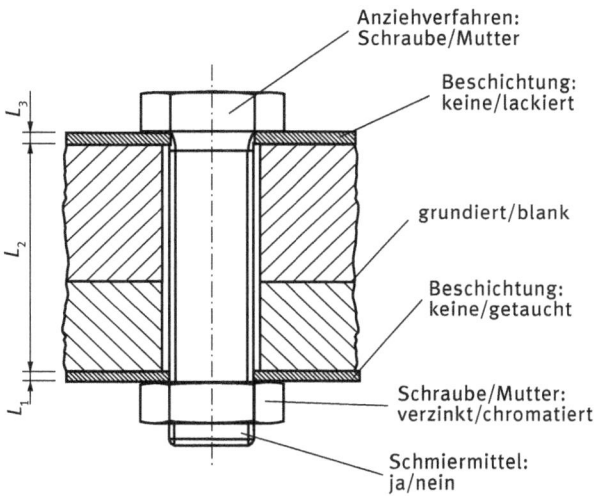

Bild 11.1: Ausgangssituation[1] einer Schraubenverbindung

Die Analyse weist aus, dass sieben Faktoren mit zwei Stufen miteinander kombiniert werden müssen.

Produkt-/Prozessdiagramm

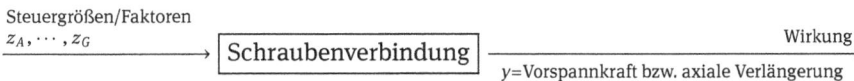

Steuergrößen/Faktoren
$z_A, \cdots, z_G$ ──────→ | Schraubenverbindung | ──────────── Wirkung
y=Vorspannkraft bzw. axiale Verlängerung

---

1 Anm.: Beispiel nach J. Krottmaier, Versuchsplanung – Der Weg zur Qualität des Jahres 2000. TÜV-Verlag, Köln 1994.

https://doi.org/10.1515/9783110724516-023

Faktoren	Ausgangsstufe	mögliche Verbesserung
A = Beschichtung Oberseite	A_1 = keine	A_2 = lackiert
B = Anzugverfahren	B_1 = Anziehen der Schraube	B_2 = Anziehen der Mutter
C = Schmiermittel	C_1 = ja	C_2 = nein
D = Oberfläche Mutter	D_1 = gelb chromatiert	D_2 = verzinkt
E = Beschichtung Unterseite	E_1 = getaucht	E_2 = keine
F = Oberfläche Schraube	F_1 = verzinkt	F_2 = chromatiert
G = Material	G_1 = blank	G_2 = grundiert

Bild 11.2: Faktoren des Experimentes

Die aufgeführte Faktorkombination ergäbe ein vollständiges 2^7-Experiment, d. h., es wären 128 Merkmalskombinationen erforderlich. Nach Taguchi bekommt man aber gleichwertige Aussagen, wenn das orthogonale Feld $L_8(2^7)$ mit nur 8 Merkmalskombinationen herangezogen wird, ohne dass ein Haupteffekt unberücksichtigt bleibt.

Eine Übersicht über die durchzuführenden Versuche zeigt die nachfolgende Tabelle von Bild 11.3.

Versuchs-/Planmatrix $L_8(2^7)$

								A	B	C	D	E	F	G
Exp. Nr.	A 1	B 2	C 3	D 4	E 5	F 6	G 7	Beschichtung Oberseite	Anzugsverfahren	Schmierung	Oberfläche Mutter	Beschichtung Unterseite	Oberfläche Schraube	Material
1	1	1	1	1	1	1	1	keine	Schraube	ja	chrom.	getaucht	verzinkt	blank
2	1	1	1	2	2	2	2	keine	Schraube	ja	verzinkt	keine	chrom.	grund.
3	1	2	2	1	1	2	2	keine	Mutter	nein	chrom.	getaucht	chrom.	grund.
4	1	2	2	2	2	1	1	keine	Mutter	nein	verzinkt	keine	verzinkt	blank
5	2	1	2	1	2	1	2	lackiert	Schraube	nein	chrom.	keine	verzinkt	grund.
6	2	1	2	2	1	2	1	lackiert	Schraube	nein	verzinkt	getaucht	chrom.	blank
7	2	2	1	1	2	2	1	lackiert	Mutter	ja	chrom.	keine	chrom.	blank
8	2	2	1	2	1	1	2	lackiert	Mutter	ja	verzinkt	getaucht	verzinkt	grund.

Bild 11.3: Versuchsmatrix des Schraubversuches

Für die zu optimierende Wirkung sollte immer ein leicht messbares Qualitätsmerkmal gewählt werden. Im vorliegenden Fall ist dies die Vorspannkraft, die in einer Verbindung unter Berücksichtigung aller Elastizitäten entsteht. Das heißt, hier geht die Elastizität der Schraube, Bleche und aller Schichten ein.

In dem Beispiel ist somit als „Ersatz"-Wirkungsgröße die elastische Verlängerung (hier angegeben als $\Delta L \times 100$ in Millimeter[2]) gewählt worden. Diese ist unter linear-elastischen Verhältnissen natürlich zur Vorspannkraft äquivalent, die durch das Anzugsmoment aufgebracht wird. Eine maximale Vorspannung ist somit bei maximaler Verlängerung gegeben.

Die Zusammenstellung der entsprechenden Versuchsergebnisse zeigt das nachfolgende Bild 11.4, wobei je Einstellung vier Wiederholungen durchgeführt wurden.

Exp Nr.	A	B	C	D	E	F	G	y_1	y_2	y_3	y_4	$\sum y_i$	$\overline{y}$	s
1	1	1	1	1	1	1	1	8,26	7,70	7,20	7,27	30,43	7,61	0,49
2	1	1	1	2	2	2	2	9,93	13,10	10,94	10,07	44,04	11,01	1,46
3	1	2	2	1	1	2	2	8,96	7,67	10,17	9,07	35,87	8,97	1,02
4	1	2	2	2	2	1	1	6,33	5,27	7,04	4,53	23,17	5,79	1,11
5	2	1	2	1	2	1	2	8,90	9,84	8,70	9,00	36,44	9,11	0,50
6	2	1	2	2	1	2	1	9,23	9,00	10,70	9,74	38,67	9,67	0,75
7	2	2	1	1	2	2	1	10,06	10,27	9,90	9,76	39,99	10,00	0,22
8	2	2	1	2	1	1	2	9,63	8,93	7,33	6,70	32,59	8,15	1,37
												281,20	8,79	0,87

Bild 11.4: Versuchsauswertung mit Wiederholungen

Von Interesse ist im Weiteren die Wirkung der Faktoren auf den entsprechenden Stufen, also

$$\overline{y}_{A_1} = \frac{1}{4}\left(\overline{y}_1 + \overline{y}_2 + \overline{y}_3 + \overline{y}_4\right) = 8,34 \qquad (\equiv \Delta L/100\,\text{mm})$$

$$\overline{y}_{A_2} = \frac{1}{4}\left(\overline{y}_5 + \overline{y}_6 + \overline{y}_7 + \overline{y}_8\right) = 9,23 \qquad (\equiv \Delta L/100\,\text{mm})$$

$$\overline{y}_{B_1} = \frac{1}{4}\left(\overline{y}_1 + \overline{y}_2 + \overline{y}_5 + \overline{y}_6\right) = 9,35 \qquad (\equiv \Delta L/100\,\text{mm})$$

$$\overline{y}_{B_2} = \frac{1}{4}\left(\overline{y}_3 + \overline{y}_4 + \overline{y}_7 + \overline{y}_8\right) = 8,23 \qquad (\equiv \Delta L/100\,\text{mm})$$

$$\vdots$$

$$\overline{y}_{G_2} = \frac{1}{4}\left(\overline{y}_2 + \overline{y}_3 + \overline{y}_5 + \overline{y}_8\right) = 9,31 \qquad (\equiv \Delta L/100\,\text{mm})$$

Im folgenden Bild 11.5 sind die Wirkungen aller Faktoren quantifiziert ausgewiesen. Man kann hieraus gewisse Tendenzen erkennen, und zwar

---

2 Anm.: Die Multiplikation der Wirkungsgröße mit einer Strafkonstanten ist immer dann ein zu empfehlendes Mittel, wenn die Wirkungsgröße selbst klein ist. Große Zahlen verhindern das Auslöschen beim Quadrieren, welches bei Varianzberechnungen auftritt.

– wenn die Beschichtung (Faktor A) von keine (= A_1) auf lackiert (= A_2) geändert wird, so nimmt die Schraubenverlängerung und damit die Vorspannung zu,

– wenn das Anzugsverfahren (Faktor B) von Anziehen der Schraube (B_1) auf Anziehen der Mutter (= B_2) geändert wird, dann reduziert sich die Schraubenverlängerung bzw. die Vorspannung wird kleiner,

⋮

Mittelwert- und Effektanalyse/ ANOM-Tabelle[3]

Faktoreinstellung	Wirkung des Faktors	Effekt	Bemerkung
A_1	8,34		
A_2	9,23	0,89	lackiert ist besser als nicht lackiert
B_1	9,35		
B_2	8,23	−1,12	anziehen der Schraube ist besser als Mutter
C_1	9,19		
C_2	8,38	−0,81	Schmiermittel ist besser als ohne
D_1	8,92		
D_2	8,05	−0,87	chromatiert ist besser als verzinkt
E_1	8,60		
E_2	8,98	0,38	keine Beschichtung ist besser als getaucht
F_1	7,66		
F_2	9,91	2,25	chromatiert ist besser als verzinkt
G_1	8,27		
G_2	9,31	1,04	grundiert ist besser als blank

Bild 11.5: Einzelwirkungen der Faktoren

Auf eine weitere grafische Darstellung der ANOM-Auswertung ist hier verzichtet worden, da die kommentierten Ergebnisse für sich sprechen:

Zur Einübung soll im Folgenden noch einmal die Varianzanalyse in Handrechnung durchgeführt werden. Die gezeigte Systematik stimmt überein mit Kap. 4.2 (siehe S. 41 ff.):

Varianzanalyse/ANOVA

– Summe der Mittelwertquadrate

$$SQ_\mathrm{m} = \frac{\left(\sum y_i\right)^2}{n} \equiv CF = \frac{281,20^2}{32} = 2.471,05 \quad (f = 1)$$

---

3 Anm.: Der t-Test ist anzuwenden, wenn Mittelwerte bei unbekannter wahrer Streuung abzusichern sind.

- totale Summe der Fehlerquadrate

$$SQ_{gesamt} = \left(\sum y_i^2\right) - CF$$
$$= \left(8,26^2 + 7,70^2 + \cdots + 7,33^2 + 6,70^2\right) - 2.471,05$$
$$= 2.565,56 - 2.471,05 = 94,51 \quad (f = 31)$$

- Fehlerquadrate aller Faktoren

$$SQ_A = \frac{\left(\sum y_{A1}\right)^2}{n_{A_1}} + \frac{\left(\sum y_{A2}\right)^2}{n_{A_2}} - CF = \frac{133,51^2}{16} + \frac{147,69^2}{16} - CF = 6,28 \quad (f_A = 1)$$

$$SQ_B = \frac{149,58^2}{16} + \frac{131,62^2}{16} - CF = 10,08 \qquad (f_B = 1)$$

$$SQ_C = \frac{147,05^2}{16} + \frac{134,15^2}{16} - CF = 5,20 \qquad (f_C = 1)$$

$$SQ_D = \frac{142,73^2}{16} + \frac{138,47^2}{16} - CF = 0,56 \qquad (f_D = 1)$$

$$SQ_E = \frac{137,56^2}{16} + \frac{143,64^2}{16} - CF = 1,16 \qquad (f_E = 1)$$

$$SQ_F = \frac{122,63^2}{16} + \frac{158,57^2}{16} - CF = 40,37 \qquad (f_F = 1)$$

$$SQ_G = \frac{132,26^2}{16} + \frac{148,94^2}{16} - CF = 8,69 \qquad (f_G = 1)$$

- Bei dem durchgeführten Experiment gibt es zwei Wiederholungsfehler, und zwar

    F_1 = Fehler von Merkmalskombination zu Merkmalskombination
    Dieser Fehler ist hier null, da alle Spalten des orthogonalen Feldes mit den richtigen Faktoreinstellungen besetzt waren. Da der Freiheitsgrad dann ebenfalls null ist, ist die Quadratsumme und die Varianz auch null.

    F_2 = Fehler von Wiederholung zu Wiederholung oder der Verbrauchsstreuung

$$SQ_{F2} = SQ_{gesamt} - (SQ_A + SQ_B + \cdots + SQ_G)$$
$$= 94,51 - 72,34 = 22,17 \qquad (f_{F_2} = 31 - 7 = 24)$$

- Varianzschätzungen

$$V_A = \frac{SQ_A}{f_A} = \frac{6,28}{1} = 6,28$$
$$V_B = \frac{SQ_B}{f_B} = 10,08$$
$$\vdots$$
$$V_{F_2} = \frac{SQ_{F_2}}{f_{F2}} = \frac{22,17}{24} = 0,924$$

– F-Wert

$$F_A = \frac{V_A}{V_{F_2}} = \frac{6,28}{0,92} = 6,82 \qquad \left(\text{zu } F_{krit_{241}}(95\,\%) = 4,26\right)$$

$$F_B = \frac{V_B}{V_{F_2}} = \frac{10,08}{0,92} = 10,96$$

$$\vdots$$

$$F_G = \frac{V_G}{V_{F_2}}$$

– ANOVA-Tabelle mit Kenngrößen[4]

$$V_x = \frac{SQ_x}{f_x}, \; V_{F_2} = \frac{SQ_F}{f_F}$$

$$F_x = \frac{V_x}{V_{F_2}}$$

$$SQ' = SQ_x - f_x \cdot V_{F_2}$$

$$p_x = \frac{SQ'}{SQ_{\text{gesamt}}} \cdot 100 \quad [\%]$$

$$SQ'_{F_2} = SQ'_{F_2} + (f_{SQ} - f_{F_2}) \cdot V_{F_2}$$

Faktoren	f	SQ	V	F	SQ'	p (%)
A	1	6,28	6,28	6,82	5,36	5,67
B	1	10,08	10,08	10,96	9,16	9,69
C	1	5,20	5,20	5,65	4,28	4,43
D	1	0,56	0,56	0,61	–	–
E	1	1,16	1,16	1,26	–	–
F	1	40,37	40,37	43,88	39,45	41,74
G	1	8,69	8,69	9,45	7,77	8,22
F_1	0	–	–	–	–	–
F_2	24	22,17	0,92	1	–	30,26
gesamt	31	94,51				100,00
		SQ_{gesamt}				

Bild 11.6: Entwickelte ANOVA-Tabelle

---

4 Anm.:
– wenn $F_x \geq F_{\text{krit}}$, dann signifikant
– wenn $F_x \leq F_{\text{krit}}$, dann zufällig.

12. Beispiel: Taguchi-Optimierung eines Fertigungsprozesses

Vor einiger Zeit ist in der Fachzeitschrift Qualität & Zuverlässigkeit ein Aufsatz[1] erschienen, der sehr übersichtlich alle Probleme der Anwendung von orthogonalen Versuchsmatrizen zeigt. Das Problem besteht darin, eine vorhandene Hammermühle so einzustellen, dass ein möglichst hoher Anteil an feinkörniger Kokskohle mit einer Körnung unter 2 mm für die Stahlerzeugung entsteht. Das Ausgangsprodukt ist aber eigentlich zu der Sorte „schlecht verkokbare Kokskohle" zu zählen, die durch Ausmahlen feinkörniger werden soll.

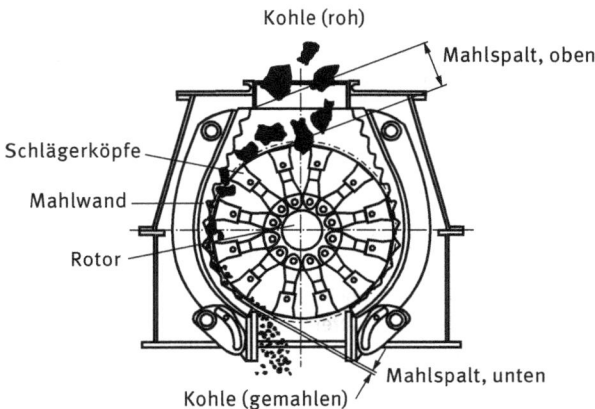

Bild 12.1: Parameter an der Hammermühle

Zur Beeinflussung der Kornfeinheit können an der Mühle zwei Parameter variiert werden, und zwar
- der Abstand zwischen den rotierenden Schlägerköpfen und der Parallelwand sowie
- die Drehzahl des Rotors.

Das Team, das sich mit dieser Prozessoptimierung auseinander setzt, wählt dazu die Parameter wie folgt:
- Steuergrößen: Mahlspalt oben/unten, Rotordrehzahl und Aufgabenmenge an Kohle in Stunden
- Störgrößen: warmer/kalter Betriebszustand der Mühle, Feuchte der Kohle und die Verkokbarkeit

---

1 Anm.: Rammelmüller, B.; Steibl, G.: Optimal mahlen – Robust Design nach Taguchi am Praxisbeispiel „Mahlen von Kokskohle" QZ 37 (1992) 8, S. 473–475.

https://doi.org/10.1515/9783110724516-024

Prozessdiagramm

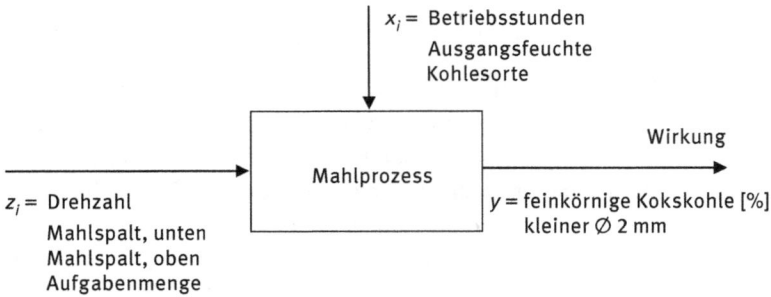

Bild 12.2: Mahlprozess mit den wesentlichen Parametern

Da die Lösung des Problems für die Fa. Voest-Alpine einen Know-how-Vorsprung dar-stellt, geben die Autoren des Aufsatzes keine Zahlenwerte, sondern nur „Einstellni-veaus" an.

Für die beiden Faktorgruppen lauten diese:

Steuergrößen	Faktor	Stufe 1	Stufe 2	Stufe 3
Drehzahl des Rotors	A	niedrig	hoch	–
Mahlspalt, unten	B	klein	mittel	groß
Mahlspalt, oben	C	klein	mittel	groß
Aufgabemenge an Kohle pro Stunde	D	wenig	viel	–

Störgrößen	Faktor	Stufe 1	Stufe 2
Betriebsstunden	E	niedrig	hoch
Ausgangsfeuchte der Kohle	F	gering	hoch
Kohlesorte „schlecht verkokbar"	G	Kohle 1	Kohle 2

Gemäß Kap. 10.4, S. 121 soll das Experiment mit „inneren und äußeren Feldern" durch-geführt werden. Eine weitere Schwierigkeit besteht darin, dass das Team die Steuer-größen sowohl auf zwei wie auch drei Stufen variieren möchte. Im Kap. 8.5.6 (S. 97 ff.) ist beschrieben, dass dies unter Heranziehung des „Leerspaltendesigns" möglich ist. Um jetzt zur Wahl der Matrizen zu kommen, müssen diese dimensioniert werden:

Steuergrößen	FHGs	Störgrößen	FHGs
A	1	E	1
B	2	F	1
C	2	G	1
D	1	$f_{\bar{y}}$	1
$f_{\bar{y}}$	1		$\sum 4$
f_L	1		
	$\sum 8$		

Für die Steuergrößen[2] ist insofern das Feld $L_8(2^7)$ und für die Störgrößen das Feld $L_4(2^3)$ genau passend. Des Weiteren muss für das Feld L_8 jetzt noch die Leerspaltenzuordnung festgelegt werden. In dem zu Grunde liegenden Aufsatz wurde dies wie folgt vereinbart:

Stufen der Leerspalte	Zuordnung B		Zuordnung C	
	1	2	1	2
1	B_3	B_2	C_3	C_2
2	B_2	B_1	C_2	C_1

Insofern kann man über die Einstellungen B_2 und C_2 eine deutlich genauere Aussage machen. Bevor nun das Feld L_8 mit den Faktoren belegt werden kann, müssen für das Problem und anhand der Graphen mögliche Wechselwirkungen geklärt werden:
- Die Rotordrehzahl könnte Wechselwirkungen hervorrufen, was aber nicht ganz sicher ist. Um alle Unwägbarkeiten auszuschließen, sollte also die Drehzahl (A) auf eine unabhängige Spalte gelegt werden.
- Zwischen den Mahlspalten unten (B) und oben (C) kann bei der gewählten Einstelltechnik über die Schwenklager eine geringe gegenseitige Beeinflussung auftreten. Diese wird praktisch aber so gering sein, dass die Wechselwirkung $B \times C$ vernachlässigt werden kann.
- Durch Aufschneiden des Graphen wird eine neue unabhängige Spalte 6 erzeugt, die jetzt mit der Aufgabemenge an Kohle (D) belegt werden kann.

Die Spaltenbelegung ist nun mit Hilfe der Graphen durchgeführt worden, wobei links der Standardgraph und rechts der modifizierte Graph dargestellt ist. Als Leerspalte (L) ist Spalte (1) gewählt worden, die somit keine physikalischen Wechselwirkungen mit den Spalten (3) und (5) hat.

---

2 Anm.: Prinzipiell wäre auch $L_9(3^4)$ möglich, welcher aber mehr Versuche erfordert.

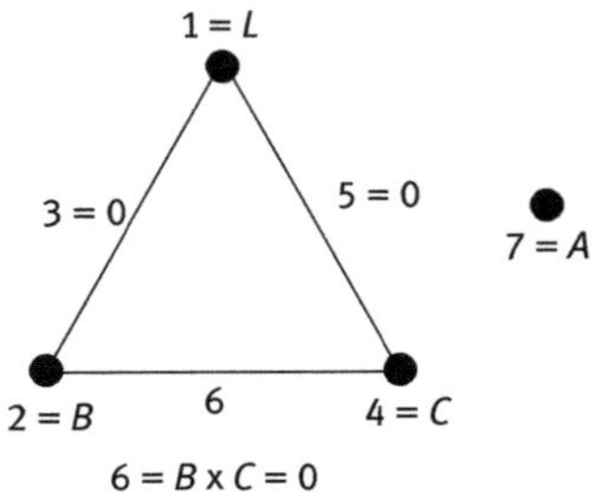

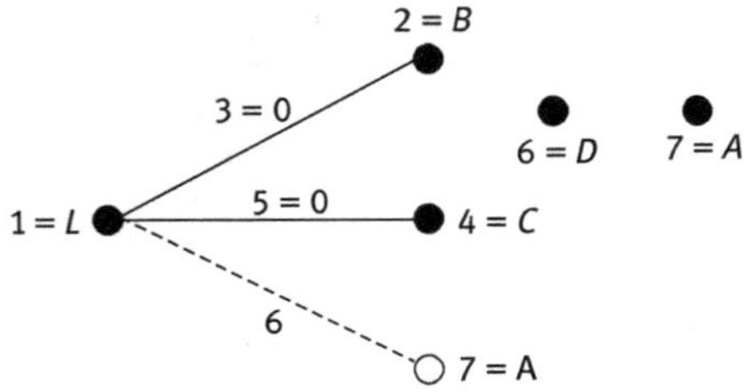

Damit kann die Versuchsanordnung im Detail festgelegt werden:

„äußeres Feld $L_4(2^3)$“

Exp.	**1**	**2**	**3**	**4**
G	1	2	2	1
F	1	2	1	2
E	1	1	2	2

„inneres Feld $L_8(2^7)$“

Exp. Nr.	***L*** **1**	***B*** **2**	***C*** **4**	***D*** **6**	***A*** **7**		
1	1	(1) = B_3	(1) = C_3	1	1	Antwortmatrix $8 \times 4 = 32$	S/N-Ratio
2	1	(1) = B_3	(2) = C_2	2	2		
3	1	(2) = B_2	(1) = C_3	2	2		
4	1	(2) = B_2	(2) = C_2	1	1		
5	2	(1) = B_2	(1) = C_2	1	2		
6	2	(1) = B_2	(2) = C_1	2	1		
7	2	(2) = B_1	(1) = C_2	2	1		
8	2	(2) = B_1	(2) = C_1	1	2		

Nach der Durchführung des Experiments erhält man als Antwortmatrix 32 Werte. Diese 32 Werte geben den prozentualen Anteil gemahlener Kohle mit einem Korndurchmesser kleiner gleich 2 mm an.

Für dieses Problem könnte jetzt zeilenweise noch die S/N-Funktion als Optimierungsaufgabe formuliert werden. In dem vorliegenden Beispiel ist darauf verzichtet worden, weil die Verhältnisse bezüglich der Faktoreinstellungen recht übersichtlich und eindeutig sind, wie die umseitige Auswertung zeigt.

Exp. Nr.	inneres Feld					äußeres Feld					
	Leer	Spalt/u	Spalt/o	Menge	Drehzahl	Kohlesorte	G	1	2	2	1
	L	B	C	D	A	Feuchte	F	1	2	1	2
	1	2	4	6	7	Betriebsstunden	E	1	1	2	2
1	1	1	1	1	1			54,2	56,3	54,5	55,0
2	1	1	2	2	2			69,2	64,8	62,8	60,3
3	1	2	1	2	2			75,4	75,4	65,2	66,3
4	1	2	2	1	1			58,6	64,9	53,9	50,6
5	2	1	1	1	2			71,7	67,4	64,3	70,9
6	2	1	2	2	1			52,7	52,1	52,4	55,6
7	2	2	1	2	1			54,1	49,6	48,3	53,0
8	2	2	2	1	2			75,8	74,8	74,2	73,9

Aus der Antwort erkennt man, dass das Experiment 8 am „robustesten" ist und die beste Ausbeute ergibt, welches durch die Wiederholungen bestätigt wird.

Weiterhin können unter Nutzung des Antwortfeldes auch alle parameteriellen Analysen durchgeführt werden, hierfür ist jeweils die durchschnittliche Wirkungs-funktion unter Steuer- oder Störgrößeneinfluss auszuwerten.

Die Einstellungen

Steuergröße	optimale Stufe
Drehzahl	hoch
Mahlspalt/unten	klein
Mahlspalt/oben	klein
Aufgabenmenge	wenig

sollten somit gewählt werden.

13. Beispiel: Anwendung der inneren/äußeren Felder bei Taguchi

Ein Hersteller von Türfeststellern wird zunehmend mit Kundenreklamationen konfrontiert, die die Lebensdauer der Geräte bemängeln. Aus Erfahrung weiß man, dass die Geräte einen Dauerlaufversuch mit 30.000 Auf-/Zu-Betätigungen überstehen müssen und dabei nur einen geringen Abfall des so genannten Haltemomentes (ca. 50 Nm ± 10 %) zeigen dürfen.

Der Aufbau der Geräte ist wie folgt:

In einem Gehäuse werden zwei Rollen, welche in einem Kunststoffkäfig fixiert sind, über zwei vorgespannte Gummifedern auf eine Haltestange gepresst. Die Haltestange verfügt auf der Oberseite über mehrere nockenartige Ausstellungen, die die Halteposition der Türe markieren.

Um ein Haltemoment bzw. die Lebensdauer garantieren zu können, muss das System unter Umwelteinflüssen optimiert werden.

Änderbare Konstruktionsparameter/Steuergrößen:

A = Gummifeder $\qquad$ A_1 = Gummifeder als Block

$\qquad\qquad\qquad\qquad\quad$ A_2 = gekerbte Gummifeder

B = Gummifeder-Material $\qquad$ B_1 = Qualität HTV

$\qquad\qquad\qquad\qquad\qquad\quad$ B_2 = Qualität NBR

C = Rollenhalter-Geometrie $\qquad$ C_1 = ohne Anlaufschrägen

$\qquad\qquad\qquad\qquad\qquad\qquad$ C_2 = mit Anlaufschrägen

Die Umweltbedingungen/Störgrößen sind hierbei:

D = Fettung $\qquad\qquad\qquad$ D_1 = viel Fett

$\qquad\qquad\qquad\qquad$ D_2 = wenig Fett

$\qquad\qquad\qquad\qquad$ D_3 = kein Fett

E = Temperatur $\qquad\qquad$ E_1 = 20 °C

$\qquad\qquad\qquad\qquad$ E_2 = 95 °C

$\qquad\qquad\qquad\qquad$ E_3 = –30 °C

Diese Versuchsaufgabe kann mit der Taguchi-Methode unter Nutzung von inneren und äußeren Feldern recht ökonomisch bearbeitet werden.

Das innere Feld kann als minimales 2^3-Feld (d. h. $L_4(2^3)$) und das äußere Feld als anzupassendes 3^2-Feld (d. h. $L_9(3^4)$) identifiziert werden. Damit ergibt sich als Versuchsschema:

https://doi.org/10.1515/9783110724516-025

```
                          „äußeres Feld"
                    ┌─────────────────────────────
                  4 │
                  3 │
                  2 │        L₉(3⁴)
                  1 │
                    │
 „inneres Feld"     │ 1  2  3  4  5  6  7  8  9
                    └──────────────────────────────────────────
    1   2   3
 ┌──────────
 1 │
 2 │                      Antwortfeld              ȳₗ , sₗ aus Steuergrößen
 3 │  L₄(2³)
 4 │
                    ──────────────────────────────

                       ȳⱼ aus Störgrößen
```

Die Parameter in der inneren Matrix können bekanntlich nicht beliebig belegt werden, weil nur die Spalten 1 und 2 unabhängig sind und die Spalte 3 als Wechselwirkungsspalte vorgesehen ist. Ähnlich verhält es sich mit der äußeren Matrix, hierin sind wieder die Spalten 1 und 2 unabhängig bzw. die Spalten 3 und 4 Wechselwirkungsspalten.

Belegung der inneren Matrix

Unter den Parametern A, B, C ist zu vermuten, dass zwischen A und B eine Wechselwirkung (d. h. ein gemeinsamer Effekt, der sich aus der Stellung der Parameter ergibt) besteht, jedoch der Parameter C unabhängig ist. Um somit die tatsächliche Faktorwirkung bestimmen zu können, muss die folgende Belegung von L_4 vorgenommen werden:

1	2	3

Belegung der äußeren Matrix

Von der äußeren Matrix werden mit D und E nur zwei Spalten besetzt, mögliche Wechselwirkungen befinden sich in anderen Spalten, die aber weiter nicht belegt werden. Somit lässt sich L_9 wie folgt belegen:

1	2	3	4

Mit L_1, L_2 sollen Leerspalten ohne Belegung benannt werden.

Versuchsmatrix

				1	2	3	3	1	2	2	3	1			
				1	2	3	2	3	1	3	1	2			
				1	2	3	1	2	3	1	2	3			
				1	1	1	2	2	2	3	3	3			
Nr.				1	2	3	4	5	6	7	8	9	$\overline{y}$	s	S/N
1	1	1	1	60	55	40	60	56	36	55	48	36	49,56	9,876	14,01
2	1	2	2	58	54	35	49	43	32	69	61	47	49,78	12,09	12,29
3	2	1	2	52	42	45	53	57	50	51	55	48	50,33	4,743	20,52
4	2	2	1	57	58	48	53	56	55	54	50	52	53,67	3,279	24,28

Die S/N-Funktion für einen Zielwert ist wie folgt anzusetzen:

$$\eta = 10 \cdot \log_{10}\left(\frac{\overline{y}^2}{s^2}\right).$$

Je größer das Verhältnis $\frac{\overline{y}^2}{s^2}$ ist, umso geringer reagiert das Signal $\overline{y}^2$ auf Störungen des Zufallsfehlers. Ein großer Wert von S/N weist im Allgemeinen auf geeignete Steuergrößen hin, die somit optimal einzustellen sind.

Um nun die robusteste Einstellung zu finden, werden die einzelnen Parameterausprägungen in einem Effektediagramm dargestellt, und zwar nach zwei Prinzipien:

Effektediagramm der Mittelwerte aus *Wirkungsfunktion*

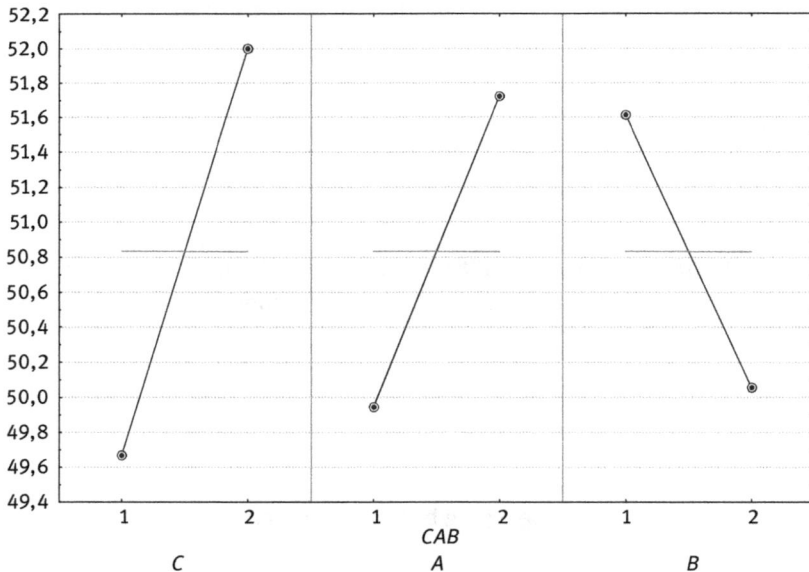

Bild 13.1: ANOM-Auswertung für Wirkungsfunktion y

Effektediagramm aus *S*/*N*-Funktion

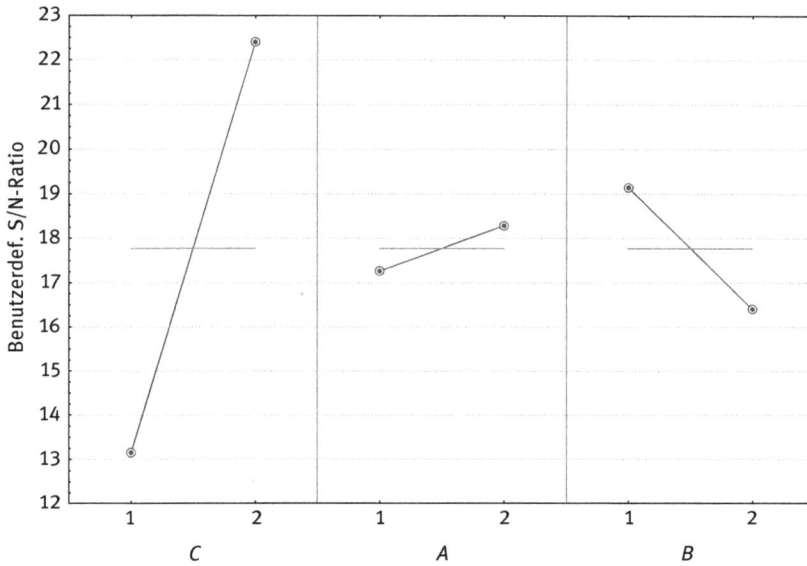

Bild 13.2: ANOM-Auswertung für Signal/Noise-Funktion η

Diese beiden Darstellungen für die durchschnittlichen Faktorwirkungen (Effekte) wurden gewählt, um einmal zwei verschiedene Möglichkeiten der Auswertung zu zeigen und zum anderen zu belegen, dass das Ergebnis hiervon unabhängig ist.

Die optimale Einstellung der Parameter lautet hiernach:

A = Gummifeder gekerbt

B = Gummifeder-Material Qualität HTV

C = Rollenhalter-Geometrie mit Anlaufschrägen

Umseitig ist das Konstruktionsprinzip des VW-Türfeststellers gezeigt.

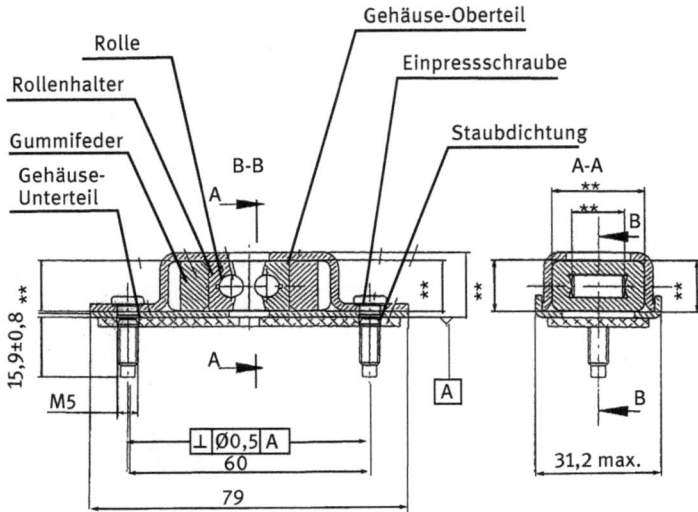

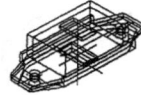

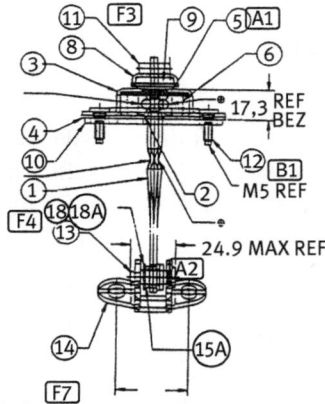

Bild 13.3: Türfeststeller von VW (Zeichn. von VW-Wob)

14 Musterlösung zu Beispiel 2: Vollfaktorielles Experiment

Für einen Katalysator ist der Betriebspunkt mit dem geringsten CO_2-Ausstoß zu suchen. Um den Versuchsaufwand zu reduzieren, sollen nur drei Faktoren auf zwei Stufen ausgewählt werden.

1. Quantitative Faktoren

    A Betriebstemperatur $A_- = 100\,°C$ / $A_+ = 130\,°C$
    B Betriebszeit $B_- = 4\,min$ / $B_+ = 8\,min$

2. Qualitativer Faktor

    C Katalysatoreinsatz $C_- = $ Zirkon / $C_+ = $ Silizium

Umfang des Experimentes: $2^3 = 8$ Versuche

Wechselwirkungen:

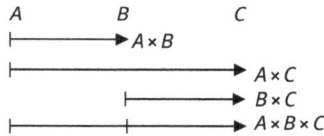

Aus dem Grundschema für A, B, C sind alle vorkommenden Wechselwirkungen zu entwickeln und in die Spalten des Matrixschemas einzutragen. Meist ist es so, dass die 3F-WW bei physikalischen Problemen keine große Rolle spielen und vernachlässigt werden dürfen.

Vers. Nr.	Temp. A	Zeit B	Kat. C	AB	AC	BC	ABC	Messergebnisse [%]		$\bar{y}_i$	s_i^2
1	−	−	−	+	+	+	−	53,0	54,0	53,5	0,500
2	+	−	−	−	−	+	+	61,7	61,7	61,7	0
3	−	+	−	−	+	−	+	56,9	55,1	56,0	1,620
4	+	+	−	+	−	−	−	68,1	70,1	69,1	2,000
5	−	−	+	+	−	−	+	53,8	54,0	53,9	0,020
6	+	−	+	−	+	−	−	62,3	62,9	62,6	0,180
7	−	+	+	−	−	+	−	56,7	54,5	55,6	2,420
8	+	+	+	+	+	+	+	68,4	67,4	67,9	0,500
Σ	42,30	16,90	−0,30	8,50	−0,30	−2,90	−1,30	480,9	479,7	480,3	7,240
Eff.	10,58	4,23	−0,08	2,13	−0,08	−0,73	−0,33			60,04	0,905
Sig.	***	***	−	**	−	−	−				

https://doi.org/10.1515/9783110724516-026

Die Messdaten[1] sind statistisch zu verarbeiten, um den physikalischen Zusammenhang erkennen zu können.

1. Auswertung der Effekte

$$\Delta A = \sum A_+ - \sum A_- = (61{,}7 + 69{,}1 + 62{,}6 + 67{,}9) - (53{,}5 + 56{,}00 + 53{,}9 + 55{,}6)$$
$$= 42{,}3$$

$$E_A = 2 \cdot \frac{42{,}3}{8} = 10{,}575$$

2. Auswertung der mittleren Faktorwirkung

A)

$$\overline{y}_{A_-} = \frac{53{,}5 + 56{,}00 + 53{,}9 + 55{,}6}{4} = \frac{219{,}0}{4} = 54{,}75$$
$$\overline{y}_{A_+} = \frac{61{,}7 + 69{,}1 + 62{,}6 + 67{,}9}{4} = \frac{261{,}3}{4} = 65{,}33$$

bzw. hieraus folgt auch für den Effekt

$$E_A = \overline{y}_{A_+} - \overline{y}_{A_-} = 10{,}58$$

B)

$$\overline{y}_{B_-} = \frac{53{,}5 + 61{,}7 + 53{,}9 + 62{,}6}{4} = \frac{231{,}7}{4} = 57{,}93$$
$$\overline{y}_{B_+} = \frac{56{,}0 + 69{,}1 + 55{,}6 + 67{,}9}{4} = \frac{248{,}6}{4} = 62{,}15$$

bzw. der Effekt

$$E_B = \overline{y}_{B_+} - \overline{y}_{B_-} = 4{,}22$$

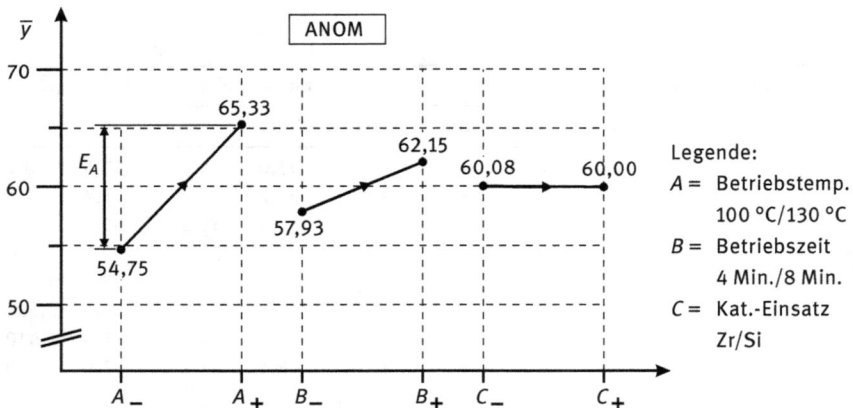

Bild 14.1: Auswertung der mittleren Faktorwirkungen und Darstellung der Effekte

---

1 Hinweis: Falls Effekte bzw. Wechselwirkungen als klein angesehen werden, so heißt dies streng genommen: *Mit dem gewählten mathematischen Modell (hier: lineares) sind diese nicht nachweisbar.*

C)

$$\bar{y}_{C_-} = \frac{53,5 + 61,7 + 56,0 + 69,1}{4} = \frac{240,3}{4} = 60,08$$

$$\bar{y}_{C_+} = \frac{53,9 + 62,6 + 55,6 + 67,9}{4} = \frac{240,0}{4} = 60,00$$

bzw. der Effekt

$$E_C = \bar{y}_{C_+} - \bar{y}_{C_-} = -0,08$$

3. Mehrfache Varianzanalyse

   (a) Quadratsumme der *Mittelwertabweichung*

$$SQ_m \equiv CF = \frac{\left(\sum y_i\right)^2}{n} = \frac{(53 + 61,7 + \cdots + 68,4 + 54,0 + 61,7 + \cdots + 67,4)^2}{16}$$

$$= \frac{(480,9 + 479,7)^2}{16} = 57.672 \qquad (f_{CF} = 1)$$

   (b) Totale Fehlerquadratsumme

$$SQ_{gesamt} = \sum y_i^2 - CF = 53,0^2 + 54,0^2 + 61,7^2 + \cdots + 67,4^2 - CF$$

$$= 58.216,62 - 57.672,00 = 546,6 \qquad (f_{gesamt} = 16 - 1 = 15)$$

   (c) Fehlerquadratsumme der Abweichungen aller Einzelwerte

$$SQ_A = \frac{(53,0 + 54,0 + 56,9 + 55,1 + 53,8 + 54,0 + 56,7 + 54,5)^2}{8}$$

$$+ \frac{(61,7 + 61,7 + 68,1 + 70,1 + 62,3 + 62,9 + 68,4 + 67,4)^2}{8} - CF$$

$$= 23.980,5 + 34.138,85 - 57.672 = 447,3 \quad (f_A = 1 + 1 - 1 = 1)$$

$SQ_B = 71,4$	$(f_B = 1)$
$SQ_C = 0,02$	$(f_C = 1)$
$SQ_{AB} = 18,06$	$(f_{AB} = 1)$
$SQ_{AC} = 0,02$	$(f_{AC} = 1)$
$SQ_{BC} = 2,1$	$(f_{BC} = 1)$
$SQ_{ABC} = 0,42$	$(f_{ABC} = 1)$

4. Fehlerquadratsumme aller Faktoren

$$SQ_{A,B,C} = SQ_A + SQ_B + SQ_C + SQ_{AB} + SQ_{AC} + SQ_{BC} + SQ_{ABC}$$

$$= 447,3 + 71,4 + \ldots + 0,42 = 539,3 \qquad (f_{Fak} = 7)$$

5. Der Fehler e von Wiederholung zu Wiederholung ermittelt durch die Differenz von

$$SQ_e = SQ_{gesamt} - SQ_{A,B,C} = 546,6 - 539,3 = 7,3$$

Zusätzlich ist der Freiheitsgrad zu bestimmen:

$$f_e = f_{\text{gesamt}} - f_{\text{Fak}} = 15 - 7 = 8$$

Damit wird die Fehlervarianz geschätzt

$$V_e = \frac{SQ_e}{f_e} = 0,91$$

und stimmt überein mit der Stichprobenvarianz $\overline{s}_n^2 = \sum s_i^2/n$ aus den Messwerten in der Versuchsmatrix.

6. Kenngrößen der Varianzanalyse für den Faktor x

$$V_x = \frac{SQ_x}{f_x} \qquad \text{(Schätzvarianz der Faktoren)}$$

$$F_x = \frac{V_x}{V_e} \qquad \text{(F-Wert der Faktoren)}$$

$$SQ_x' = SQ_x - f_x \cdot V_e \qquad \text{(bereinigte Fehlerquadratsumme)}$$

$$p_x = \frac{SQ_x'}{SQ_{\text{gesamt}}} \cdot 100\,(\%) \qquad \text{(Faktoranteil in \%)}$$

7. ANOVA-Auswertung[2]

Faktoren	f_x	SQ_x	V_x	F_x	SQ_x'	$p\,(\%)$
A	1	447,30	447,30	491,54***	446,39	81,7
B	1	71,40	71,40	78,46***	70,49	12,9
C	1	0,02	0,02	0,02	–	–
AB	1	18,06	18,06	19,85**	17,15	3,1
AC	1	0,02	0,02	0,02	–	–
BC	1	2,10	2,10	2,31	–	–
ABC	1	0,42	0,42	0,46	–	–
e	8	7,30	0,91			

Fisher-Werte:

$$F_{\text{krit95\%}} \left|\begin{matrix}1\\8\end{matrix}\right. = 5,32$$

$$F_{\text{krit99\%}} \left|\begin{matrix}1\\8\end{matrix}\right. = 11,26 \quad \text{signifikant}^{**}$$

$$F_{\text{krit99,9\%}} \left|\begin{matrix}1\\8\end{matrix}\right. = 25,4 \quad \text{hochsignifikant}^{***}$$

(F_{krit}-Werte aus Teil V, S. 276 ff.)

---

2 Zur Ermittlung der Fehlervarianz V_e braucht hier nicht gepoolt werden, da sich bei mehreren Wiederholungen V_e aus den Versuchsdaten bestimmen lässt.

15 Musterlösung zum Textbeispiel Kap. 4

Das Experiment für den CVD-Prozess ist mit der Matrix $L_9(3^4)$ geführt worden, wobei alle Spalten mit Steuergrößen (A, B, C, D) belegt worden sind. In Spalte 3 und 4 sind jedoch Wechselwirkungen vermengt, und zwar der Faktoren A und B. Es soll im Weiteren geprüft werden, ob überhaupt zwischen A und B eine Wechselwirkung nachweisbar ist, da dann die Spalten 3 und 4 frei bleiben sollten.

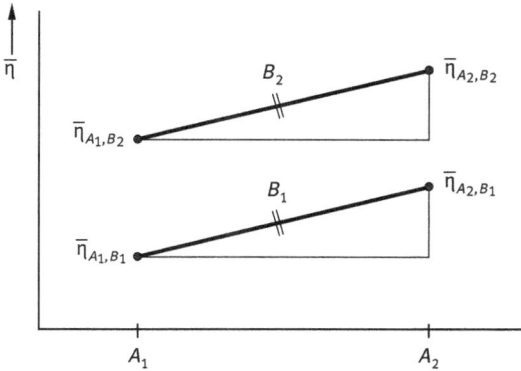

Bild 15.1: Wechselwirkungs-Diagraf

Im Bild 15.1 ist der einfache Fall zweier zweistufiger Faktoren A, B beispielhaft dargestellt. Es liegt genau dann keine Wechselwirkung $A \times B$ vor, wenn die Pfade der Faktorwirkung A für die Stufenkombinationen $B1$ und $B2$ parallel verlaufen (dies gilt auch im umgekehrten Sinne für Faktor B). Parallele Pfade implizieren, dass bei einer Stufenänderung von $A1$ nach $A2$ die relative Änderung gleich groß und unabhängig von der Stufenstellung von Faktor B ist.

Dies kann auch mathematisch geprüft werden, und zwar anhand der Steigungen:

$$(\eta_{A_2,B_2} - \eta_{A_1,B_2}) - (\eta_{A_2,B_1} - \eta_{A_1,B_1}) \begin{cases} = 0 & \text{keine Wechselwirkung} \\ \neq 0 & \text{vorh. Wechselwirkung} \end{cases}$$

Übertragen auf den CVD-Prozess ist die umseitige grafische Auswertung von Bild 15.2 für dreistufige Faktoren allerdings einfacher und einsichtiger.

Wie sind die Kurven nun zu interpretieren? Zunächst ist festzustellen: Es gibt eine synergetische Wechselwirkung $A \times B$ also zwischen A und B. Diese ist aber nicht so stark, dass die Ergebnisse des Experimentes als unzutreffend einzustufen wären, weil die Faktoren C und D keine große Bedeutung im Experiment haben.

https://doi.org/10.1515/9783110724516-027

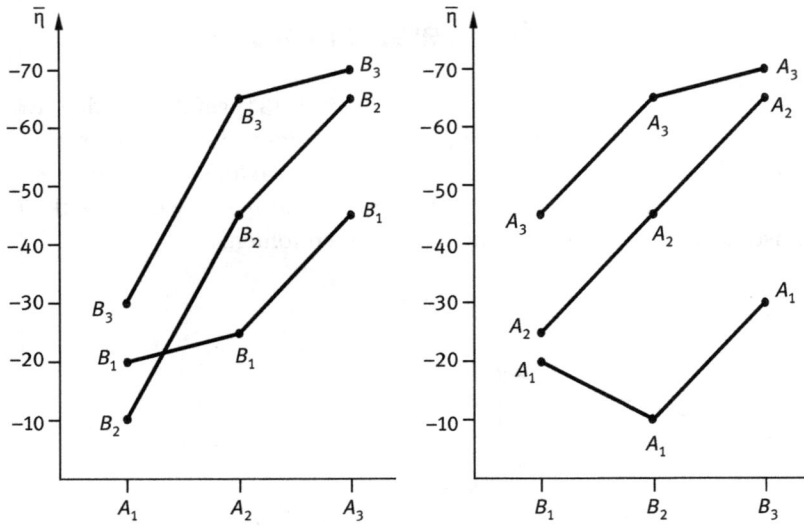

Bild 15.2: Wechselwirkungsanalyse für die Faktoren A, B

Teil III: **Fallstudien**

Fallstudie 1: Reibschlussverbindung

In einem Sicherheitsteil eines Pkws wird eine Reibschlussverbindung benötigt, die ein möglichst hohes Drehmoment übertragen soll. Die Reibung kann hierbei von „viel Fett" bis „ungefettet" variieren, und in der Herstellung ist je nach Werkzeugverschleiß ein größeres Rautiefenspektrum möglich. Wie sind dazu die Einstellungen der Parameter zu wählen?

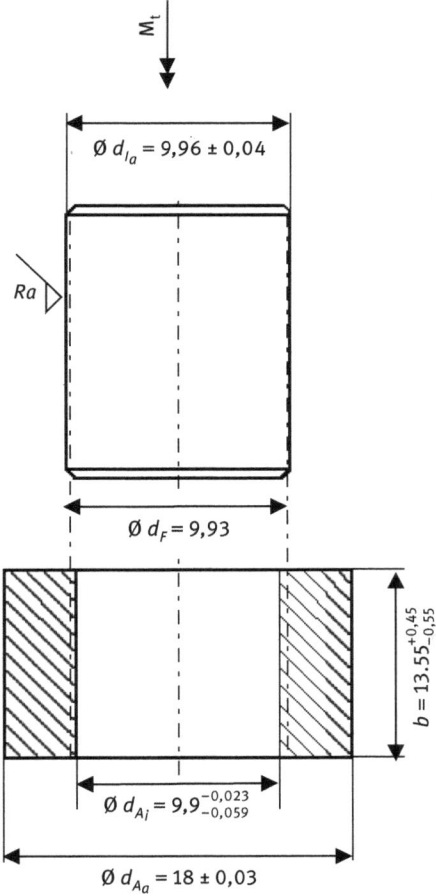

Bild 1.1: Fügeverhältnisse bei der Reibschlussverbindung

https://doi.org/10.1515/9783110724516-028

Alle Parameter der Verbindung
- Haftreibungskoeffizient (Stahl auf Stahl): $\mu = 0,05 - 0,15$
- E-Modul: $E \approx 210.000\,\text{N/mm}^2$
- Außendurchmesser der Welle: $d_{I_a} = 9,96 \pm 0,04\,\text{mm}$
- Innendurchmesser der Nabe: $d_{A_i} = 9,9 - 0,023/ - 0,059\,\text{mm}$
- Außendurchmesser der Nabe: $d_{A_a} = 18 \pm 0,3\,\text{mm}$
- Fügedurchmesser: $d_F = (d_{A_i} + d_{I_a})/2 = 9,93\,\text{mm}$
- Übermaß: $U = d_{I_a} - d_{A_i} = 0,06\,\text{mm}$
- Nabenbreite: $b = 13/13,55/14\,\text{mm}$
- Rautiefe der Welle: $Ra_I = 10/14/18\,\mu\text{m}$
- Rautiefe der Nabe: $Ra_A = 10/14/18\,\mu\text{m}$

Bei diesen Parametern ist zu prüfen, ob diese tatsächlich alle relevant sind.

Die Formel für das Drehmoment einer Reibschlussverbindung nach DIN 7190 für eine leichte Übergangspassung beträgt:

$$M_t = \frac{1}{4}\,[|U - 1,2(Ra_I + Ra_A)|]\,\mu \cdot \pi \cdot d_F \cdot b \cdot E \left(1 - \frac{d_{A_i}^2}{d_{A_a}^2}\right).$$

Produkt-/Prozessdiagramm:

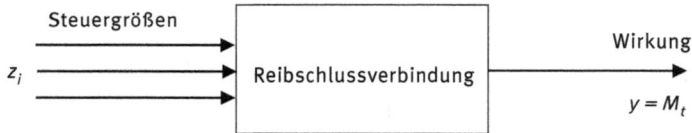

Aufbereitung des Taguchi-Experiments
1. Was sind Stellgrößen?   und   Was sind Steuergrößen?

Welche Größen ergeben sich?

2. Wie soll das Experiment geführt werden?

Faktor	Stufe 1	Stufe 2	Stufe 3

und

Wie groß wird das Experiment?

3. Auswahl einer Matrix

Eine für das Problem passende Standardmatrix existiert nicht, deshalb muss eine Matrix angepasst werden.

	Spalten-Nr. und Faktorzuweisung							
Exp. Nr.	1	2	3	4	5	6	7	8

4. Planmuster der Experimente

Exp. Nr.	Reibkoeff. μ	Wellen-$\varnothing$ d_{I_a}	Naben-$\varnothing$ d_{Ai}	Naben-$\varnothing$ d_{A_a}	Breite b	Rautiefe Ra	Drehmoment $y = M_t$
	3	4	5	6	7	8	
1	0,05	9,92	9,900	17,7	13,00	10	$2,919 \cdot 10^3$
2	0,10	9,96	9,877	18,0	13,55	14	$7,653 \cdot 10^4$
3	0,15	10,00	9,841	18,3	14,00	18	$2,828 \cdot 10^5$
4	0,05	9,92	9,877	18,0	14,00	18	159,744
5	0,10	9,96	9,841	18,3	13,00	10	$1,433 \cdot 10^5$
6	0,15	10,00	9,900	17,7	13,55	14	$1,522 \cdot 10^5$
7	0,05	9,96	9,900	18,3	13,55	18	$1,319 \cdot 10^4$
8	0,10	10,00	9,877	17,7	14,00	10	$1,564 \cdot 10^5$
9	0,15	9,92	9,841	18,0	13,00	14	$1,011 \cdot 10^5$
10	0,05	10,00	9,841	18,0	13,55	10	$1,049 \cdot 10^5$
11	0,10	9,92	9,900	18,3	14,00	14	$2,201 \cdot 10^4$
12	0,15	9,96	9,877	17,7	13,00	18	$8,743 \cdot 10^4$
13	0,05	9,96	9,841	17,7	14,00	14	$6,744 \cdot 10^4$
14	0,10	10,00	9,900	18,0	13,00	18	$8,452 \cdot 10^4$
15	0,15	9,92	9,877	18,3	13,55	10	$4,468 \cdot 10^4$
16	0,05	10,00	9,877	18,3	13,00	14	$6,751 \cdot 10^4$
17	0,10	9,92	9,841	17,7	13,55	18	$5,461 \cdot 10^4$
18	0,15	9,96	9,900	18,0	14,00	10	$8,636 \cdot 10^4$

Mittelwert: $M_{t_{\bar{y}}} = 8,6 \cdot 10^4$ Nmm

Streuung: $s_{M_t} = 6,82 \cdot 10^4$ Nmm

Musterlösung

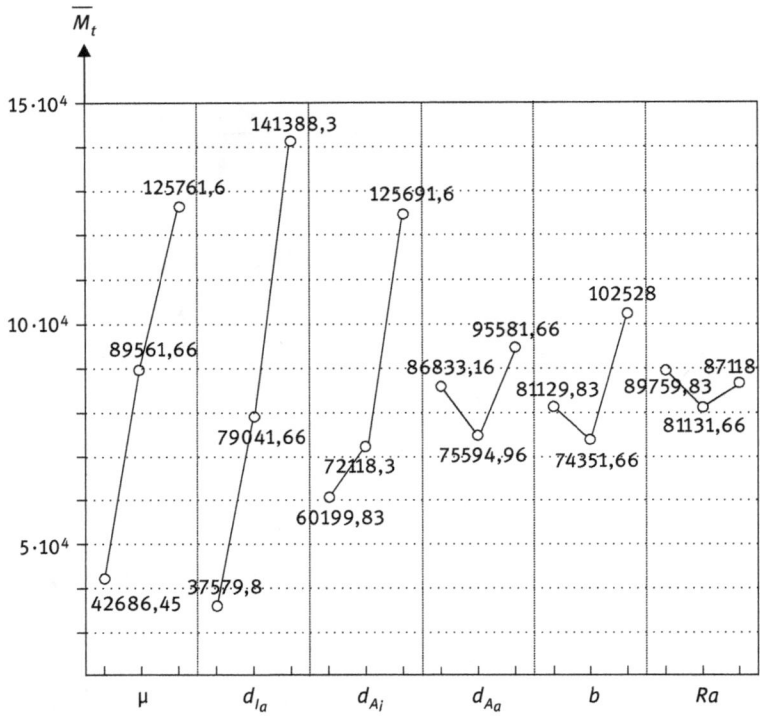

Fallstudie 2: Pkw-Türscharnier

Bei einem Pkw-Türscharnier ist die Absenkverformung unter einer definierten Prüflast (100 kg + 30 kg Türgewicht) ein ausschlaggebendes Qualitätsmerkmal für die Schließeigenschaft einer Türe. Angestrebt wird, mit einem vertretbaren experimentellen Aufwand (Gestaltungskomplexität, Materialeinsatz) die Absenkverformung[1] zu minimieren.

Einbausituation im Pkw

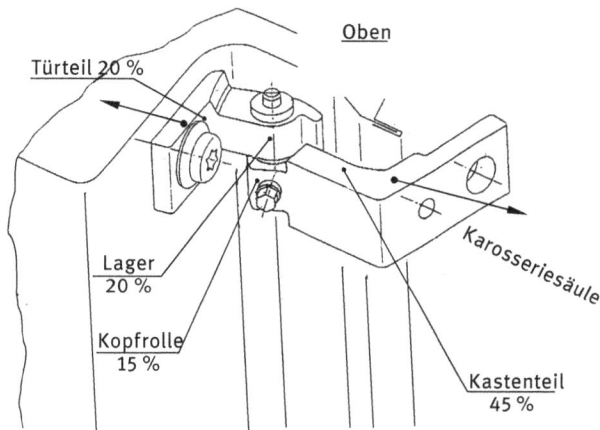

Bild 2.1: Einschnittiges Türscharnier

Die Prozentsätze in der Skizze geben die vermutete Ursache bzw. den Anteil eines Teils an der Absenkung an.

Eine in Richtlinien bzw. Kundenforderungen festgelegte Prüfsituation wird über einen „starren Rahmen" gebildet.

Im Rahmen einer Problemanalyse (beispielsweise mit einer „Mind Map") ist die gesamte Einbausituation zu klären, um hierauf begründet ein minimales Versuchsprogramm erstellen zu können. Bisher hat man die Auslegung überwiegend nach dem Prinzip „Versuch und Irrtum" durchgeführt. Weil aber die Entwicklungszeit kürzer werden muss (d. h. bisher hat die Entwicklung ca. 7 Monate gedauert), soll mit DoE eine neue Strategie eingeführt werden.

---

[1] Anm.: Im Kap. 9 (Optimierung von Produkten) ist diese Aufgabenstellung schon einmal als Simulationsbeispiel benutzt worden.

https://doi.org/10.1515/9783110724516-029

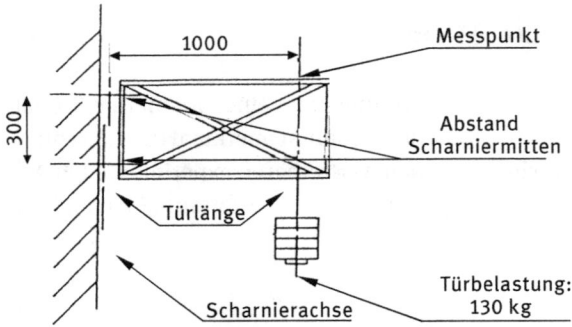

Bild 2.2: Scharnierprüfung nach ECE-R11

Zielsetzung

Festlegung eines Auslegungsdesigns mit möglichst kleiner Absenkung im Bereich des Türschlosses.

Problemanalyse

In einem Gespräch mit Konstrukteuren wird dargelegt, dass man die im Folgenden mittels einer Mind Map sichtbar gemachten 17 Variablen als wesentliche Konstruktionsparameter ansieht. Diese müssen jeweils aufgabenspezifisch abgestimmt werden.

Nutzt man als Vorinformation, dass ein Werkstoff mit einem hohen E-Modul (d. h. Stahl ist besser als Aluminium) auch eine geringere Deformation aufweisen wird, dass ist der Werkstoff keine Steuergröße, sondern eine Stellgröße.

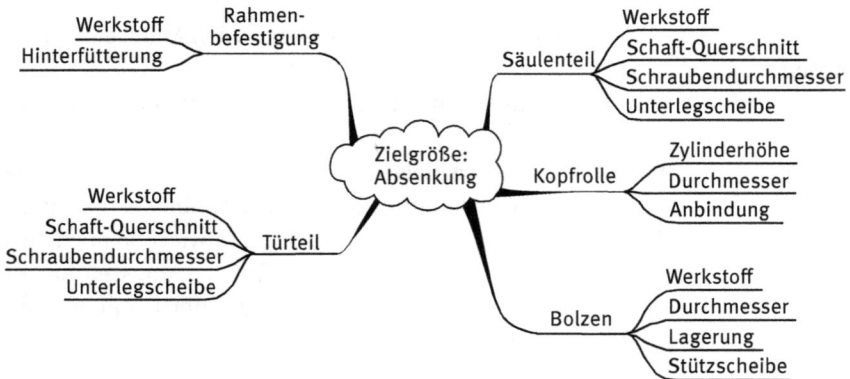

Bild 2.3: Problemanalyse mit einer Mind Map[2]

---

2 Anm.: Die Analyse wurde mit der Software Mind-Manager durchgeführt.

Die dann verbleibenden 13 Parameter implizieren 2^{13} Versuche (= 8.192), welche praktisch unmöglich durchgeführt werden können. Wenn man alle Erfahrungswerte (Stellgrößen) eliminiert, bleiben letztlich als freie Konstruktionsparameter (Steuergrößen) noch *sieben* übrig, mit denen auch wirtschaftlich experimentiert werden kann.

Bei dem dargestellten Problem ist das Ergebnis bzw. der Lösungsweg später durch FEM-Analysen bestätigt worden. Damit konnte eine völlig neuartige Strategie (DACE) eingeführt werden, die den Entwicklungsprozess von 6 Monaten auf 1 Monat verkürzt hat.

Parameterfestlegung

Das Problem der Absenkverbesserung soll im Weiteren eingegrenzt werden auf die Konstruktionsoptimierung des in der Skizze gezeigten Scharniers. Das heißt, es existiert bereits ein Grundentwurf, der so in seinen Parametern zu variieren ist, dass die angestrebte Absenkzielgröße $y \leq 1,5$ mm sicher erreicht wird.

Umseitig sind dann die dazu festgelegten Steuergrößen mit ihren Stufen aufgeführt. Man erkennt, dass es sich um quantitative und qualitative Parameter handelt.

Parameter	Stufen/Maßnahmen
A. Säulenteil-Schaft-Querschnitt	$A_1 = $ Muster (6,5 mm dick) $A_2 = $ +2 mm aufdicken
B. Kopfrollen-/Bolzendurchmesser	$B_1 = $ Muster ($\varnothing$ 14/9 mm) $B_2 = $ Bolzen-$\varnothing$ +1 mm Kopfrollen-$\varnothing$ +2 mm
C. Lagerbreite	$C_1 = $ Muster (10,5 mm) $C_2 = $ 2 mm verbreitern
D. Abstützung mit Scheibe	$D_1 = $ ohne Scheibe $D_2 = $ mit Scheibe
E. Türteil-Schaft-Querschnitt	$E_1 = $ Muster (8 mm dick) $E_2 = $ + 2 mm aufdicken
F. Auflage-Flächen-Querschnitt	$F_1 = $ Muster (5 mm dick) $F_2 = $ +1 mm aufdicken
G. Werkstoff	$G_1 = $ weich mit $E = 196.300$ MPa/$v = 0,32$ $G_2 = $ hart mit $E = 206.800$ MPa/$v = 0,28$

Wechselwirkungen zwischen den Parametern A bis G sind nicht zu vermuten und sollen daher auch nicht berücksichtigt werden.

Dimensionieren des Versuches

Faktoren (A, B, C, D, E, F, G)	FHGs:	$7(2 - 1) = 7$
Mittelwert	FHG:	$= 1$
		$\sum = 8$

Der dazu passende Versuchsplan ist der $L_8(2^7)$.

Versuchsprogramm

Exp. Nr.	A	B	C	D	E	F	G	y (mm)
1	1	1	1	1	1	1	1	2,50
2	1	1	1	2	2	2	2	2,00
3	1	2	2	1	1	2	2	1,90
4	1	2	2	2	2	1	1	1,50
5	2	1	2	1	2	1	2	2,10
6	2	1	2	2	1	2	1	1,40
7	2	2	1	1	2	2	1	1,75
8	2	2	1	2	1	1	2	1,25
								$\bar{y} = 1,80$

Aus Kosten- und Zeitgründen konnten bei den Absenkungsversuchen keine Wiederholungen durchgeführt werden, weil die Anzahl der Muster begrenzt war.

Sie können dieses Problem recht schnell mit der beiliegenden CD/DoE-Taguchi lösen. Die Musterlösung ist nachfolgend exemplarisch entwickelt worden und stellt insofern auch einen Leitfaden dar, wie Probleme abgearbeitet werden können.

Musterlösung

Steuergrößen und ihre Stufen

	Stufe		
Faktor	1	2	Einheit
A. Säulenteil-Schaft-Querschnitt	6,5	8,5	mm
B. Kopfrollen-/Bolzendurchmesser	14/9	15/11	mm
C. Lagerbreite	10,5	12,5	mm
D. Abstützung mit Scheibe	ohne Scheibe	mit Scheibe	
E. Türteil-Schaft-Querschnitt	8	10	mm
F. Auflage-Flächen-Querschnitt	5	6	mm
G. Werkstoff	weich	hart	

Zielgröße

Bezeichnung	Einheit
Absenkverformung	mm

Orthogonales Feld L_8

Exp. Nr.	A	B	C	D	E	F	G
1	1	1	1	1	1	1	1
2	1	1	1	2	2	2	2
3	1	2	2	1	1	2	2
4	1	2	2	2	2	1	1
5	2	1	2	1	2	1	2
6	2	1	2	2	1	2	1
7	2	2	1	1	2	2	1
8	2	2	1	2	1	1	2

Planmatrix

Exp. Nr.	A. Säulenteil-Schaft-Querschnitt mm	B. Kopfrollen-/Bolzendurch-messer mm	C. Lager-breite mm	D. Abstützung mit Scheibe	E. Türteil-Schaft-Querschnitt mm	F. Auflage-Flächen-Querschnitt mm	G. Werk-stoff
1	6,5	14/9	10,5	ohne Scheibe	8	5	weich
2	6,5	14/9	10,5	mit Scheibe	10	6	hart
3	6,5	15/11	12,5	ohne Scheibe	8	6	hart
4	6,5	15/11	12,5	mit Scheibe	10	5	weich
5	8,5	14/9	12,5	ohne Scheibe	10	5	hart
6	8,5	14/9	12,5	mit Scheibe	8	6	weich
7	8,5	15/11	10,5	ohne Scheibe	10	6	weich
8	8,5	15/11	10,5	mit Scheibe	8	5	hart

Datenerfassung der Experimente

Exp.Nr.	y_1	Mittelwert	StAbw.	mm	Echtwertanalyse
1	2,50	2,50	/	η_1	2,50
2	2,00	2,00	/	η_2	2,00
3	1,90	1,90	/	η_3	1,90
4	1,50	1,50	/	η_4	1,50
5	2,10	2,10	/	η_5	2,10
6	1,40	1,40	/	η_6	1,40
7	1,75	1,75	/	η_7	1,75
8	1,25	1,25	/	η_8	1,25

Faktorwirkung

Gesamtbeobachtung Echtwertanalyse mm		Stufe	Faktorwirkung	
		Faktor	1	2
η_1	2,50	A. Säulenteil-Schaft-Querschnitt	1,98	1,63
η_2	2,00	B. Kopfrollen-/Bolzendurchmesser	2,00	1,60
η_3	1,90	C. Lagerbreite	1,88	1,73
η_4	1,50	D. Abstützung mit Scheibe	2,06	1,54
η_5	2,10	E. Türteil-Schaft-Querschnitt	1,76	1,84
η_6	1,40	F. Auflage-Flächen-Querschnitt	1,84	1,76
η_7	1,75	G. Werkstoff	1,79	1,81
η_8	1,25			
Mittelwert	1,80			

Faktorwirkung ANOM-Diagramm

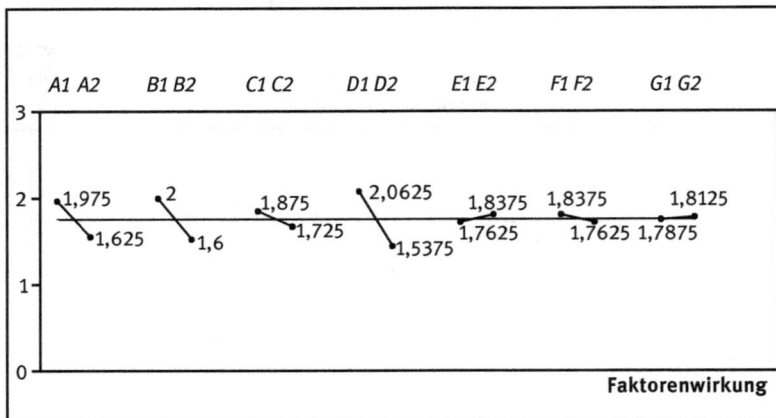

ANOVA-Varianzanalyse

Faktor	FHG	SQ	V	Signifikanz	pooling	SQ'	F	95%	99%	p [%]
A. Säulenteil-Schaft-Querschnitt	1	0,24	0,24	*		0,23	14,25	7,71	21,20	19,22
B. Kopfrollen-/Bolzendurchmesser	1	0,32	0,32	*		0,30	18,62	7,71	21,20	25,55
C. Lagerbreite	1	0,05	0,05		x					
D. Abstützung mit Scheibe	1	0,55	0,55	**		0,53	32,07	8,71	21,20	45,07
E. Türteil-Schaft-Querschnitt	1	0,01	0,01		x					
F. Auflage-Flächen-Querschnitt	1	0,01	0,01		x					
G. Werkstoff	1	0,00	0,00		x					
e1										
e2										
(e)	4	0,07	0,02			0,12				10,15
Gesamt	7	1,19				1,18				100,00

Fallstudie 3: Hammerwerk

Ein Hersteller von Schlagbohrmaschinen stimmt im Rahmen der Hammerwerk-Entwicklungen jeweils den inneren mechanischen Aufbau der Schlagwerke ab. Hierzu werden Prüfstandsaufbauten erstellt, die Systemabstimmungen ermöglichen. Da für alle Variationen geeignete Versuchsteile benötigt werden, nehmen Versuchsreihen etwa einen Zeitraum von 3–6 Monaten ein. Für eine marktnahe Entwicklung wird dies als zu lange empfunden.

Ziel der Versuche ist es, die Bauteile so abzustimmen, dass der Aufbau einen möglichst hohen Vorschub, aber einen geringen Rückimpuls am Werkzeug erzeugt. Es ist nicht das Ziel, den Verschleiß des Systems zu minimieren. Aus Erfahrung weiß man, dass die Gesteinszerstörung entscheidend von den Geometriedaten (Masse des Schlagkörpers und des Döppers, Kontaktradien der Berührstellen, Masse des Werkzeugs) des Schlagwerkes abhängt. Wegen der Geometrieunabhängigkeit sind Wechselwirkungen nicht zu vermuten.

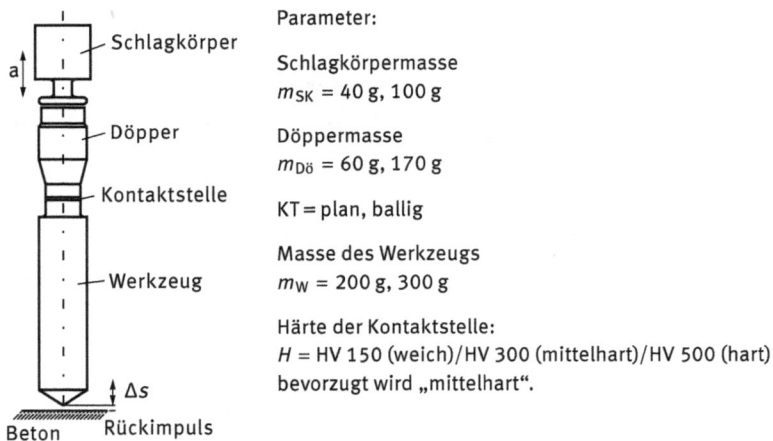

Parameter:

Schlagkörpermasse
m_{SK} = 40 g, 100 g

Döppermasse
$m_{Dö}$ = 60 g, 170 g

KT = plan, ballig

Masse des Werkzeugs
m_W = 200 g, 300 g

Härte der Kontaktstelle:
H = HV 150 (weich)/HV 300 (mittelhart)/HV 500 (hart)
bevorzugt wird „mittelhart".

Bild 3.1: Prinzip eines Schlagwerkes für Bohrmaschinen mit Rückimpulsweg

Aufgabe: Dimensionieren Sie nachfolgend den Versuchsumfang, planen Sie den Versuch für geringe Rückimpulswege Δs.

https://doi.org/10.1515/9783110724516-030

Fallstudie 4: Fräsprozess

Die Trägerplatten für gedruckte Schaltungen bestehen aus einem Gewebe-Harzver-bund und werden in einem Fräsprozess konfektioniert. Für die automatische Bestü-ckung ist es wichtig, glatte Ränder ohne Grat zu haben. Die Besäumung der Ränder erfolgt mit einem Schaftfräser, der möglichst scharf sein muss, um geringen Staub zu erzeugen. Fällt durch einen stumpfen Fräser übermäßiger Staub an, so ist eine sehr aufwändige Reinigung der Platten erforderlich. Auf der anderen Seite ist auch ein all-zu häufiges Auswechseln des Fräsers während der Produktion mit erheblichen Kosten verbunden.

Ziel muss es daher sein, den Fräsvorgang so zu optimieren, dass die Fräser eine hohe Lebensdauer haben.

Qualitätsmerkmal

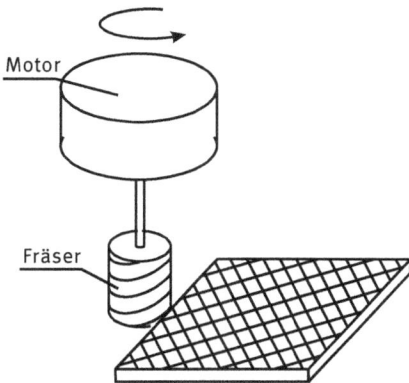

Bild 4.1: Randbesäumung einer Faserverbundplatte

Als Qualitätsmerkmal sollte man möglichst eine stetige Variable wählen, die einen Be-zug zum Prozess hat. Solche Variablen wären beispielsweise: Abnutzung der Schnitt-fläche des Fräsers oder geometrische Formänderungen am Fräser. Diese Variablen las-sen sich im Experiment aber nur schwer und aufwändig messen, bzw. es besteht dann die Gefahr des Scheiterns einer Optimierung. Ein sehr einfaches Qualitätsmerkmal ist hingegen, wenn man die Anzahl der zugeschnittenen Platten vor dem Einsetzen einer merklichen Staubbildung abzählen kann. Trotz der etwas subjektiven Tendenz lässt sich so aber auch die Lebensdauer eines Fräsers bestimmen.

Steuergrößen

In der folgenden Tabelle sind die von einem Problemlösungsteam als relevant ange-sehenen Parameter zusammengestellt worden:

https://doi.org/10.1515/9783110724516-031

Faktoren		Stufen			
		1	2	3	4
A	x/y-Vorschub (mm/min)	300	400		
B	Stapelhöhe (Stck.)	2	4		
C	Umdrehungsgeschw. (1/min)	1.000	1.500		
D	Sogwirkung (bar)	0,25	0,5		
E	Gitterbodentiefe	30	50		
F	Fräserausführung	1	2	3	4
G	Position der Spindel	1	2	3	4

Erläuterung zu den Faktoren

Durch einen gezielten Sog (D) in unmittelbarer Nähe der Schneidkanten wird der Staub abgesaugt. Hierzu wird eine Unterdruckpumpe eingesetzt, die in zwei Ausführungsformen mit 0,25 bar und 0,5 bar verfügbar ist. Mit der Sogstärke ist unmittelbar die Ausführung des Gitterbodens (E) verbunden. Der Gitterboden nimmt die Platten auf. Er ist mit Schlitzen vertieft, die den groben Staub auffangen sollen.

Die Stapelhöhe (B) und der x/y-Vorschub (A) bestimmen die Wirtschaftlichkeit des Prozesses (Anzahl der zugeschnittenen Platten in der Stunde). Technisch können auf der Maschine entweder 2er oder 4er Stapel bearbeitet werden.

Weiter sollen im Experiment vier verschiedene Fräser (F) von unterschiedlichen Herstellern getestet werden. Die Unterschiede bestehen im Flankenwinkel, Anzahl der Nuten und der Spitzengeometrie.

Die Position der Spindel (G) ist eventuell als Störgröße anzusehen, was zunächst aber unberücksichtigt bleiben soll.

Planung des Matrixexperiments

Neben den sieben Hauptwirkungen (A bis G) sollen noch die zwei vermuteten Zwei-Faktor-Wechselwirkungen untersucht werden, und zwar
– x/y-Vorschub zur Stapelhöhe $A \times B$
und
– x/y-Vorschub zur Umdrehungsgeschwindigkeit $A \times C$.

Dimensionierung des Experiments

$$
\begin{aligned}
A, B, C, D, E &= 5(2-1) &= 5 \\
F, G &= 2(4-1) &= 6 \\
A \times B &= (2-1) \cdot (2-1) &= 1 \\
A \times C &= (2-1) \cdot (2-1) &= 1 \\
\overline{y} &= & 1 \\
\hline
& & \sum = 14
\end{aligned}
$$

d. h., der kleinste mögliche Versuchsplan ist $L_{16}(2^{15})$. In Teil IV ist dieser Versuchsplan mit seinen sämtlichen Graphen dargestellt. Die Aufgabe besteht zunächst darin, den Graph und den Versuchsplan an das Problem anzupassen. Der Lösungsweg ist nachfolgend gezeigt.

Grafische Darstellung der Forderungen als Graph

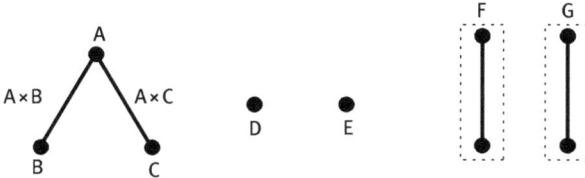

Linearer Graph L_{16}

Übertragung der Forderungen

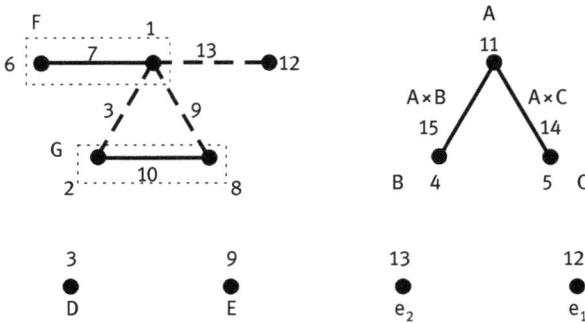

Der vierstufige Faktor F wird Spalte 6 zugeordnet, welches zur Folge hat, dass die Spalten 1 und 7 nicht mehr vorhanden sind. Ebenso wird mit Faktor G verfahren, der der Spalte 2 zugeordnet wird. Dadurch fallen die Spalten 8 und 10 weg. Die Spalten 3, 9, 12 und 13 werden aus dem Graphen herausgelöst und stellen die unabhängigen Punkte bzw. im Weiteren Spalten dar. Der Faktor A mit seinen Wechselwirkungen lässt sich zum Schluss gemäß der rechten Abbildung des L_{16}-Ausgangsgraphen unterbringen.

Die Spalten e_1 und e_2 werden noch für die Fehlerschätzung benötigt.

Angepasstes orthogonales Feld

Exp. Nr.	Spalten-Nr.										
	D	B	C	F	E	G	A	e_1	e_2	AC	AB
	3	4	5	(1,6,7)	9	(2,8,10)	11	12	13	14	15
1	1	1	1	1	1	1	1	1	1	1	1
2	1	1	1	1	2	2	2	2	2	2	2
3	1	2	2	2	1	1	1	2	2	2	2
4	1	2	2	2	2	2	2	1	1	1	1
5	2	1	1	2	1	3	2	1	1	2	2
6	2	1	1	2	2	4	1	2	2	1	1
7	2	2	2	1	1	3	2	2	2	1	1
8	2	2	2	1	2	4	1	1	1	2	2
9	2	1	2	3	2	1	2	1	2	1	2
10	2	1	2	3	1	2	1	2	1	2	1
11	2	2	1	4	2	1	2	2	1	2	1
12	2	2	1	4	1	2	1	1	2	1	2
13	1	1	2	4	2	3	1	1	2	2	1
14	1	1	2	4	1	4	2	2	1	1	2
15	1	2	1	3	2	3	1	2	1	1	2
16	1	2	1	3	1	4	2	1	2	2	1

Gemäß der gezeigten Belegung ist das Experiment durchzuführen.

Fallstudie 5: Elektromotor

Die Antriebsmotoren von elektrischen Heimwerkergeräten sollen eine möglichst hohe Lebensdauer erreichen. Hierfür ist der Kohlebürstenabbrand am Kollektor ein Vergleichsmaßstab. Ziel ist es, jeweils durch eine geeignete Materialwahl und konstruktive Auslegung diesen Abbrand zu minimieren.

Systemskizze

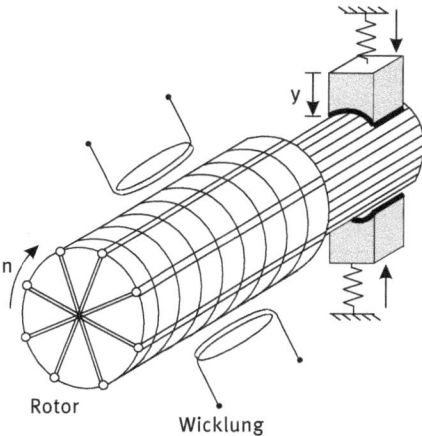

Steuergrößen des Problems:

A: Federkraft   5 N/9 N

B: Spiel im Bürstenhalter: 0,1 mm/0,15 mm

C: Kohlenmaterial: L 82/L 85/L 87 (!)

D: Lamellenbreite: 1,0 mm/1,5 mm

(Mögliche 2 F-WW sind nicht bekannt und sollen hier ausgeschlossen werden!)

Störgrößen des Problems:

E: Lastprofil: „moderat"/„hart"

F: Temperatur: 50 °C/90 °C

$E \times F$: *Wechselwirkung ist wahrscheinlich*

Bild 5.1: Prinzipaufbau eines E-Motors

Mit den festgelegten Einstellungen der Faktoren wird ein Dauerlauf (x Std.) durchgeführt und die jeweilige Länge *y* der Kohlebürsten gemessen.

Lösungsweg

Das Problem sollte wegen der Störgrößenüberlagerung als ein inneres und äußeres Feld behandelt werden. Damit ergibt sich die Frage nach der Dimensionierung der Versuchspläne.

– Inneres Feld

Es liegen 3 Faktoren zweistufig und 1 Faktor dreistufig vor. Wegen dieses Unterschieds muss ein Leerspaltendesign genutzt werden, was bei der Dimensionierung der Felder zu berücksichtigen ist.

– Äußeres Feld

Es liegen 2 Störgrößen zweistufig vor.

https://doi.org/10.1515/9783110724516-032

– Das innere Feld ist gemäß dem anzupassenden Graph zu belegen (wobei es eine Standardlösung und eine optimierte Lösung gibt):

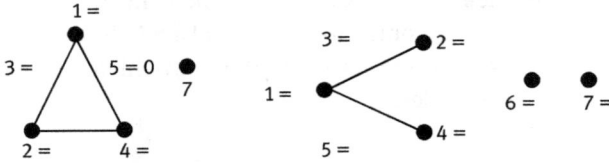

```
        1 =
         ●
3 =   /     \   5 = 0    ●
    /         \           7
   ●-----------●
  2 =         4 =

              3 =   ● 2 =
         1 = ●<                ●       ●
              ● 4 =           6 =    7 =
              5 =
```

Anschluss an die Dimensionierung können die Versuchspläne aufgestellt werden. Nach allgemeiner Einschätzung der Fachleute sind alle Steuergrößen unabhängig voneinander, sodass die Matrix des inneren Feldes eigentlich beliebig belegt werden kann. Hierbei ist nur auf den Faktor C besonders zu achten.

Im vorliegenden Fall besteht der Wunsch, das Material L82 einsetzen zu wollen. Daher muss dies bei der Stufenaufteilung berücksichtigt werden. Damit ist die folgende Belegung für das innere Feld sinnvoll:

Exp.	1	2 = C	3 = 0	4 = A	5 = 0	6 = B	7 = D
1	1	1 =	1	1	1	1	1
2	1	1 =	1	2	2	2	2
3	1	2 =	2	1	1	2	2
4	1	2 =	2	2	2	1	1
5	2	1 =	2	1	2	1	2
6	2	1 =	2	2	1	2	1
7	2	2 =	1	1	2	2	1
8	2	2 =	1	2	1	1	2
		$1 \times 2 = 0$			$1 \times 4 = 0$	$2 \times 4 = 0$	
						$1 \times 7 = 0$	

Entsprechend kann das äußere Feld angesetzt werden, wobei eine Wechselwirkung zwischen der Art des Lastprofils und der Temperatur möglich ist. Im Weiteren ist dies noch festzustellen.

Exp.	1	2	3
1	1	1	1
2	1	2	2
3	2	1	2
4	2	2	1
			1×2

Das gesamte Versuchsprogramm

	Exp.	1	2	3	4
3		1	2	2	1
2		1	2	1	2
1		1	1	2	2

Exp.	1	2	3	4	5	6	7	Höhenwerte y (mm)				y	s	η
								y_1	y_2	y_3	y_4			
1	1	1	1	1	1	1	1	9,70	9,65	9,55	9,45			
2	1	1	1	2	2	2	2	9,25	9,00	9,05	9,25			
3	1	2	2	1	1	2	2	8,60	8,35	8,05	7,90			
4	1	2	2	2	2	1	1	8,40	8,25	7,95	7,80			
5	2	1	2	1	2	1	2	8,25	8,10	8,00	7,60			
6	2	1	2	2	1	2	1	8,20	8,00	8,10	7,70			
7	2	2	1	1	2	2	1	8,70	8,30	8,00	7,95			
8	2	2	1	2	1	1	2	8,65	8,10	7,80	7,75			

Wie ist die Zielfunktion anzusetzen? Ein kleiner Abbrand der Kohlen ist äquivalent einem groß bleibenden Maß y.

Alternative Betrachtung

Es wurde schon angedeutet, dass der Graph noch optimiert werden kann. Eine weitere zulässige Lösung wäre dann

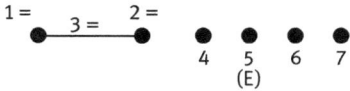

Mit dem gleichen Versuchsumfang könnte somit eine weitere Steuergröße (E) untersucht werden.

Teil IV: **Versuchspläne**

Taguchi-Pläne

$L_4(2^3)$

Orthogonales Feld L_4

Exp. Nr.	Spalten-Nr.		
	1	2	3
1	1	1	1
2	1	2	2
3	2	1	2
4	2	2	1

Linearer Graph von L_4

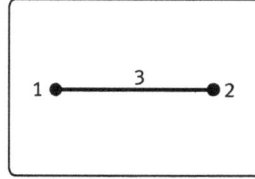

$L_8(2^7)$

$L_8(2^7)$ Orthogonales Feld

Exp. Nr.	Spalten-Nr.						
	1	2	3	4	5	6	7
1	1	1	1	1	1	1	1
2	1	1	1	2	2	2	2
3	1	2	2	1	1	2	2
4	1	2	2	2	2	1	1
5	2	1	2	1	2	1	2
6	2	1	2	2	1	2	1
7	2	2	1	1	2	2	1
8	2	2	1	2	1	1	2

Lineare Graphen von L_8

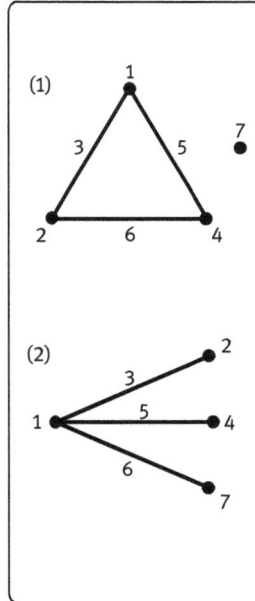

Wechselwirkungstabelle für L_8

Spalten-Nr.	1	2	3	4	5	6	7
1	(1)	3	2	5	4	7	6
2		(2)	1	6	7	4	5
3			(3)	7	6	5	4
4				(4)	1	2	3
5					(5)	3	2
6						(6)	1
7							(7)

https://doi.org/10.1515/9783110724516-033

$$L_9(3^4)$$

$L_9(3^4)$ Orthogonales Feld

Exp. Nr.	Spalten-Nr.			
	1	2	3	4
1	1	1	1	1
2	1	2	2	2
3	1	3	3	3
4	2	1	2	3
5	2	2	3	1
6	2	3	1	2
7	3	1	3	2
8	3	2	1	3
9	3	3	2	1

Lineare Graphen von L_9

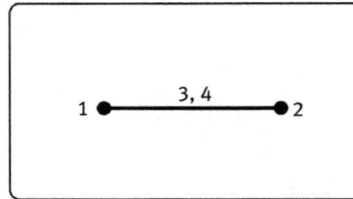

$$L_{12}(2^{11})$$

$L_{12}(2^{11})$ Orthogonales Feld

Exp. Nr.	Spalten-Nr.										
	1	2	3	4	5	6	7	8	9	10	11
1	1	1	1	1	1	1	1	1	1	1	1
2	1	1	1	1	1	2	2	2	2	2	2
3	1	1	2	2	2	1	1	1	2	2	2
4	1	2	1	2	2	1	2	2	1	1	2
5	1	2	2	1	2	2	1	2	1	2	1
6	1	2	2	2	1	2	2	1	2	1	1
7	2	1	2	2	1	1	2	2	1	2	1
8	2	1	2	1	2	2	2	1	1	1	2
9	2	1	1	2	2	2	1	2	2	1	1
10	2	2	2	1	1	1	1	2	2	1	2
11	2	2	1	2	1	2	1	1	1	2	2
12	2	2	1	1	2	1	2	1	2	2	1

Anmerkung:

Die Wechselwirkung zwischen zwei Spalten ist teilweise mit den übrigen neun Spalten vermengt. Dieses Feld sollte nicht verwendet werden, wenn die Wechselwirkungen geschätzt werden müssen.

$$L_{16}(2^{15})$$

$L_{16}(2^{15})$ Orthogonales Feld

Exp. Nr.	Spalten-Nr.														
	1	2	3	4	5	6	7	8	9	10	11	12	13	14	15
1	1	1	1	1	1	1	1	1	1	1	1	1	1	1	1
2	1	1	1	1	1	1	1	2	2	2	2	2	2	2	2
3	1	1	1	2	2	2	2	1	1	1	1	2	2	2	2
4	1	1	1	2	2	2	2	2	2	2	2	1	1	1	1
5	1	2	2	1	1	2	2	1	1	2	2	1	1	2	2
6	1	2	2	1	1	2	2	2	2	1	1	2	2	1	1
7	1	2	2	2	2	1	1	1	1	2	2	2	2	1	1
8	1	2	2	2	2	1	1	2	2	1	1	1	1	2	2
9	2	1	2	1	2	1	2	1	2	1	2	1	2	1	2
10	2	1	2	1	2	1	2	2	1	2	1	2	1	2	1
11	2	1	2	2	1	2	1	1	2	1	2	2	1	2	1
12	2	1	2	2	1	2	1	2	1	2	1	1	2	1	2
13	2	2	1	1	2	2	1	1	2	2	1	1	2	2	1
14	2	2	1	1	2	2	1	2	1	1	2	2	1	1	2
15	2	2	1	2	1	1	2	1	2	2	1	2	1	1	2
16	2	2	1	2	1	1	2	2	1	1	2	1	2	2	1

Lineare Graphen von L_{16}

Wechselwirkungstabelle für L_{16}

Spalten-Nr.	1	2	3	4	5	6	7	8	9	10	11	12	13	14	15
1	(1)	3	2	5	4	7	6	9	8	11	10	13	12	15	14
2		(2)	1	6	7	4	5	10	11	8	9	14	15	12	13
3			(3)	7	6	5	4	11	10	9	8	15	14	13	12
4				(4)	1	2	3	12	13	14	15	8	9	10	11
5					(5)	3	2	13	12	15	14	9	8	11	10
6						(6)	1	14	15	12	13	10	11	8	9
7							(7)	15	14	13	12	11	10	9	8
8								(8)	1	2	3	4	5	6	7
9									(9)	3	2	5	4	7	6
10										(10)	1	6	7	4	5
11											(11)	7	6	5	4
12												(12)	1	2	3
13													(13)	3	2
14														(14)	1
15															(15)

$$L'_{16}(4^5)$$

$L'_{16}(4^5)$ Orthogonales Feld

Exp. Nr.	Spalten-Nr.				
	1	2	3	4	5
1	1	1	1	1	1
2	1	2	2	2	2
3	1	3	3	3	3
4	1	4	4	4	4
5	2	1	2	3	4
6	2	2	1	4	3
7	2	3	4	1	2
8	2	4	3	2	1
9	3	1	3	4	2
10	3	2	4	3	1
11	3	3	1	2	4
12	3	4	2	1	3
13	4	1	4	2	3
14	4	2	3	1	4
15	4	3	2	4	1
16	4	4	1	3	2

Linearer Graph von L'_{16}

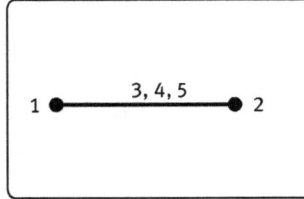

Anmerkung:

Zur Schätzung der Wechselwirkungen zwischen den Spalten 1 und 2 müssen alle anderen Spalten frei bleiben.

$$L_{18}(2^1 \times 3^7)$$

$L_{18}(2^1 \times 3^7)$ Orthogonales Feld

Exp. Nr.	Spalten-Nr.							
	1	2	3	4	5	6	7	8
1	1	1	1	1	1	1	1	1
2	1	1	2	2	2	2	2	2
3	1	1	3	3	3	3	3	3
4	1	2	1	1	2	2	3	3
5	1	2	2	2	3	3	1	2
6	1	2	3	3	1	1	2	1
7	1	3	1	2	1	3	2	3
8	1	3	2	3	2	1	3	1
9	1	3	3	1	3	2	1	2
10	2	1	1	3	3	2	2	1
11	2	1	2	1	1	3	3	2
12	2	1	3	2	2	1	1	3
13	2	2	1	2	3	1	3	2
14	2	2	2	3	1	2	1	3
15	2	2	3	1	2	3	2	1
16	2	3	1	3	2	3	1	2
17	2	3	2	1	3	1	2	3
18	2	3	3	2	1	2	3	1

Anmerkung:

Die Wechselwirkung zwischen den Faktoren A und B sind Orthogonal zu allen Faktoren und können deshalb ohne Verzicht auf einen weiteren Faktor geschätzt werden.

Die Wechselwirkungen zwischen den dreistufigen Faktoren ist teilweise mit den übrigen Faktoren vermengt.

Dieses Feld (L_{18}) sollte nicht verwendet werden, wenn die Wechselwirkungen bei dreistufigen Faktoren geschätzt werden müssen.

Linearer Graph für L_{18}

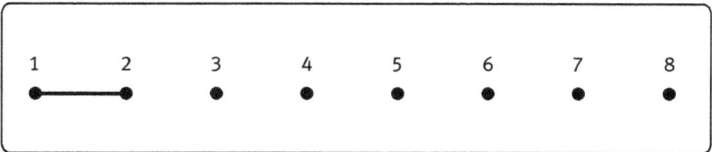

$$L_{25}(5^6)$$

$L_{25}(5^6)$ Orthogonales Feld

Exp. Nr.	Spalten-Nr.					
	1	2	3	4	5	6
1	1	1	1	1	1	1
2	1	2	2	2	2	2
3	1	3	3	3	3	3
4	1	4	4	4	4	4
5	1	5	5	5	5	5
6	2	1	2	3	4	5
7	2	2	3	4	5	1
8	2	3	4	5	1	2
9	2	4	5	1	2	3
10	2	5	1	2	3	4
11	3	1	3	5	2	4
12	3	2	4	1	3	5
13	3	3	5	2	4	1
14	3	4	1	3	5	2
15	3	5	2	4	1	3
16	4	1	4	2	5	3
17	4	2	5	3	1	4
18	4	3	1	4	2	5
19	4	4	2	5	3	1
20	4	5	3	1	4	2
21	5	1	5	4	3	2
22	5	2	1	5	4	3
23	5	3	2	1	5	4
24	5	4	3	2	1	5
25	5	5	4	3	2	1

Linearer Graph von L_{25}

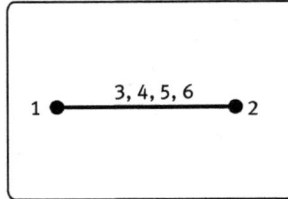

Anmerkung:

Zur Schätzung der Wechselwirkungen zwischen den Spalten 1 und 2 müssen alle anderen Spalten frei bleiben.

$$L_{27}(3^{13})$$

$L_{27}(3^{13})$ Orthogonales Feld

Exp. Nr.	Spalten-Nr.												
	1	2	3	4	5	6	7	8	9	10	11	12	13
1	1	1	1	1	1	1	1	1	1	1	1	1	1
2	1	1	1	1	2	2	2	2	2	2	2	2	2
3	1	1	1	1	3	3	3	3	3	3	3	3	3
4	1	2	2	2	1	1	1	2	2	2	3	3	3
5	1	2	2	2	2	2	2	3	3	3	1	1	1
6	1	2	2	2	3	3	3	1	1	1	2	2	2
7	1	3	3	3	1	1	1	3	3	3	2	2	2
8	1	3	3	3	2	2	2	1	1	1	3	3	3
9	1	3	3	3	3	3	3	2	2	2	1	1	1
10	2	1	2	3	1	2	3	1	2	3	1	2	3
11	2	1	2	3	2	3	1	2	3	1	2	3	1
12	2	1	2	3	3	1	2	3	1	2	3	1	2
13	2	2	3	1	1	2	3	2	3	1	3	1	2
14	2	2	3	1	2	3	1	3	1	2	1	2	3
15	2	2	3	1	3	1	2	1	2	3	2	3	1
16	2	3	1	2	1	2	3	3	1	2	2	3	1
17	2	3	1	2	2	3	1	1	2	3	3	1	2
18	2	3	1	2	3	1	2	2	3	1	1	2	3
19	3	1	3	2	1	3	2	1	3	2	1	3	2
20	3	1	3	2	2	1	3	2	1	3	2	1	3
21	3	1	3	2	3	2	1	3	2	1	3	2	1
22	3	2	1	3	1	3	2	2	1	3	3	2	1
23	3	2	1	3	2	1	3	3	2	1	1	3	2
24	3	2	1	3	3	2	1	1	3	2	2	1	3
25	3	3	2	1	1	3	2	3	2	1	2	1	3
26	3	3	2	1	2	1	3	1	3	2	3	2	1
27	3	3	2	1	3	2	1	2	1	3	1	3	2

Lineare Graphen von L_{27}

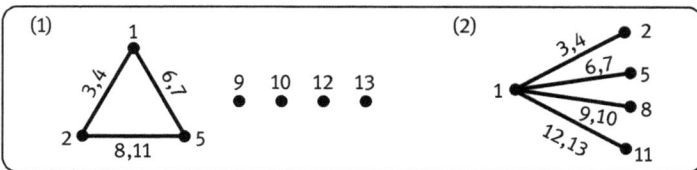

$$L'_{32}(2^1 \times 4^9)$$

$L'_{32}(2^1 \times 4^9)$ Orthogonales Feld

Exp. Nr.	Spalten-Nr.									
	1	2	3	4	5	6	7	8	9	10
1	1	1	1	1	1	1	1	1	1	1
2	1	1	2	2	2	2	2	2	2	2
3	1	1	3	3	3	3	3	3	3	3
4	1	1	4	4	4	4	4	4	4	4
5	1	2	1	1	2	2	3	3	4	4
6	1	2	2	2	1	1	4	4	3	3
7	1	2	3	3	4	4	1	1	2	2
8	1	2	4	4	3	3	2	2	1	1
9	1	3	1	2	3	4	1	2	3	4
10	1	3	2	1	4	3	2	1	4	3
11	1	3	3	4	1	2	3	4	1	2
12	1	3	4	3	2	1	4	3	2	1
13	1	4	1	2	4	3	3	4	2	1
14	1	4	2	1	3	4	4	3	1	2
15	1	4	3	4	2	1	1	2	4	3
16	1	4	4	3	1	2	2	1	3	4
17	2	1	1	4	1	4	2	3	2	3
18	2	1	2	3	2	3	1	4	1	4
19	2	1	3	2	3	2	4	1	4	1
20	2	1	4	1	4	1	3	2	3	2
21	2	2	1	4	2	3	4	1	3	2
22	2	2	2	3	1	4	3	2	4	1
23	2	2	3	2	4	1	2	3	1	4
24	2	2	4	1	3	2	1	4	2	3
25	2	3	1	3	3	1	2	4	4	2
26	2	3	2	4	4	2	1	3	3	1
27	2	3	3	1	1	3	4	2	2	4
28	2	3	4	2	2	4	3	1	1	3
29	2	4	1	3	4	2	4	2	1	3
30	2	4	2	4	3	1	3	1	2	4
31	2	4	3	1	2	4	2	4	3	1
32	2	4	4	2	1	3	1	3	4	2

Anmerkung:

Die Wechselwirkung zwischen den Spalten 1 und 2 ist orthogonal zu allen Spalten und kann deshalb ohne Verzicht auf eine weitere Spalte geschätzt werden. Sie kann aus der 2-Weg-Tabelle dieser Spalten geschätzt werden. Die Spalten 1 und 2 können zur Bildung einer 8-stufigen Spalte kombiniert werden. Die Wechselwirkungen zwischen zwei 4-stufigen Spalten sind teilweise mit jeder der übrigen 4-stufigen Spalten vermengt.

Linearer Graph für L'_{32}

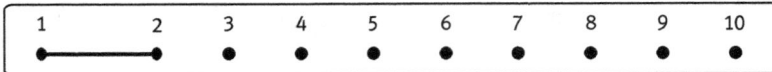

$$L_{32}(2^{31})$$

$L_{32}(2^{31})$ Orthogonales Feld

Exp. Nr.	1	2	3	4	5	6	7	8	9	10	11	12	13	14	15	16	17	18	19	20	21	22	23	24	25	26	27	28	29	30	31
1	1	1	1	1	1	1	1	1	1	1	1	1	1	1	1	1	1	1	1	1	1	1	1	1	1	1	1	1	1	1	1
2	1	1	1	1	1	1	1	1	1	1	1	1	1	1	1	2	2	2	2	2	2	2	2	2	2	2	2	2	2	2	2
3	1	1	1	1	1	1	1	2	2	2	2	2	2	2	2	1	1	1	1	1	1	1	1	2	2	2	2	2	2	2	2
4	1	1	1	1	1	1	1	2	2	2	2	2	2	2	2	2	2	2	2	2	2	2	2	1	1	1	1	1	1	1	1
5	1	1	1	2	2	2	2	1	1	1	1	2	2	2	2	1	1	1	1	2	2	2	2	1	1	1	1	2	2	2	2
6	1	1	1	2	2	2	2	1	1	1	1	2	2	2	2	2	2	2	2	1	1	1	1	2	2	2	2	1	1	1	1
7	1	1	1	2	2	2	2	2	2	2	2	1	1	1	1	1	1	1	1	2	2	2	2	2	2	2	2	1	1	1	1
8	1	1	1	2	2	2	2	2	2	2	2	1	1	1	1	2	2	2	2	1	1	1	1	1	1	1	1	2	2	2	2
9	1	2	2	1	1	2	2	1	1	2	2	1	1	2	2	1	1	2	2	1	1	2	2	1	1	2	2	1	1	2	2
10	1	2	2	1	1	2	2	1	1	2	2	1	1	2	2	2	2	1	1	2	2	1	1	2	2	1	1	2	2	1	1
11	1	2	2	1	1	2	2	2	2	1	1	2	2	1	1	1	1	2	2	1	1	2	2	2	2	1	1	2	2	1	1
12	1	2	2	1	1	2	2	2	2	1	1	2	2	1	1	2	2	1	1	2	2	1	1	1	1	2	2	1	1	2	2
13	1	2	2	2	2	1	1	1	1	2	2	2	2	1	1	1	1	2	2	2	2	1	1	1	1	2	2	2	2	1	1
14	1	2	2	2	2	1	1	1	1	2	2	2	2	1	1	2	2	1	1	1	1	2	2	2	2	1	1	1	1	2	2
15	1	2	2	2	2	1	1	2	2	1	1	1	1	2	2	1	1	2	2	2	2	1	1	2	2	1	1	1	1	2	2
16	1	2	2	2	2	1	1	2	2	1	1	1	1	2	2	2	2	1	1	1	1	2	2	1	1	2	2	2	2	1	1
17	2	1	2	1	2	1	2	1	2	1	2	1	2	1	2	1	2	1	2	1	2	1	2	1	2	1	2	1	2	1	2
18	2	1	2	1	2	1	2	1	2	1	2	1	2	1	2	2	1	2	1	2	1	2	1	2	1	2	1	2	1	2	1
19	2	1	2	1	2	1	2	2	1	2	1	2	1	2	1	1	2	1	2	1	2	1	2	2	1	2	1	2	1	2	1
20	2	1	2	1	2	1	2	2	1	2	1	2	1	2	1	2	1	2	1	2	1	2	1	1	2	1	2	1	2	1	2
21	2	1	2	2	1	2	1	1	2	1	2	2	1	2	1	1	2	1	2	2	1	2	1	1	2	1	2	2	1	2	1
22	2	1	2	2	1	2	1	1	2	1	2	2	1	2	1	2	1	2	1	1	2	1	2	2	1	2	1	1	2	1	2
23	2	1	2	2	1	2	1	2	1	2	1	1	2	1	2	1	2	1	2	2	1	2	1	2	1	2	1	1	2	1	2
24	2	1	2	2	1	2	1	2	1	2	1	1	2	1	2	2	1	2	1	2	1	2	1	1	2	1	2	2	1	2	1
25	2	2	1	1	2	2	1	1	2	2	1	1	2	2	1	1	2	2	1	1	2	2	1	1	2	2	1	1	2	2	1
26	2	2	1	1	2	2	1	1	2	2	1	1	2	2	1	2	1	1	2	2	1	1	2	2	1	1	2	2	1	1	2
27	2	2	1	1	2	2	1	2	1	1	2	2	1	1	2	1	2	2	1	1	2	2	1	2	1	1	2	2	1	1	2
28	2	2	1	1	2	2	1	2	1	1	2	2	1	1	2	2	1	1	2	2	1	1	2	1	2	2	1	1	2	2	1
29	2	2	1	2	1	1	2	1	2	2	1	2	1	1	2	1	2	2	1	2	1	1	2	1	2	2	1	2	1	1	2
30	2	2	1	2	1	1	2	1	2	2	1	2	1	1	2	2	1	1	2	1	2	2	1	2	1	1	2	1	2	2	1
31	2	2	1	2	1	1	2	2	1	1	2	1	2	2	1	1	2	2	1	2	1	1	2	2	1	1	2	1	2	2	1
32	2	2	1	2	1	1	2	2	1	1	2	1	2	2	1	2	1	1	2	1	2	2	1	1	2	2	1	2	1	1	2

$$L_8(4^1 \times 2^4)$$

$L_8(4^1 \times 2^4)$ Modifiziertes Feld

Exp. Nr.	Spalten-Nr. (1,2,3)	4	5	6	7
1	1	1	1	1	1
2	1	2	2	2	2
3	2	1	1	2	2
4	2	2	2	1	1
5	3	1	2	1	2
6	3	2	1	2	1
7	4	1	2	2	1
8	4	2	1	1	2

$$L_{16,1}(4^1 \times 2^{12})$$

$L_{16,1}(4^1 \times 2^{12})$ Modifiziertes Feld

Exp. Nr.	1	2	3	4	5	6	7	8	9	10	11	12	13
1	1	1	1	1	1	1	1	1	1	1	1	1	1
2	1	1	1	1	1	2	2	2	2	2	2	2	2
3	1	2	2	2	2	1	1	1	1	2	2	2	2
4	1	2	2	2	2	2	2	2	2	1	1	1	1
5	2	1	1	2	2	1	1	2	2	1	1	2	2
6	2	1	1	2	2	2	2	1	1	2	2	1	1
7	2	2	2	1	1	1	1	2	2	2	2	1	1
8	2	2	2	1	1	2	2	1	1	1	1	2	2
9	3	1	2	1	2	1	2	1	2	1	2	1	2
10	3	1	2	1	2	2	1	2	1	2	1	2	1
11	3	2	1	2	1	1	2	1	2	2	1	2	1
12	3	2	1	2	1	2	1	2	1	1	2	1	2
13	4	1	2	2	1	1	2	2	1	1	2	2	1
14	4	1	2	2	1	2	1	1	2	2	1	1	2
15	4	2	1	1	2	1	2	2	1	2	1	1	2
16	4	2	1	1	2	2	1	1	2	1	2	2	1

$L_{16,2}(4^2 \times 2^9)$ $\qquad$ $L_{16,2}(4^2 \times 2^9)$ modifiziertes Feld

Exp. Nr.	Spalten-Nr.										
	1	2	3	4	5	6	7	8	9	10	11
1	1	1	1	1	1	1	1	1	1	1	1
2	1	2	1	1	1	2	2	2	2	2	2
3	1	3	2	2	2	1	1	1	2	2	2
4	1	4	2	2	2	2	2	2	1	1	1
5	2	1	1	2	2	1	2	2	1	2	2
6	2	2	1	2	2	2	1	1	2	1	1
7	2	3	2	1	1	1	2	2	2	1	1
8	2	4	2	1	1	2	1	1	1	2	2
9	3	1	2	1	2	2	1	2	2	1	2
10	3	2	2	1	2	1	2	1	1	2	1
11	3	3	1	2	1	2	1	2	1	2	1
12	3	4	1	2	1	1	2	1	2	1	2
13	4	1	2	2	1	2	2	1	2	2	1
14	4	2	2	2	1	1	1	2	1	1	2
15	4	3	1	1	2	2	2	1	1	1	2
16	4	4	1	1	2	1	1	2	2	2	1

$L_{16,3}(4^3 \times 2^6)$ $\qquad$ $L_{16,3}(4^3 \times 2^6)$ modifiziertes Feld

Exp. Nr.	Spalten-Nr.								
	1	2	3	4	5	6	7	8	9
1	1	1	1	1	1	1	1	1	1
2	1	2	2	1	1	2	2	2	2
3	1	3	3	2	2	1	1	2	2
4	1	4	4	2	2	2	2	1	1
5	2	1	2	2	2	1	2	1	2
6	2	2	1	2	2	2	1	2	1
7	2	3	4	1	1	1	2	2	1
8	2	4	3	1	1	2	1	1	2
9	3	1	3	1	2	2	2	2	1
10	3	2	4	1	2	1	1	1	2
11	3	3	1	2	1	2	2	1	2
12	3	4	2	2	1	1	1	2	1
13	4	1	4	2	1	2	1	2	2
14	4	2	3	2	1	1	2	1	1
15	4	3	2	1	2	2	1	1	1
16	4	4	1	1	2	1	2	2	2

$L_{16,4}(4^4 \times 2^3)$ $L_{16,4}(4^4 \times 2^3)$ modifiziertes Feld

Exp. Nr.	Spalten-Nr.						
	1	2	3	4	5	6	7
1	1	1	1	1	1	1	1
2	1	2	2	1	2	2	2
3	1	3	3	2	3	1	2
4	1	4	4	2	4	2	1
5	2	1	2	2	1	2	1
6	2	2	1	2	2	1	2
7	2	3	4	1	4	2	2
8	2	4	3	1	3	1	1
9	3	1	3	1	4	2	2
10	3	2	4	1	3	1	1
11	3	3	1	2	2	2	1
12	3	4	2	2	1	1	2
13	4	1	4	2	2	1	2
14	4	2	3	2	1	2	1
15	4	3	2	1	4	1	1
16	4	4	1	1	3	2	2

$L_{16,5}(4^5)$ $L_{16,5}(4^5)$ modifiziertes Feld

Exp. Nr.	Spalten-Nr.				
	1	2	3	4	5
1	1	1	1	1	1
2	1	2	2	2	2
3	1	3	3	3	3
4	1	4	4	4	4
5	2	1	2	1	4
6	2	2	1	2	3
7	2	3	4	4	2
8	2	4	3	3	1
9	3	1	3	4	2
10	3	2	4	3	1
11	3	3	1	2	4
12	3	4	2	1	3
13	4	1	4	2	3
14	4	2	3	1	4
15	4	3	2	4	1
16	4	4	1	3	2

$$L_{18,1}(1^6 \times 3^6)$$

$L_{18,1}(1^6 \times 3^6)$ modifiziertes Feld

Exp. Nr.	Spalten-Nr.						
	(1,2)	3	4	5	6	7	8
1	1	1	1	1	1	1	1
2	1	2	2	2	2	2	2
3	1	3	3	3	3	3	3
4	2	1	1	2	2	3	3
5	2	2	2	3	3	1	1
6	2	3	3	1	1	2	2
7	3	1	2	1	3	2	3
8	3	2	3	2	1	3	1
9	3	3	1	3	2	1	2
10	4	1	3	3	2	2	1
11	4	2	1	1	3	3	2
12	4	3	2	2	1	1	3
13	5	1	2	3	1	3	2
14	5	2	3	1	2	1	3
15	5	3	1	2	3	2	1
16	6	1	3	2	3	1	2
17	6	2	1	3	1	2	3
18	6	3	2	1	2	3	1

Vollständige und Teilfaktoren-Versuchspläne

2^2-Plan

Exp. Nr.	I	Spalten-Nr.		
		x_1	x_2	x_1x_2
1	+	−	−	+
2	+	+	−	−
3	+	−	+	+
4	+	+	+	+

2^{3-1}-Plan

Exp. Nr.	I	Spalten-Nr.		
		x_1	x_2	x_3
1	+	−	−	+
2	+	+	−	−
3	+	−	+	−
4	+	+	+	+

2^{4-1}-Plan

Exp. Nr.	I	Spalten-Nr.						
		x_1	x_2	x_1x_2	x_3	x_1x_3	x_2x_3	x_4
1	+	−	−	+	−	+	+	−
2	+	+	−	−	−	−	+	+
3	+	−	+	−	−	+	−	+
4	+	+	+	+	−	−	−	−
5	+	−	−	+	+	−	−	+
6	+	+	−	−	+	+	−	−
7	+	−	+	−	+	−	+	−
8	+	+	+	+	+	+	+	+

https://doi.org/10.1515/9783110724516-034

2^{5-2}-Plan

Exp. Nr.	I	Spalten-Nr.						
		x_1	x_2	x_4	x_3	x_5	x_2x_3	$x_1x_2x_3$
1	+	−	−	+	−	+	+	−
2	+	+	−	−	−	−	+	+
3	+	−	+	−	−	+	−	+
4	+	+	+	+	−	−	−	−
5	+	−	−	+	+	−	−	+
6	+	+	−	−	+	+	−	−
7	+	−	+	−	+	−	+	−
8	+	+	+	+	+	+	+	+

2^{6-3}-Plan

Exp. Nr.	I	Spalten-Nr.						
		x_1	x_2	x_4	x_3	x_5	x_6	$x_1x_2x_3$
1	+	−	−	+	−	+	+	−
2	+	+	−	−	−	−	+	+
3	+	−	+	−	−	+	−	+
4	+	+	+	+	−	−	−	−
5	+	−	−	+	+	−	−	+
6	+	+	−	−	+	+	−	−
7	+	−	+	−	+	−	+	−
8	+	+	+	+	+	+	+	+

2^{7-4}-Plan

Exp. Nr.	I	Spalten-Nr.						
		x_1	x_2	x_4	x_3	x_5	x_6	x_7
1	+	−	−	+	−	+	+	−
2	+	+	−	−	−	−	+	+
3	+	−	+	−	−	+	−	+
4	+	+	+	+	−	−	−	−
5	+	−	−	+	+	−	−	+
6	+	+	−	−	+	+	−	−
7	+	−	+	−	+	−	+	−
8	+	+	+	+	+	+	+	+

2^4-Plan

Exp. Nr.	I	x_1	x_2	x_1x_2	x_3	x_1x_3	x_2x_3	$x_1x_2x_3$	x_4	x_1x_4	x_2x_4	$x_1x_2x_4$	x_3x_4	$x_1x_3x_4$	$x_2x_3x_4$	$x_1x_2x_3x_4$
1	+	−	−	+	−	+	+	−	−	+	+	−	+	−	−	+
2	+	+	−	−	−	−	+	+	−	−	+	+	+	+	−	−
3	+	−	+	−	−	+	−	+	−	+	−	+	+	−	+	−
4	+	+	+	+	−	−	−	−	−	−	−	−	+	+	+	+
5	+	−	−	+	+	−	−	+	−	+	+	−	−	+	+	−
6	+	+	−	−	+	+	−	−	−	−	+	+	+	−	−	+
7	+	−	+	−	+	−	+	−	−	+	−	+	−	+	−	+
8	+	+	+	+	+	+	+	+	−	−	−	−	−	−	−	−
9	+	−	−	+	−	+	+	−	+	−	−	+	−	+	+	−
10	+	+	−	−	−	−	+	+	+	+	+	−	−	−	+	+
11	+	−	+	−	−	+	−	+	+	−	+	−	−	+	−	+
12	+	+	+	+	−	−	−	−	+	+	+	+	−	−	−	−
13	+	−	−	+	+	−	−	+	+	−	−	+	+	−	−	+
14	+	+	−	−	+	+	−	−	+	+	−	−	+	+	−	−
15	+	−	+	−	+	−	+	−	+	−	+	−	+	−	+	−
16	+	+	+	+	+	+	+	+	+	+	+	+	+	+	+	+

2^{5-1}-Plan

Exp. Nr.	I	x_1	x_2	x_1x_2	x_3	x_1x_3	x_2x_3	$x_1x_2x_3$	x_4	x_1x_4	x_2x_4	$x_1x_2x_4$	x_3x_4	x_3x_4 x_1	x_3x_4 x_2	x_5
1	+	−	−	+	−	+	+	−	−	+	+	−	+	−	−	+
2	+	+	−	−	−	−	+	+	−	−	+	+	+	+	−	−
3	+	−	+	−	−	+	−	+	−	+	−	+	+	−	+	−
4	+	+	+	+	−	−	−	−	−	−	−	−	+	+	+	+
5	+	−	−	+	+	−	−	+	−	+	+	−	−	+	+	−
6	+	+	−	−	+	+	−	−	−	−	+	+	+	−	−	+
7	+	−	+	−	+	−	+	−	−	+	−	+	−	+	−	+
8	+	+	+	+	+	+	+	+	−	−	−	−	−	−	−	−
9	+	−	−	+	−	+	+	−	+	−	−	+	−	+	+	−
10	+	+	−	−	−	−	+	+	+	+	+	−	−	−	+	+
11	+	−	+	−	−	+	−	+	+	−	+	−	−	+	−	+
12	+	+	+	+	−	−	−	−	+	+	+	+	−	−	−	−
13	+	−	−	+	+	−	−	+	+	−	−	+	+	−	−	+
14	+	+	−	−	+	+	−	−	+	+	−	−	+	+	−	−
15	+	−	+	−	+	−	+	−	+	−	+	−	+	−	+	−
16	+	+	+	+	+	+	+	+	+	+	+	+	+	+	+	+

2^{6-2}-Plan

Exp. Nr.	I	x_1	x_2	x_1x_2	x_3	x_1x_3	x_2x_3	x_4	x_5	x_1x_4	x_2x_4	x_1x_2 x_4	x_3x_4	x_3x_4 x_1	x_6	x_3x_4 x_1x_2
1	+	−	−	+	−	+	+	−	−	+	+	−	+	−	−	+
2	+	+	−	−	−	−	+	+	−	−	+	+	+	+	−	−
3	+	−	+	−	−	+	−	+	−	+	−	+	+	−	+	−
4	+	+	+	+	−	−	−	−	−	−	−	+	+	+	+	+
5	+	−	−	+	+	−	−	+	−	+	+	−	−	+	+	+
6	+	+	−	−	+	+	−	−	−	−	+	+	−	−	+	+
7	+	−	+	−	+	−	+	−	−	+	−	+	−	+	−	+
8	+	+	+	+	+	+	+	+	−	−	−	−	−	−	−	−
9	+	−	−	+	−	+	+	−	+	−	−	+	−	+	+	−
10	+	+	−	−	−	−	+	+	+	+	−	−	−	+	+	+
11	+	−	+	−	−	+	−	+	+	−	+	−	−	+	−	+
12	+	+	+	+	−	−	−	−	+	+	+	+	+	−	−	−
13	+	−	−	+	+	−	−	+	+	−	−	+	+	−	−	+
14	+	+	−	−	+	+	−	−	+	+	−	−	+	+	−	−
15	+	−	+	−	+	−	+	−	+	−	+	−	+	−	+	−
16	+	+	+	+	+	+	+	+	+	+	+	+	+	+	+	+

2^{7-3}-Plan

Exp. Nr.	I	x_1	x_2	x_1x_2	x_3	x_1x_3	x_2x_3	x_5	x_4	x_1x_4	x_2x_4	x_1x_2 x_4	x_3x_4	x_7	x_6	x_1x_2 x_3x_4
1	+	−	−	+	−	+	+	−	−	+	+	−	+	−	−	+
2	+	+	−	−	−	−	+	+	+	−	+	+	+	+	−	−
3	+	−	+	−	−	+	−	+	−	+	−	+	+	−	+	−
4	+	+	+	+	−	−	−	−	−	−	−	+	+	+	+	+
5	+	−	−	+	+	−	−	+	−	+	+	−	−	+	+	−
6	+	+	−	−	+	+	−	−	−	−	+	+	−	−	+	+
7	+	−	+	−	+	−	+	+	−	+	−	+	−	+	−	+
8	+	+	+	+	+	+	+	+	+	−	−	−	−	−	−	−
9	+	−	−	+	−	+	+	−	+	−	−	+	−	+	+	−
10	+	+	−	−	−	−	+	+	+	+	−	−	−	+	+	+
11	+	−	+	−	−	+	−	+	+	−	+	−	−	+	−	+
12	+	+	+	+	−	−	−	−	+	+	+	+	+	−	−	−
13	+	−	−	+	+	−	−	+	+	−	−	+	+	−	−	+
14	+	+	−	−	+	+	−	−	+	+	−	−	+	+	−	−
15	+	−	+	−	+	−	+	−	+	−	+	−	+	−	+	−
16	+	+	+	+	+	+	+	+	+	+	+	+	+	+	+	+

2^{8-4}-Plan

Exp. Nr.	I	x_1	x_2	x_1x_2	x_3	x_1x_3	x_2x_3	x_5	x_4	x_1x_4	x_2x_4	x_6	x_3x_4	x_7	x_8	x_1x_2 x_3x_4
1	+	−	−	+	−	+	+	−	−	+	+	−	+	−	−	+
2	+	+	−	−	−	−	+	+	−	−	+	+	+	+	−	−
3	+	−	+	−	−	+	−	+	−	+	−	+	+	−	+	−
4	+	+	+	+	−	−	−	−	−	−	−	−	+	+	+	+
5	+	−	−	+	+	−	−	+	−	+	+	−	−	+	+	−
6	+	+	−	−	+	+	−	−	−	−	+	+	−	−	+	+
7	+	−	+	−	+	−	+	−	−	+	−	+	−	+	−	+
8	+	+	+	+	+	+	+	+	−	−	−	−	−	−	−	−
9	+	−	−	+	−	+	+	−	+	−	−	+	+	−	+	−
10	+	+	−	−	−	−	+	+	+	+	−	−	−	−	+	+
11	+	−	+	−	−	+	−	+	+	−	+	−	−	+	−	+
12	+	+	+	+	−	−	−	−	+	+	+	+	−	−	−	−
13	+	−	−	+	+	−	−	+	+	−	−	+	+	−	−	+
14	+	+	−	−	+	+	−	−	+	+	−	−	+	+	−	−
15	+	−	+	−	+	−	+	−	+	−	+	−	+	−	+	−
16	+	+	+	+	+	+	+	+	+	+	+	+	+	+	+	+

2^{9-4}-Plan

Exp. Nr.	I	x_1	x_2	x_1x_2	x_3	x_1x_3	x_2x_3	x_5	x_4	x_1x_4	x_2x_4	x_8	x_3x_4	x_7	x_6	x_9
1	+	−	−	+	−	+	+	−	−	+	+	−	+	−	−	+
2	+	+	−	−	−	−	+	+	−	−	+	+	+	+	−	−
3	+	−	+	−	−	+	−	+	−	+	−	+	+	−	+	−
4	+	+	+	+	−	−	−	−	−	−	−	−	+	+	+	+
5	+	−	−	+	+	−	−	+	−	+	+	−	−	+	+	−
6	+	+	−	−	+	+	−	−	−	−	+	+	−	−	+	+
7	+	−	+	−	+	−	+	−	−	+	−	+	−	+	−	+
8	+	+	+	+	+	+	+	+	−	−	−	−	−	−	−	−
9	+	−	−	+	−	+	+	−	+	−	−	+	+	−	+	−
10	+	+	−	−	−	−	+	+	+	+	−	−	−	−	+	+
11	+	−	+	−	−	+	−	+	+	−	+	−	−	+	−	+
12	+	+	+	+	−	−	−	−	+	+	+	+	−	−	−	−
13	+	−	−	+	+	−	−	+	+	−	−	+	+	−	−	+
14	+	+	−	−	+	+	−	−	+	+	−	−	+	+	−	−
15	+	−	+	−	+	−	+	−	+	−	+	−	+	−	+	−
16	+	+	+	+	+	+	+	+	+	+	+	+	+	+	+	+

Vollständiger 3^2-Plan

Exp. Nr.	I	x_1	x_2	x_1x_2	$x_1^2 - 2/3$	$x_2^2 - 2/3$
1	1	−1	−1	+1	+1/3	+1/3
2	1	−1	0	−1	+1/3	+1/3
3	1	−1	1	−1	+1/3	+1/3
4	1	0	−1	+1	+1/3	+1/3
5	1	0	0	0	+1/3	−2/3
6	1	0	1	0	+1/3	−2/3
7	1	1	−1	1	−2/3	+1/3
8	1	1	0	1	−2/3	+1/3
9	1	1	1	1	−2/3	−2/3

Vollständiger 3^3-Plan

Exp. Nr.	I	x_1	x_2	x_3	x_1x_2	x_1x_3	x_2x_3	$x_1^2 - 2/3$	$x_2^2 - 2/3$	$x_3^2 - 2/3$	$x_1x_2x_3$
1	1	−1	−1	−1	+1	+1	+1	+1/3	+1/3	+1/3	−1
2	1	+1	−1	−1	−1	−1	+1	+1/3	+1/3	+1/3	+1
3	1	−1	+1	−1	−1	+1	−1	+1/3	+1/3	+1/3	+1
4	1	+1	+1	−1	+1	−1	−1	+1/3	+1/3	+1/3	−1
5	1	−1	−1	+1	+1	−1	−1	+1/3	+1/3	+1/3	+1
6	1	+1	−1	+1	−1	+1	−1	+1/3	+1/3	+1/3	−1
7	1	−1	+1	+1	−1	−1	+1	+1/3	+1/3	+1/3	−1
8	1	+1	+1	+1	+1	+1	+1	+1/3	+1/3	+1/3	+1
9	1	−1	−1	0	+1	0	0	+1/3	+1/3	−2/3	0
10	1	+1	−1	0	−1	0	0	+1/3	+1/3	−2/3	0
11	1	−1	+1	0	−1	0	0	+1/3	+1/3	−2/3	0
12	1	+1	+1	0	+1	0	0	+1/3	+1/3	−2/3	0
13	1	−1	0	−1	0	+1	0	+1/3	−2/3	+1/3	0
14	1	+1	0	−1	0	−1	0	+1/3	−2/3	+1/3	0
15	1	−1	0	+1	0	−1	0	+1/3	−2/3	+1/3	0
16	1	+1	0	+1	0	+1	0	+1/3	−2/3	+1/3	0
17	1	0	−1	−1	0	0	+1	−2/3	+1/3	+1/3	0
18	1	0	+1	−1	0	0	−1	−2/3	+1/3	+1/3	0
19	1	0	−1	+1	0	0	−1	−2/3	+1/3	+1/3	0
20	1	0	+1	+1	0	0	+1	−2/3	+1/3	+1/3	0
21	1	−1	0	0	0	0	0	+1/3	−2/3	−2/3	0
22	1	+1	0	0	0	0	0	+1/3	−2/3	−2/3	0
23	1	0	−1	0	0	0	0	−2/3	+1/3	−2/3	0
24	1	0	+1	0	0	0	0	−2/3	+1/3	−2/3	0
25	1	0	0	−1	0	0	0	−2/3	−2/3	+1/3	0
26	1	0	0	+1	0	0	0	−2/3	−2/3	+1/3	0
27	1	0	0	0	0	0	0	−2/3	−2/3	−2/3	0

3^4-Plan

Exp. Nr.	I	x_1	x_2	x_3	x_4
1	1	-1	-1	-1	-1
2	1	-1	-1	-1	0
3	1	-1	-1	-1	1
4	1	-1	-1	0	-1
5	1	-1	-1	0	0
6	1	-1	-1	0	1
7	1	-1	-1	1	-1
8	1	-1	-1	1	0
9	1	-1	-1	1	1
10	1	-1	0	-1	-1
11	1	-1	0	-1	0
12	1	-1	0	-1	1
13	1	-1	0	0	-1
14	1	-1	0	0	0
15	1	-1	0	0	1
16	1	-1	0	1	-1
17	1	-1	0	1	0
18	1	-1	0	1	1
19	1	-1	1	-1	-1
20	1	-1	1	-1	0
21	1	-1	1	-1	1
22	1	-1	1	0	-1
23	1	-1	1	0	0
24	1	-1	1	0	1
25	1	-1	1	1	-1
26	1	-1	1	1	0
27	1	-1	1	1	1
28	1	0	-1	-1	-1
29	1	0	-1	-1	0
30	1	0	-1	-1	1
31	1	0	-1	0	-1
32	1	0	-1	0	0
33	1	0	-1	0	1
34	1	0	-1	1	-1
35	1	0	-1	1	0
36	1	0	-1	1	1
37	1	0	0	-1	-1
38	1	0	0	-1	0
39	1	0	0	-1	1
40	1	0	0	0	-1

Exp. Nr.	I	x_1	x_2	x_3	x_4
41	1	0	0	0	0
42	1	0	0	0	1
43	1	0	0	1	-1
44	1	0	0	1	0
45	1	0	0	1	1
46	1	0	1	-1	-1
47	1	0	1	-1	0
48	1	0	1	-1	1
49	1	0	1	0	-1
50	1	0	1	0	0
51	1	0	1	0	1
52	1	0	1	1	-1
53	1	0	1	1	0
54	1	0	1	1	1
55	1	1	-1	-1	-1
56	1	1	-1	-1	0
57	1	1	-1	-1	1
58	1	1	-1	0	-1
59	1	1	-1	0	0
60	1	1	-1	0	1
61	1	1	-1	1	-1
62	1	1	-1	1	0
63	1	1	-1	1	1
64	1	1	0	-1	-1
65	1	1	0	-1	0
66	1	1	0	-1	1
67	1	1	0	0	-1
68	1	1	0	0	0
69	1	1	0	0	1
70	1	1	0	1	-1
71	1	1	0	1	0
72	1	1	0	1	1
73	1	1	1	-1	-1
74	1	1	1	-1	0
75	1	1	1	-1	1
76	1	1	1	0	-1
77	1	1	1	0	0
78	1	1	1	0	1
79	1	1	1	1	-1
80	1	1	1	1	0
81	1	1	1	1	1

Teil V: **Statistik-Tabellen**

F-Wert-Tabelle

F(95 %)

*f*2 \ *f*1	1	2	3	4	5	6	8
1	161,40	195,50	215,70	224,60	230,20	234,00	238,90
2	18,51	19,00	19,16	19,25	19,30	19,33	19,37
3	10,13	9,55	9,28	9,12	9,01	8,94	8,85
4	7,71	6,94	6,59	6,39	6,26	6,16	6,04
5	6,61	5,79	5,41	5,19	5,05	4,95	4,82
6	5,99	5,14	4,76	4,53	4,39	4,28	4,15
7	5,59	4,74	4,35	4,12	3,97	3,87	3,73
8	5,32	4,46	4,07	3,84	3,69	3,58	3,44
9	5,12	4,26	3,86	3,63	3,48	3,37	3,23
10	4,96	4,10	3,71	3,46	3,33	3,22	3,07
11	4,84	3,98	3,59	3,36	3,20	3,09	2,95
12	4,75	3,89	3,49	3,26	3,11	3,00	2,85
13	4,67	3,81	3,41	3,18	3,03	2,92	2,77
14	4,60	3,74	3,34	3,11	2,96	2,85	2,70
15	4,54	3,68	3,29	3,06	2,90	2,79	2,64
16	4,49	3,63	3,24	3,01	2,85	2,74	2,59
17	4,45	3,59	3,20	2,96	2,81	2,70	2,55
18	4,41	3,55	3,16	2,93	2,77	2,66	2,51
19	4,38	3,52	3,13	2,90	2,74	2,63	2,48
20	4,35	3,49	3,10	2,87	2,71	2,60	2,45
21	4,32	3,47	3,07	2,84	2,68	2,57	2,42
22	4,30	3,44	3,05	2,82	2,66	2,55	2,40
23	4,28	3,42	3,03	2,80	2,64	2,53	2,37
24	4,26	3,40	3,01	2,78	2,62	2,51	2,36
25	4,24	3,39	2,99	2,76	2,60	2,49	2,34
26	4,23	3,37	2,98	2,74	2,59	2,47	2,32
27	4,21	3,35	2,96	2,73	2,57	2,46	2,31
28	4,20	3,34	2,95	2,71	2,56	2,45	2,29
29	4,18	3,33	2,93	2,70	2,55	2,43	2,28
30	4,17	3,32	2,92	2,69	2,53	2,42	2,27
40	4,08	3,23	2,84	2,61	2,45	2,34	2,18
60	4,00	3,15	2,76	2,53	2,37	2,25	2,10
120	3,92	3,07	2,68	2,45	2,29	2,17	2,02
∞	3,84	3,00	2,60	2,37	2,21	2,10	1,94

https://doi.org/10.1515/9783110724516-035

F(95 %)

f2 \ f1	12	15	20	30	60	∞
1	243,90	245,90	248,00	250,10	252,20	254,30
2	19,41	19,43	19,45	19,46	19,48	19,50
3	8,74	8,70	8,66	8,62	8,57	8,53
4	5,91	5,86	5,80	5,75	5,69	5,63
5	4,68	4,62	4,56	4,50	4,43	4,36
6	4,00	3,94	3,87	3,81	3,74	3,67
7	3,57	3,51	3,44	3,38	3,30	3,23
8	3,28	3,22	3,15	3,08	3,01	2,93
9	3,07	3,01	2,94	2,86	2,79	2,71
10	2,91	2,85	2,77	2,70	2,62	2,54
11	2,79	2,72	2,65	2,57	2,49	2,40
12	2,69	2,62	2,54	2,47	2,38	2,30
13	2,60	2,53	2,46	2,38	2,30	2,21
14	2,53	2,46	2,39	2,31	2,22	2,13
15	2,48	2,40	2,33	2,25	2,16	2,07
16	2,42	2,35	2,28	2,19	2,11	2,01
17	2,38	2,31	2,23	2,15	2,06	1,96
18	2,34	2,27	2,19	2,11	2,02	1,92
19	2,31	2,23	2,16	2,07	1,98	1,88
20	2,28	2,20	2,12	2,04	1,95	1,84
21	2,25	2,18	2,10	2,01	1,92	1,81
22	2,23	2,15	2,07	1,98	1,89	1,78
23	2,20	2,13	2,05	1,96	1,86	1,76
24	2,18	2,11	2,03	1,94	1,84	1,73
25	2,16	2,09	2,01	1,92	1,82	1,71
26	2,15	2,07	1,99	1,90	1,80	1,69
27	2,13	2,06	1,97	1,88	1,79	1,67
28	2,12	2,04	1,96	1,87	1,77	1,65
29	2,10	2,03	1,94	1,85	1,75	1,64
30	2,09	2,01	1,93	1,84	1,74	1,62
40	2,00	1,92	1,84	1,74	1,64	1,51
60	1,92	1,84	1,75	1,65	1,53	1,39
120	1,83	1,75	1,66	1,56	1,43	1,25
∞	1,75	1,67	1,57	1,46	1,32	1,00

F(99 %)

f2 \ f1	1	2	3	4	5	6	8
1	4.053,00	4.999,50	5.403,00	5.625,00	5.764,00	5.859,00	5.982,00
2	98,50	99,00	99,17	99,25	99,30	99,33	99,37
3	34,12	30,82	29,46	28,71	28,24	27,91	27,49
4	21,20	18,00	16,69	15,98	15,52	15,21	14,80
5	16,26	13,27	12,06	11,39	10,97	10,67	10,29
6	13,75	10,92	9,78	9,15	8,75	8,47	8,10
7	12,25	9,55	8,45	7,83	7,46	7,19	6,84
8	11,26	8,65	7,59	7,01	6,63	6,37	6,03
9	10,56	8,02	6,99	6,42	6,06	5,80	5,67
10	10,04	7,56	6,55	5,99	5,64	5,39	5,06
11	9,65	7,21	6,22	5,67	5,32	5,07	4,74
12	9,33	6,93	5,95	5,41	5,06	4,82	4,50
13	9,07	6,70	5,71	5,21	4,86	4,62	4,30
14	8,86	6,51	5,56	5,04	4,69	4,46	4,14
15	8,68	6,36	5,42	4,89	4,56	4,32	4,00
16	8,53	6,23	5,29	4,77	4,44	4,20	3,89
17	8,40	6,11	5,18	4,67	4,34	4,10	3,79
18	8,29	6,01	5,09	4,58	4,25	4,01	3,71
19	8,18	5,93	5,01	4,50	4,17	3,94	3,63
20	8,10	5,85	4,94	4,43	4,10	3,87	3,53
21	8,02	5,76	4,87	4,37	4,04	3,81	3,51
22	7,95	5,72	4,82	4,31	3,99	3,76	3,45
23	7,88	5,66	4,76	4,26	3,94	3,71	3,41
24	7,82	5,61	4,72	4,22	3,90	3,67	3,36
25	7,77	5,57	4,68	4,18	3,85	3,63	3,32
26	7,72	5,53	4,64	4,14	3,82	3,59	3,29
27	7,68	5,49	4,60	4,11	3,76	3,56	3,26
28	7,64	5,45	4,57	4,07	3,75	3,53	3,23
29	7,60	5,42	4,54	4,04	3,73	3,50	3,20
30	7,56	5,39	4,51	4,02	3,70	3,47	3,17
40	7,31	5,18	4,31	3,83	3,51	3,29	2,99
60	7,08	4,98	4,13	3,65	3,34	3,12	2,82
120	6,85	4,79	3,95	3,48	3,17	2,96	2,66
∞	6,63	4,61	3,76	3,32	3,02	2,80	2,51

F(99 %)

*f*2 \ *f*1	12	15	20	30	60	∞
1	6.106,00	6.157,00	6.209,00	6.261,00	6.313,00	6.366,00
2	99,42	99,43	99,45	99,47	99,48	99,50
3	27,05	26,87	26,69	26,50	26,32	26,13
4	14,37	14,20	14,02	13,84	13,65	13,46
5	9,89	9,72	9,55	9,38	9,20	9,02
6	7,72	7,56	7,40	7,23	7,06	6,88
7	6,67	6,31	6,16	5,99	5,82	5,65
8	5,67	5,52	5,36	5,20	5,03	4,86
9	5,11	4,96	4,81	4,65	4,48	4,31
10	4,71	4,56	4,41	4,25	4,05	3,91
11	4,40	4,25	4,10	3,94	3,78	3,60
12	4,16	4,01	3,86	3,70	3,54	3,36
13	3,96	3,82	3,66	3,51	3,34	3,17
14	3,80	3,66	3,51	3,35	3,18	3,00
15	3,67	3,52	3,37	3,21	3,05	2,87
16	3,55	3,41	3,26	3,10	2,93	2,75
17	3,46	3,31	3,16	3,00	2,83	2,65
18	3,37	3,23	3,08	2,92	2,75	2,57
19	3,30	3,15	3,00	2,84	2,67	2,49
20	3,23	3,09	2,94	2,76	2,61	2,42
21	3,17	3,03	2,88	2,72	2,55	2,36
22	3,15	2,98	2,83	2,67	2,50	2,31
23	3,07	2,93	2,78	2,62	2,45	2,26
24	3,03	2,89	2,74	2,58	2,40	2,21
25	2,99	2,85	2,70	2,54	2,36	2,17
26	2,96	2,81	2,66	2,50	2,33	2,13
27	2,93	2,78	2,63	2,47	2,29	2,10
28	2,90	2,75	2,60	2,44	2,26	2,06
29	2,87	2,73	2,57	2,41	2,23	2,03
30	2,84	2,70	2,55	2,39	2,21	2,01
40	2,66	2,52	2,37	2,20	2,02	1,80
60	2,50	2,35	2,20	2,05	1,84	1,60
120	2,34	2,19	2,03	1,86	1,66	1,38
∞	2,18	2,04	1,88	1,70	1,47	1,00

F(99,9 %)

f2 \ f1	1	2	3	4	5	6	8
1	4.053,00	5.000,00	5.404,00	5.625,00	5.764,00	5.859,00	5.981,00
2	998,50	999,00	999,20	999,20	999,30	999,30	999,40
3	167,00	148,50	141,10	137,10	134,60	132,80	130,60
4	74,14	61,25	56,18	53,44	51,71	50,53	49,00
5	47,18	37,12	33,20	31,09	29,75	28,84	27,64
6	35,51	27,00	23,70	21,92	20,81	20,03	19,03
7	29,25	21,69	18,77	17,19	16,21	15,52	14,63
8	25,42	18,49	15,83	14,39	13,49	12,86	12,04
9	22,86	16,39	13,90	12,56	11,75	11,13	10,37
10	21,04	14,91	12,55	11,28	10,48	9,92	9,20
11	19,69	13,81	11,56	10,35	9,58	9,05	8,35
12	18,64	12,97	10,80	9,63	8,89	8,38	7,71
13	17,81	12,31	10,21	9,07	8,35	7,86	7,21
14	17,14	11,78	9,73	8,62	7,92	7,43	6,80
15	16,59	11,34	9,34	8,25	7,57	7,09	6,47
16	16,12	10,97	9,00	7,94	7,27	6,81	6,19
17	15,72	10,66	8,73	7,68	7,02	6,56	5,96
18	15,38	10,39	8,49	7,46	6,81	6,35	5,76
19	15,08	10,16	8,28	7,26	6,62	6,18	5,59
20	14,82	9,95	8,10	7,10	6,46	6,02	5,44
21	14,59	9,77	7,94	6,95	6,32	5,88	5,31
22	14,38	9,61	7,80	6,81	6,19	5,76	5,19
23	14,19	9,47	7,67	6,69	6,08	5,65	5,09
24	14,03	9,34	7,55	6,59	5,98	5,55	4,99
25	13,88	9,22	7,45	6,49	5,88	5,46	4,91
26	13,74	9,12	7,35	6,41	5,80	5,38	4,83
27	13,61	9,02	7,27	6,33	5,73	5,31	4,76
28	13,50	8,93	7,19	6,25	5,66	5,24	4,69
29	13,39	8,85	7,12	6,19	5,59	5,18	4,64
30	13,29	8,77	7,05	6,12	5,53	5,12	4,58
40	12,61	8,25	6,60	5,70	5,13	4,73	4,21
60	11,97	7,76	6,17	5,31	4,76	4,37	3,87
120	11,38	7,32	5,79	4,95	4,42	4,04	3,55
∞	10,83	6,91	5,42	4,62	4,10	3,74	3,27

F(99,9 %)

*f*2 \ *f*1	12	15	20	30	40	60	∞
1	6.107,00	6.158,00	6.209,00	6.261,00	6.287,00	6.313,00	6.366,00
2	999,40	999,40	999,40	999,50	999,50	999,50	999,50
3	128,30	127,40	126,40	125,40	125,00	124,50	123,50
4	47,41	46,76	46,10	45,43	45,09	44,75	44,05
5	26,42	25,91	25,39	24,87	24,60	24,33	23,79
6	17,99	17,56	17,12	16,67	16,44	16,21	15,75
7	13,71	13,32	12,93	12,53	12,33	12,12	11,70
8	11,19	10,84	10,48	10,11	9,92	9,73	9,33
9	9,57	9,24	8,90	8,55	8,37	8,19	7,81
10	8,45	8,13	7,80	7,47	7,30	7,12	6,76
11	7,63	7,32	7,01	6,68	6,52	6,35	6,00
12	7,00	6,71	6,40	6,09	5,93	5,76	5,42
13	6,52	6,23	5,93	5,63	5,47	5,30	4,97
14	6,13	5,85	5,56	5,25	5,10	4,94	4,60
15	5,81	5,54	5,25	4,95	4,80	4,64	4,31
16	5,55	5,27	4,99	4,70	4,54	4,39	4,06
17	5,32	5,05	4,78	4,48	4,33	4,18	3,85
18	5,13	4,87	4,59	4,30	4,15	4,00	3,67
19	4,97	4,70	4,43	4,14	3,99	3,84	3,51
20	4,82	4,56	4,29	4,00	3,86	3,70	3,38
21	4,70	4,44	4,17	3,88	3,74	3,58	3,26
22	4,58	4,33	4,06	3,78	3,63	3,48	3,15
23	4,48	4,23	3,96	3,68	3,53	3,38	3,05
24	4,39	4,14	3,87	3,59	3,45	3,29	2,97
25	4,31	4,06	3,79	3,52	3,37	3,22	2,89
26	4,24	3,99	3,72	3,44	3,30	3,15	2,82
27	4,17	3,92	3,66	3,38	3,23	3,08	2,75
28	4,11	3,86	3,60	3,32	3,18	3,02	2,69
29	4,05	3,80	3,54	3,27	3,12	2,97	2,64
30	4,00	3,75	3,49	3,16	3,07	2,92	2,59
40	3,64	3,40	3,15	2,87	2,73	2,57	2,23
60	3,31	3,08	2,83	2,55	2,41	2,25	1,89
120	3,02	2,78	2,53	2,26	2,11	1,95	1,54
∞	2,74	2,51	2,27	1,99	1,84	1,66	1,00

t-Wert-Tabelle

Freiheitsgrad *f*	t-Werte für Vertrauensbereiche					
	einseitig 95 % zweiseitig 90 %	97,5 % 95 %	99 % 98 %	99,5 % 99 %	99,9 % 99,8 %	99,95 % 99,9 %
1	6,314	12,707	31,820	63,654	318,30	636,578
2	2,920	4,303	6,965	9,925	22,30	31,600
3	2,353	3,182	4,541	5,841	10,20	12,924
4	2,132	2,776	3,747	4,604	7,17	8,610
5	2,015	2,571	3,365	4,032	5,89	6,869
6	1,943	2,447	3,143	3,707	5,21	5,959
7	1,895	2,365	2,998	3,499	4,79	5,408
8	1,860	2,306	2,896	3,355	4,50	5,041
9	1,833	2,262	2,821	3,250	4,30	4,781
10	1,812	2,228	2,764	3,169	4,14	4,587
12	1,782	2,179	2,681	3,055	3,93	4,318
15	1,753	2,131	2,602	2,947	3,73	4,073
16	1,746	2,120	2,583	2,921	3,686	4,015
17	1,740	2,110	2,567	2,898	3,646	3,965
18	1,734	2,101	2,552	2,878	3,611	3,922
19	1,729	2,093	2,539	2,861	3,579	3,883
20	1,725	2,086	2,528	2,845	3,55	3,850
30	1,697	2,042	2,457	2,750	3,39	3,646
40	1,684	2,021	2,423	2,704	3,31	3,551
50	1,676	2,009	2,403	2,678	3,26	3,496
100	1,660	1,984	2,364	2,626	3,17	3,390
∞	1,645	1,960	2,326	2,576	3,09	3,290

Anm.: Die Tabelle gilt für einen zweiseitigen Vertrauensbereich $1 - \alpha/2$ und einen einseitigen Vertrauensbereich $1 - \alpha$. Der Wert α bezeichnet den Irrtum. Insbesondere gilt: Die zweiseitigen 95-%-Fraktile (bzw. 95-%-Grenzen) sind gleich dem einseitigen 97,5-%-Fraktil, d. h. $\gamma_{n;1-\alpha} = t_{n;1-\alpha/2}$.

https://doi.org/10.1515/9783110724516-036

Gauß'sche Normalverteilung

Standardisierte Normalverteilung mit der Variablen $u = \dfrac{x - \bar{y}}{\sigma}$

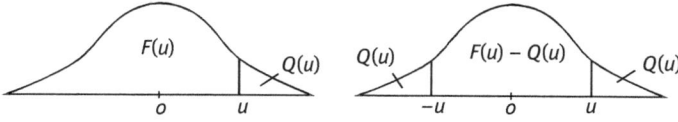

u	$F(u)$	$Q(u)$	$F(u) - Q(u)$	$f(u)$	u	$F(u)$	$Q(u)$	$F(u) - Q(u)$	$f(u)$
0	0,50000	0,50000	0	0,39894	0,35	0,63683	0,36317	0,27366	0,37524
0,01	0,50399	0,49601	0,00798	0,39892	0,36	0,64058	0,35942	0,28115	0,37391
0,02	0,50798	0,49202	0,01596	0,39886	0,37	0,64431	0,35569	0,28862	0,37255
0,03	0,51197	0,48803	0,02393	0,39876	0,38	0,64803	0,35197	0,29605	0,37115
0,04	0,51595	0,48405	0,03191	0,39862	0,39	0,65173	0,34827	0,30346	0,36973
0,05	0,51994	0,48006	0,03988	0,39844	0,40	0,65542	0,34458	0,31084	0,36827
0,06	0,52392	0,47608	0,04784	0,39822	0,41	0,65910	0,34090	0,31819	0,36678
0,07	0,52790	0,47210	0,05581	0,39797	0,42	0,66276	0,33724	0,32551	0,36526
0,08	0,53188	0,46812	0,06376	0,39767	0,43	0,66640	0,33360	0,33280	0,36371
0,09	0,53586	0,46414	0,07171	0,39733	0,44	0,67003	0,32997	0,34006	0,36213
0,10	0,53983	0,46017	0,07966	0,39695	0,45	0,67364	0,32636	0,34729	0,36053
0,11	0,54380	0,45620	0,08759	0,39654	0,46	0,67724	0,32276	0,35448	0,35889
0,12	0,54776	0,45224	0,09552	0,39608	0,47	0,68082	0,31918	0,36165	0,35723
0,13	0,55172	0,44828	0,10343	0,39559	0,48	0,68439	0,31561	0,36877	0,35553
0,14	0,55567	0,44433	0,11134	0,39505	0,49	0,68793	0,31207	0,37587	0,35381
0,15	0,55962	0,44038	0,11924	0,39448	0,50	0,69146	0,30854	0,38293	0,35207
0,16	0,56356	0,43644	0,12712	0,39387	0,51	0,69497	0,30503	0,38995	0,35029
0,17	0,56749	0,43251	0,13499	0,39322	0,52	0,69847	0,30153	0,39694	0,34849
0,18	0,57142	0,42858	0,14285	0,39253	0,53	0,70194	0,29806	0,40389	0,34667
0,19	0,57535	0,42465	0,15069	0,39181	0,54	0,70540	0,29460	0,41080	0,34482
0,20	0,57926	0,42074	0,15852	0,39104	0,55	0,70884	0,29116	0,41768	0,34294
0,21	0,58317	0,41683	0,16633	0,39024	0,56	0,71226	0,28774	0,42452	0,34105
0,22	0,58706	0,41294	0,17413	0,38940	0,57	0,71566	0,28434	0,43132	0,33912
0,23	0,59095	0,40905	0,18191	0,38853	0,58	0,71904	0,28096	0,43809	0,33718
0,24	0,59483	0,40517	0,18967	0,38762	0,59	0,72240	0,27760	0,44481	0,33521
0,25	0,59871	0,40129	0,19741	0,38667	0,60	0,72575	0,27425	0,45149	0,33322
0,26	0,60257	0,39743	0,20514	0,38568	0,61	0,72907	0,27093	0,45814	0,33121
0,27	0,60642	0,39358	0,21284	0,38466	0,62	0,73237	0,26763	0,46474	0,32918
0,28	0,61026	0,38974	0,22052	0,38361	0,63	0,73565	0,26435	0,47131	0,32713
0,29	0,61409	0,38591	0,22818	0,38251	0,64	0,73891	0,26109	0,47783	0,32506
0,30	0,61791	0,38209	0,23582	0,38139	0,65	0,74215	0,25785	0,48431	0,32297
0,31	0,62172	0,37828	0,24344	0,38023	0,66	0,74537	0,25463	0,49075	0,32086
0,32	0,62552	0,37448	0,25103	0,37903	0,67	0,74857	0,25143	0,49714	0,31874
0,33	0,62930	0,37070	0,25860	0,37780	0,68	0,75175	0,24825	0,50350	0,31659
0,34	0,63307	0,36693	0,26614	0,37654	0,69	0,75490	0,24510	0,50981	0,31443

https://doi.org/10.1515/9783110724516-037

u	F(u)	Q(u)	F(u) − Q(u)	f(u)	u	F(u)	Q(u)	F(u) − Q(u)	f(u)
0,70	0,75804	0,24196	0,51607	0,31225	1,17	0,87900	0,12100	0,75800	0,20121
0,71	0,76115	0,23885	0,52230	0,31006	1,18	0,88100	0,11900	0,76200	0,19886
0,72	0,76424	0,23576	0,52848	0,30785	1,19	0,88298	0,11702	0,76595	0,19652
0,73	0,76730	0,23270	0,53461	0,30563	1,20	0,88493	0,11507	0,76986	0,19419
0,74	0,77035	0,22965	0,54070	0,30339	1,21	0,88686	0,11314	0,77372	0,19186
0,75	0,77337	0,22663	0,54675	0,30114	1,22	0,88877	0,11123	0,77754	0,18954
0,76	0,77637	0,22363	0,55275	0,29887	1,23	0,89065	0,10935	0,78130	0,18724
0,77	0,77935	0,22065	0,55870	0,29659	1,24	0,89251	0,10749	0,78502	0,18494
0,78	0,78230	0,21770	0,56461	0,29431	1,25	0,89435	0,10565	0,78870	0,18265
0,79	0,78524	0,21476	0,57047	0,29200	1,26	0,89617	0,10383	0,79233	0,18037
0,80	0,78814	0,21185	0,57629	0,28969	1,27	0,89796	0,10204	0,79592	0,17810
0,81	0,79103	0,20897	0,58206	0,28737	1,28	0,89973	0,10027	0,79945	0,17585
0,82	0,79389	0,20611	0,58778	0,28504	1,29	0,90147	0,09853	0,80295	0,17360
0,83	0,79673	0,20327	0,59346	0,28269	1,30	0,90320	0,09680	0,80640	0,17137
0,84	0,79955	0,20045	0,59909	0,28034	1,31	0,90490	0,09510	0,80980	0,16915
0,85	0,80234	0,19766	0,60468	0,27798	1,32	0,90658	0,09342	0,81317	0,16694
0,86	0,80511	0,19489	0,61021	0,27562	1,33	0,90824	0,09176	0,81648	0,16474
0,87	0,80785	0,19215	0,61570	0,27324	1,34	0,90988	0,09012	0,81975	0,16256
0,88	0,81057	0,18943	0,62114	0,27086	1,35	0,91149	0,08851	0,82298	0,16038
0,89	0,81327	0,18673	0,62653	0,26848	1,36	0,91309	0,08692	0,82617	0,15822
0,90	0,81594	0,18406	0,63188	0,26609	1,37	0,91466	0,08534	0,82931	0,15608
0,91	0,81859	0,18141	0,63718	0,26369	1,38	0,91621	0,08379	0,83241	0,15395
0,92	0,82121	0,17879	0,64243	0,26129	1,39	0,91774	0,08226	0,83547	0,15183
0,93	0,82381	0,17619	0,64763	0,25888	1,40	0,91924	0,08076	0,83849	0,14973
0,94	0,82639	0,17361	0,65278	0,25647	1,41	0,92073	0,07927	0,84146	0,14764
0,95	0,82894	0,17106	0,65789	0,25406	1,42	0,92220	0,07780	0,84439	0,14556
0,96	0,83147	0,16853	0,66294	0,25164	1,43	0,92364	0,07636	0,84728	0,14350
0,97	0,83398	0,16602	0,66795	0,24923	1,44	0,92507	0,07493	0,85013	0,14146
0,98	0,83646	0,16354	0,67291	0,24681	1,45	0,92647	0,07353	0,85294	0,13943
0,99	0,83891	0,16109	0,67783	0,24439	1,46	0,92786	0,07215	0,85571	0,13742
1,00	0,84134	0,15866	0,68269	0,24197	1,47	0,92922	0,07078	0,85844	0,13542
1,01	0,84375	0,15625	0,68750	0,23955	1,48	0,93056	0,06944	0,86113	0,13344
1,02	0,84614	0,15386	0,69227	0,23713	1,49	0,93189	0,06811	0,86378	0,13147
1,03	0,84850	0,15151	0,69699	0,23471	1,50	0,93319	0,06681	0,86639	0,12952
1,04	0,85083	0,14917	0,70166	0,23230	1,51	0,93448	0,06552	0,86896	0,12758
1,05	0,85314	0,14686	0,70628	0,22988	1,52	0,93574	0,06426	0,87149	0,12566
1,06	0,85543	0,14457	0,71086	0,22747	1,53	0,93699	0,06301	0,87398	0,12376
1,07	0,85769	0,14231	0,71538	0,22506	1,54	0,93822	0,06178	0,87644	0,12188
1,08	0,85993	0,14007	0,71986	0,22265	1,55	0,93943	0,06057	0,87886	0,12001
1,09	0,86214	0,13786	0,72429	0,22025	1,56	0,94062	0,05938	0,88124	0,11816
1,10	0,86433	0,13567	0,72867	0,21785	1,57	0,94179	0,05821	0,88358	0,11632
1,11	0,86650	0,13350	0,73300	0,21546	1,58	0,94295	0,05705	0,88589	0,11450
1,12	0,86864	0,13136	0,73729	0,21307	1,59	0,94408	0,05592	0,88817	0,11270
1,13	0,87076	0,12924	0,74152	0,21069	1,60	0,94520	0,05480	0,89040	0,11092
1,14	0,87286	0,12714	0,74571	0,20831	1,61	0,94630	0,05370	0,89260	0,10915
1,15	0,87493	0,12507	0,74986	0,20594	1,62	0,94738	0,05262	0,89477	0,10741
1,16	0,87698	0,12302	0,75395	0,20357	1,63	0,94845	0,05155	0,89690	0,10567

u	F(u)	Q(u)	F(u) – Q(u)	f(u)	u	F(u)	Q(u)	F(u) – Q(u)	f(u)
1,64	0,94950	0,05050	0,89899	0,10396	2,11	0,98257	0,01743	0,96514	0,04307
1,65	0,95053	0,04947	0,90106	0,10226	2,12	0,98300	0,01700	0,96599	0,04217
1,66	0,95154	0,04846	0,90309	0,10059	2,13	0,98341	0,01659	0,96683	0,04128
1,67	0,95254	0,04746	0,90508	0,09892	2,14	0,98382	0,01618	0,96765	0,04041
1,68	0,95352	0,04648	0,90704	0,09728	2,15	0,98422	0,01578	0,96844	0,03955
1,69	0,95449	0,04551	0,90897	0,09566	2,16	0,98461	0,01539	0,96923	0,03871
1,70	0,95543	0,04457	0,91087	0,09405	2,17	0,98500	0,01500	0,96999	0,03788
1,71	0,95637	0,04363	0,91273	0,09246	2,18	0,98537	0,01463	0,97074	0,03706
1,72	0,95728	0,04272	0,91457	0,09089	2,19	0,98574	0,01426	0,97148	0,03626
1,73	0,95818	0,04182	0,91637	0,08933	2,20	0,98610	0,01390	0,97219	0,03547
1,74	0,95907	0,04093	0,91814	0,08780	2,21	0,98645	0,01355	0,97289	0,03470
1,75	0,95994	0,04006	0,91988	0,08628	2,22	0,98679	0,01321	0,97358	0,03394
1,76	0,96080	0,03920	0,92159	0,08478	2,23	0,98713	0,01287	0,97425	0,03319
1,77	0,96164	0,03836	0,92327	0,08329	2,24	0,98745	0,01255	0,97491	0,03246
1,78	0,96246	0,03754	0,92492	0,08183	2,25	0,98778	0,01222	0,97555	0,03174
1,79	0,96327	0,03673	0,92655	0,08038	2,26	0,98809	0,01191	0,97618	0,03103
1,80	0,96407	0,03593	0,92814	0,07895	2,27	0,98840	0,01160	0,97679	0,03034
1,81	0,96485	0,03515	0,92970	0,07754	2,28	0,98870	0,01130	0,97739	0,02965
1,82	0,96562	0,03438	0,93124	0,07614	2,29	0,98899	0,01101	0,97798	0,02898
1,83	0,96638	0,03363	0,93275	0,07477	2,30	0,98928	0,01072	0,97855	0,02833
1,84	0,96712	0,03288	0,93423	0,07341	2,31	0,98956	0,01044	0,97911	0,02768
1,85	0,96784	0,03216	0,93569	0,07206	2,32	0,98983	0,01017	0,97966	0,02705
1,86	0,96856	0,03144	0,93711	0,07074	2,33	0,99010	0,00990	0,98019	0,02643
1,87	0,96926	0,03074	0,93852	0,06943	2,34	0,99036	0,00964	0,98072	0,02582
1,88	0,96995	0,03005	0,93989	0,06814	2,35	0,99061	0,00939	0,98123	0,02522
1,89	0,97062	0,02938	0,94124	0,06687	2,36	0,99086	0,00914	0,98173	0,02463
1,90	0,97128	0,02872	0,94257	0,06562	2,37	0,99111	0,00889	0,98221	0,02406
1,91	0,97193	0,02807	0,94387	0,06438	2,38	0,99134	0,00866	0,98269	0,02349
1,92	0,97257	0,02743	0,94514	0,06316	2,39	0,99158	0,00842	0,98315	0,02294
1,93	0,97320	0,02680	0,94639	0,06195	2,40	0,99180	0,00820	0,98361	0,02239
1,94	0,97381	0,02619	0,94762	0,06077	2,41	0,99202	0,00798	0,98405	0,02186
1,95	0,97441	0,02559	0,94882	0,05959	2,42	0,99224	0,00776	0,98448	0,02134
1,96	0,97500	0,02500	0,95000	0,05844	2,43	0,99245	0,00755	0,98490	0,02083
1,97	0,97558	0,02442	0,95116	0,05730	2,44	0,99266	0,00734	0,98531	0,02033
1,98	0,97615	0,02385	0,95230	0,05618	2,45	0,99286	0,00714	0,98571	0,01984
1,99	0,97670	0,02330	0,95341	0,05508	2,46	0,99305	0,00695	0,98611	0,01936
2,00	0,97725	0,02275	0,95450	0,05399	2,47	0,99324	0,00676	0,98649	0,01889
2,01	0,97778	0,02222	0,95557	0,05292	2,48	0,99343	0,00657	0,98686	0,01842
2,02	0,97831	0,02169	0,95662	0,05186	2,49	0,99361	0,00639	0,98723	0,01797
2,03	0,97882	0,02118	0,95764	0,05082	2,50	0,99379	0,00621	0,98759	0,01753
2,04	0,97932	0,02068	0,95865	0,04980	2,51	0,99396	0,00604	0,98793	0,01709
2,05	0,97982	0,02018	0,95964	0,04879	2,52	0,99413	0,00587	0,98826	0,01667
2,06	0,98030	0,01970	0,96060	0,04780	2,53	0,99430	0,00570	0,98859	0,01625
2,07	0,98077	0,01923	0,96155	0,04682	2,54	0,99446	0,00554	0,98891	0,01585
2,08	0,98124	0,01876	0,96247	0,04586	2,55	0,99461	0,00539	0,98923	0,01545
2,09	0,98169	0,01831	0,96338	0,04491	2,56	0,99477	0,00523	0,98953	0,01506
2,10	0,98214	0,01786	0,96427	0,04398	2,57	0,99492	0,00508	0,98983	0,01468

u	$F(u)$	$Q(u)$	$F(u) - Q(u)$	$f(u)$	u	$F(u)$	$Q(u)$	$F(u) - Q(u)$	$f(u)$
2,58	0,99506	0,00494	0,99012	0,01430	3,05	0,99886	0,00114	0,99771	0,00381
2,59	0,99520	0,00480	0,99040	0,01394	3,06	0,99889	0,00111	0,99779	0,00370
2,60	0,99534	0,00466	0,99068	0,01358	3,07	0,99893	0,00107	0,99786	0,00358
2,61	0,99547	0,00453	0,99095	0,01323	3,08	0,99897	0,00104	0,99793	0,00348
2,62	0,99560	0,00440	0,99121	0,01289	3,09	0,99900	0,00100	0,99800	0,00337
2,63	0,99573	0,00427	0,99146	0,01256	3,10	0,99903	0,00097	0,99806	0,00327
2,64	0,99585	0,00415	0,99171	0,01223	3,11	0,99906	0,00094	0,99813	0,00317
2,65	0,99598	0,00404	0,99195	0,01191	3,12	0,99910	0,00090	0,99819	0,00307
2,66	0,99609	0,00391	0,99219	0,01160	3,13	0,99913	0,00087	0,99825	0,00298
2,67	0,99621	0,00379	0,99241	0,01130	3,14	0,99916	0,00084	0,99831	0,00288
2,68	0,99632	0,00368	0,99264	0,01100	3,15	0,99918	0,00082	0,99837	0,00279
2,69	0,99643	0,00357	0,99285	0,01071	3,16	0,99921	0,00079	0,99842	0,00271
2,70	0,99653	0,00347	0,99307	0,01042	3,17	0,99924	0,00076	0,99848	0,00262
2,71	0,99664	0,00336	0,99327	0,01014	3,18	0,99926	0,00074	0,99853	0,00254
2,72	0,99674	0,00326	0,99347	0,00987	3,19	0,99929	0,00071	0,99858	0,00246
2,73	0,99683	0,00317	0,99367	0,00961	3,20	0,99931	0,00069	0,99863	0,00238
2,74	0,99693	0,00307	0,99386	0,00935	3,21	0,99934	0,00066	0,99867	0,00231
2,75	0,99702	0,00298	0,99404	0,00909	3,22	0,99936	0,00064	0,99872	0,00224
2,76	0,99711	0,00289	0,99422	0,00885	3,23	0,99938	0,00062	0,99876	0,00216
2,77	0,99720	0,00280	0,99439	0,00861	3,24	0,99940	0,00060	0,99880	0,00210
2,78	0,99728	0,00272	0,99456	0,00837	3,25	0,99942	0,00058	0,99885	0,00203
2,79	0,99736	0,00264	0,99473	0,00814	3,26	0,99944	0,00056	0,99889	0,00196
2,80	0,99744	0,00256	0,99489	0,00792	3,27	0,99946	0,00054	0,99892	0,00190
2,81	0,99752	0,00248	0,99505	0,00770	3,28	0,99948	0,00052	0,99896	0,00184
2,82	0,99760	0,00240	0,99520	0,00748	3,29	0,99950	0,00050	0,99900	0,00178
2,83	0,99767	0,00233	0,99535	0,00727	3,30	0,99952	0,00048	0,99903	0,00172
2,84	0,99774	0,00226	0,99549	0,00707	3,31	0,99953	0,00047	0,99907	0,00167
2,85	0,99781	0,00219	0,99563	0,00687	3,32	0,99955	0,00045	0,99910	0,00161
2,86	0,99788	0,00212	0,99576	0,00668	3,33	0,99957	0,00043	0,99913	0,00156
2,87	0,99795	0,00205	0,99590	0,00649	3,34	0,99958	0,00042	0,99916	0,00151
2,88	0,99801	0,00199	0,99602	0,00631	3,35	0,99960	0,00040	0,99919	0,00146
2,89	0,99807	0,00193	0,99615	0,00613	3,36	0,99961	0,00039	0,99922	0,00141
2,90	0,99813	0,00187	0,99627	0,00595	3,37	0,99962	0,00038	0,99925	0,00136
2,91	0,99819	0,00181	0,99639	0,00578	3,38	0,99964	0,00036	0,99928	0,00132
2,92	0,99825	0,00175	0,99650	0,00562	3,39	0,99965	0,00035	0,99930	0,00127
2,93	0,99831	0,00169	0,99661	0,00545	3,40	0,99966	0,00034	0,99933	0,00123
2,94	0,99836	0,00164	0,99672	0,00530	3,41	0,99968	0,00032	0,99935	0,00119
2,95	0,99841	0,00159	0,99682	0,00514	3,42	0,99969	0,00031	0,99937	0,00115
2,96	0,99846	0,00154	0,99692	0,00499	3,43	0,99970	0,00030	0,99940	0,00111
2,97	0,99851	0,00149	0,99702	0,00485	3,44	0,99971	0,00029	0,99942	0,00107
2,98	0,99856	0,00144	0,99712	0,00471	3,45	0,99972	0,00028	0,99944	0,00104
2,99	0,99861	0,00139	0,99721	0,00457	3,46	0,99973	0,00027	0,99946	0,00100
3,00	0,99865	0,00135	0,99730	0,00443	3,47	0,99974	0,00026	0,99948	0,00097
3,01	0,99869	0,00131	0,99739	0,00430	3,48	0,99975	0,00025	0,99950	0,00094
3,02	0,99874	0,00126	0,99747	0,00417	3,49	0,99976	0,00024	0,99952	0,00090
3,03	0,99878	0,00122	0,99755	0,00405	3,50	0,99977	0,00023	0,99953	0,00087
3,04	0,99882	0,00118	0,99763	0,00393	3,51	0,99978	0,00022	0,99955	0,00084

u	F(u)	Q(u)	F(u) – Q(u)	f(u)	u	F(u)	Q(u)	F(u) – Q(u)	f(u)
3,52	0,99978	0,00022	0,99957	0,00081	3,77	0,99992	0,00008	0,99984	0,00033
3,53	0,99979	0,00021	0,99958	0,00079	3,78	0,99992	0,00008	0,99984	0,00031
3,54	0,99980	0,00020	0,99960	0,00076	3,79	0,99992	0,00008	0,99985	0,00030
3,55	0,99981	0,00019	0,99961	0,00073	3,80	0,99993	0,00007	0,99986	0,00029
3,56	0,99981	0,00019	0,99963	0,00071	3,81	0,99993	0,00007	0,99986	0,00028
3,57	0,99982	0,00018	0,99964	0,00068	3,82	0,99993	0,00007	0,99987	0,00027
3,58	0,99983	0,00017	0,99966	0,00066	3,83	0,99994	0,00006	0,99987	0,00026
3,59	0,99983	0,00017	0,99967	0,00063	3,84	0,99994	0,00006	0,99988	0,00025
3,60	0,99984	0,00016	0,99968	0,00061	3,85	0,99994	0,00006	0,99988	0,00024
3,61	0,99985	0,00015	0,99969	0,00059	3,86	0,99994	0,00006	0,99989	0,00023
3,62	0,99985	0,00015	0,99971	0,00057	3,87	0,99995	0,00005	0,99989	0,00022
3,63	0,99986	0,00014	0,99972	0,00055	3,88	0,99995	0,00005	0,99990	0,00021
3,64	0,99986	0,00014	0,99973	0,00053	3,89	0,99995	0,00005	0,99990	0,00021
3,65	0,99987	0,00013	0,99974	0,00051	3,90	0,99995	0,00005	0,99990	0,00020
3,66	0,99987	0,00013	0,99975	0,00049	3,91	0,99995	0,00005	0,99991	0,00019
3,67	0,99988	0,00012	0,99976	0,00047	3,92	0,99996	0,00004	0,99991	0,00018
3,68	0,99988	0,00012	0,99977	0,00046	3,93	0,99996	0,00004	0,99992	0,00018
3,69	0,99989	0,00011	0,99978	0,00044	3,94	0,99996	0,00004	0,99992	0,00017
3,70	0,99989	0,00011	0,99978	0,00042	3,95	0,99996	0,00004	0,99992	0,00016
3,71	0,99990	0,00010	0,99979	0,00041	3,96	0,99996	0,00004	0,99993	0,00016
3,72	0,99990	0,00010	0,99980	0,00039	3,97	0,99996	0,00004	0,99993	0,00015
3,73	0,99990	0,00010	0,99981	0,00038	3,98	0,99997	0,00003	0,99993	0,00014
3,74	0,99991	0,00009	0,99982	0,00037	3,99	0,99997	0,00003	0,99993	0,00014
3,75	0,99991	0,00009	0,99982	0,00035	4,00	0,99997	0,00003	0,99994	0,00013
3,76	0,99992	0,00009	0,99983	0,00034					

Näherung für $u > 4$:

$$g(u) = \frac{1}{\sqrt{2\pi}} e^{-\frac{u^2}{2}}$$

$$Q(u) = \frac{g(u)}{u} \left\{ 1 - \frac{1}{u^2} + \frac{3}{u^4} - \frac{15}{u^6} + \frac{105}{u^8} \right\}$$

F	Q	u_g
0,5	0,5	0
0,6	0,4	0,2533
0,7	0,3	0,5244
0,8	0,2	0,8416
0,9	0,1	1,2816
0,95	0,05	1,6449
0,975	0,025	1,96
0,99	0,01	2,3263
0,995	0,005	2,5758
0,9975	0,0025	2,807
0,999	0,001	3,0902
0,9995	0,0005	3,2905
0,9999	0,0001	3,719
0,99995	0,00005	3,8906
0,99999	0,00001	4,2649

Teil VI: **Programmbeschreibung**

DoE-Software

Die verfügbare Methoden-CD enthält drei eigenständige Softwaremodule, die im Rahmen von Diplom- und Studienarbeiten an der Universität Kassel erstellt worden sind. Mit diesen Programmen können zu Kontrollzwecken die Beispiele und Fallstudien im Buch nachvollzogen werden. Das Programm entspricht in ihrem Aufbau einem kommerziellen DoE-Programm und kann etwa 70 % der in der Praxis auftretenden Probleme von Anfängern lösen. Es unterstützt somit das dezentrale Arbeiten in agilen Entwicklungsteams in der Phase Prototyping.

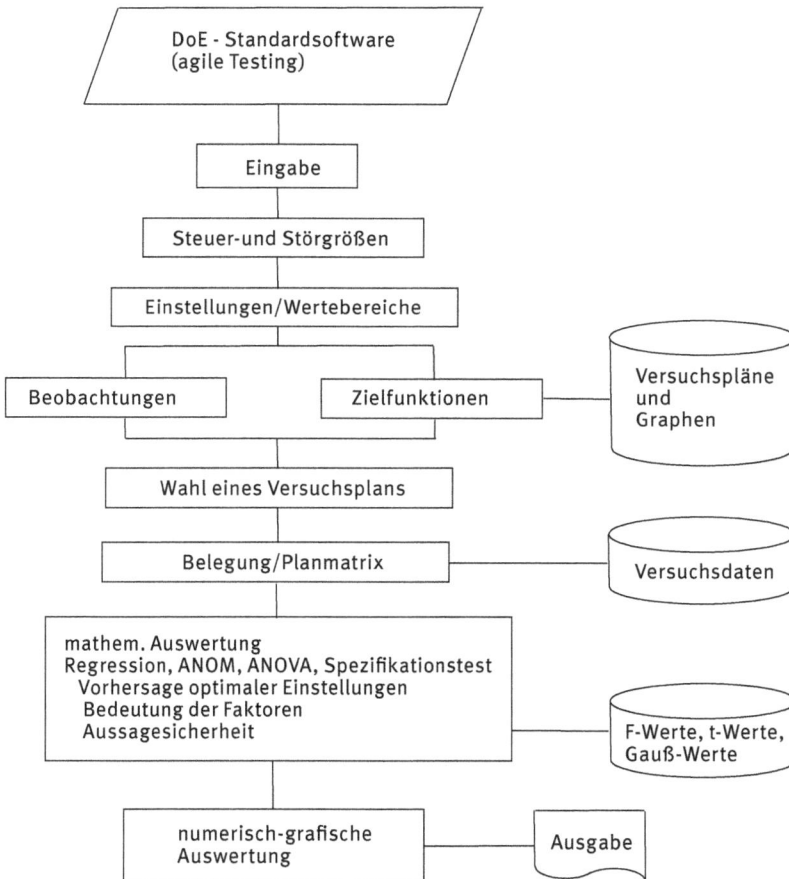

Bild 1: Allgemeines Schema eines DOE-Programms

https://doi.org/10.1515/9783110724516-038

DoE-Taguchi

Ersteller: Dipl.-Ing. Thorsten Henkel /HEN 01/

Das Programm DoE-Taguchi ist unter MS/Excel mit dem Entwicklungssystem Visual Basic for Applications (VBA) programmiert worden. Mit dem Aufruf des Programms sind die folgenden Arbeitsblätter verfügbar:
- Auswahl eines Versuchsplans
- Startseite „Navigator"
- Steuergrößen und Stufen
- Orthogonales Feld und Planmatrix
- Datenerfassung mit Wahl der S/N-Funktion
- Auswertung der S/N-Funktion
- Darstellung der Faktorwirkungen in einem ANOM-Diagramm
- Auswertung der Varianzanalyse
- Auswahl und Vorhersage der Faktorwirkungen

Der Neustart eines Projektes beginnt mit dem Öffnen der Datei „DoE_start". Danach kann eine Versuchsmatrix ausgewählt werden. Alternativ kann auch ein schon bearbeitetes Projekt geöffnet werden.

Das Programm bietet die zehn am häufigsten gebrauchten Versuchsmatrizen an, die über eine Schaltfläche aktiviert werden. Hiernach öffnet sich der so genannte „Navigator", dessen Aufgabe es ist, als „roter Faden" durch den DoE-Lösungsprozess zu führen. Die Dialogmaske des Navigators besteht wiederum aus acht Schaltflächen, die später ein beliebiges Springen in einer Lösung ermöglichen. Bei der erstmaligen Abarbeitung eines Problems ist die vom Navigator vorgeschlagene Reihenfolge streng einzuhalten:
- Steuergrößen, Stufen, Zielgröße
  Entsprechend der gewählten Versuchsmatrix müssen die Steuergrößen mit ihren Stufen eingegeben werden. Da für die Faktorbelegung eventuelle Wechselwirkungen zu berücksichtigen sind, lassen sich diese über die Schaltfläche (Wechselwirkungen Ein/Aus) sichtbar machen. Falls jetzt ein Faktor nicht belegt werden soll, so ist dies mit „leer" (d. h. als Wort ausgeschrieben oder Striche in allen Feldern) zu vereinbaren.
  In dem Feld Zielgröße wird die Wirkung eingetragen, die mit dem Experiment extremal gemacht werden soll.
- Orthogonales Feld und Planmatrix
  Die ausgewählte Matrix wird mit ihrer Belegung dargestellt.

https://doi.org/10.1515/9783110724516-039

- Datenerfassung der Experimente
Die Messergebnisse der Experimente sind hier einzutragen. Sollen Wiederholungsmessungen durchgeführt werden, so können über die Schaltfläche „Versuchsreihe y_i" bis maximal zehn Spalten geöffnet werden.
Aus den eingegebenen Angaben werden Mittelwert und Standardabweichung berechnet. Weiterhin kann über die Schaltfläche „S/N-Ratio" eine problemadäquate Optimierungsfunktion ausgewählt werden. Die zugehörigen Einstellwerte werden dann übernommen.
- Faktorwirkungen
Die Faktorwirkungen werden weiter als Gesamtbeobachtung und als S/N-Verhältnis je Stufe ausgewiesen.
- Faktorwirkungs-Diagramm
Auf einem Arbeitsblatt wird die ANOM-Auswertung dargestellt.
- Varianzanalyse
Mittels der ANOVA-Auswertung werden alle Faktoren auf ihre Varianz bezüglich Zielgröße ausgewertet. Hierzu sind aber noch einige Anmerkungen zu machen:
  - Leerspalten sind nicht besetzte Faktoren in einem orthogonalen Feld, die aber bei der Auswertung dennoch zu berücksichtigen sind. Bei dem benutzten Algorithmus werden „leergesetzte" Faktoren dem Fehler (e_1) zugewiesen. Der Fehleranteil (e_2) tritt gewöhnlich bei Wiederholungsmessungen ein. Alle Fehler werden zu (e) kumuliert.
  - Die Varianzanalyse wird gestartet, indem in der „pooling-Spalte" ein „*" (Stern) eingesetzt wird. Bei einer Vielzahl von Faktoren können etwa die Hälfte der Faktoren zum Poolen herangezogen werden.
- Auswahl und Vorhersage
Zum Ende der Analyse kann in einer Übersichtstafel in der Spalte Auswahl durch Eintragung eines „x" für jeden Faktor eine Stufeneinstellung gewählt werden.

DoE-Shainin®

Ersteller: Dipl.-Ing. Mark Heckmann /HEC 00/

Das Modul „SHAININ" stellt eine Sammlung von Excel-Dateien dar, die über Makros miteinander verbunden sind und aus allgemein verfügbaren Quellen abgeleitet sind. Die Quelldatei dieses Moduls ist die Datei *Versuchsmethodik SHAININ*. Aus dieser Datei, die als Startfenster betrachtet werden kann, lassen sich die *sieben Shainin-Werkzeuge* und das Hilfsmodul *Liste* aufrufen.

Beim Starten des Programms kann sich der Makrovirenschutz öffnen, der darauf hinweist, dass die zu öffnende Datei Makros enthält. Hier ist die Option *Makros aktivieren* auszuwählen.

Innerhalb der Module wird überwiegend mit drei verschiedenen Hintergrundfarben gearbeitet, dies sind die Farben „blassblau", „gelbgrün" und „pastellgrün". Informationen durch den Benutzer werden bei Bedarf in den pastellgrünen Flächen vorgenommen. Die gelbgrünen Flächen stehen für Ausgabeinformationen an den Benutzer und die blassblauen für Programmvorgaben.

- Hauptmenü
  Die Hauptarbeitsmappe stellt das Übersichtsschema zu den sieben Shainin-Methoden dar. Die Schaltflächen der Einzelmodule sind mit Schatten hervorgehoben. Die Schaltfläche „Liste öffnen" ermöglicht den Aufruf einer Beispielsammlung, anhand derer die Leistungsfähigkeit der einzelnen Tools nachvollzogen werden kann. Dateien aus dieser Sammlung lassen sich über die Schaltfläche „Öffnen gesicherter Dateien" aufrufen. Hierbei muss der Dateiname der ausgewählten Datei in das Eingabefenster „Öffnen" eingetragen werden.
- Kurzinformation
  Falls ein Problem neu bearbeitet werden soll, öffnet sich zuerst das Blatt „Kurzinformation". Hier wird ein kurzer Einstieg zur gewählten Lösungsstrategie gegeben.
- Methodenablauf
  In einem weiteren Arbeitsblatt ist die Verknüpfung der für eine Lösungsstrategie erforderlichen Bausteine aufgeführt. Dahinter ist mit der Angabe einer Seitenzahl ein Bezug zu einem Druckprotokoll gegeben, welches zu Dokumentationszwecken angefertigt werden kann.
- Deckblatt bearbeiten
  Für das Druckdokument können Stammdaten eingegeben werden, die der Rückverfolgbarkeit dienen.
- Drucken
  Über die Schaltfläche „Drucken" werden alle benutzten Arbeitsblätter in Berichtsform zusammengefasst.

https://doi.org/10.1515/9783110724516-040

- Speichern von Änderungen

  Die Änderung von Daten wird über die Schaltfläche „Speichern von Änderungen" organisiert. Dabei öffnet sich zunächst eine Maske, für Projektdaten, unter denen das Problem auch wiederauffindbar ist.

- Verlassen der Methode

  Über die Schaltfläche „Verlassen der Methode" wird die aktuelle Methode abgeschlossen. Falls bis jetzt Zwischenergebnisse noch nicht gespeichert wurden, kann dies über die Taste „Abbrechen" nachgeholt werden. Über diese Taste werden die Module neu aktiviert, womit erneut die Möglichkeit zur Speicherung besteht.

Die einzelnen Shainin-Module sind so tief ausgearbeitet, dass vollständige Problemanalysen möglich sind.

DoE – Faktorielle Versuchsplanung

Ersteller: Dipl.-Ing. Borris Schaefer /SCH 00/

Das Modul „Klassische Versuchsplanung" bietet 18 Standardpläne an, und zwar ausschließlich zweistufige Pläne. Mit dem Start des Moduls öffnet sich eine Übersicht über die abgespeicherten Versuchspläne, die über die entsprechende Schaltfläche auch gestartet werden können.

Die Versuchspläne sind farbig hinterlegt, um auf einen Lösungstyp (s. KLE 20/) bezüglich der Wechselwirkungen hinzuweisen. Hierbei sind die Lösungstypen V (und höher) unkritisch, IV weniger kritisch und der Lösungstyp III kritisch, weil Zweifaktoren-Wechselwirkungen die Effekte verfälschen können.

Über die Schaltfläche „Beispiel-Versuchsplan" kann Einsicht in einen bereits durchgeführten Versuchsplan genommen werden, was für einen Erstanwender oft hilfreich ist.

Nach dem Öffnen eines Versuchsplans wird ein Navigator gestartet, der zehn angepasste Arbeitsblätter zur Verfügung stellt.

– Deckblatt bearbeiten
  Über diese Schaltfläche können zum Versuch alle Stammdaten erfasst werden, die hinterher das Titelblatt des Protokolls darstellen.
– Ziel- und Einstellgrößen
  Die aufgabenspezifischen Parameter können mit ihren Stufen eingegeben und die Zielgröße definiert werden.
– Versuchsdatenerfassung und Versuchsvorschrift
  Gemäß dem gewählten Versuchsplan und den festgelegten Faktorstufen wird die Planmatrix erstellt. Interaktiv kann die Antwortmatrix mit fünf Wiederholungen aufgeführt werden.
– Kennwertermittlung zur Versuchsdatenauswertung
  In diesem Arbeitsblatt werden zu den Faktoren und den Wechselwirkungen die Effekte und die Fehlerquadrate bestimmt.
– Varianzanalyse
  Auswertung des Versuchs nach dem ANOVA-Verfahren und Kenntlichmachung der Signifikanzen.
– Haupteffektdiagramm
  Auswertung nach dem ANOVA-Verfahren für jeden Faktor.
– Wechselwirkungsdiagramm
  Der Verlauf der Faktoren wird als Wechselwirkungen abgebildet.
– Diagramm der Effekte
  Die Effekte aller Faktoren werden in einem Balkendiagramm dargestellt. Die Balkenhöhe drückt die Stärke eines Effektes aus. Gleichzeitig kann das Signifikanzniveau festgestellt werden.

https://doi.org/10.1515/9783110724516-041

- Scree Plot
  Mittels Scree Plot wird eine ergänzende Information zur Bedeutung eines Faktors gegeben. Aufgetragen sind je Faktor die Fehlerquadrate.
- Zusammenfassung der Ergebnisse
  Als letztes Arbeitsblatt wird eine Übersicht über die Faktoren und allen möglichen Wechselwirkungen erstellt.

Wie das Übersichtsdeckblatt zeigt, sind mit diesem Modul die geläufigsten voll- und teilfaktoriellen Pläne abgedeckt.

Übersicht über SVP-Programme

Programm/Hersteller	Versuchspläne
ANOVA-TM® Advanced Systems & Designs, Inc. 3315 Ncampbell Road Royal Oak, MI USA http://www.anova-tm.software.informer.com	Taguchi-Pläne
RS1/Discover Cornerstone Brooks-PRI Automation, Inc. 15 Elizabeth Drive Chelmsford, MA 01824 U.S.A.	klassische Versuchspläne D-optimale Versuchspläne Taguchi-Pläne Box-Behnken-Designs
DESIGN-EXPER® 8 Stat-Ease Inc. 2021 East Hennepin Avenue Minneapolis MN 55413 http://www.statease.com	klassische Versuchspläne D-optimale Versuchspläne kombinierte Pläne
ECHIP™ 7.01 ECHIP Inc. 18 Whitekirk Drive Wilmington http://www.echip.com	klassische Versuchspläne Taguchi-Pläne Mischungspläne
JMP® 9 SAS Institute Inc. SAS Campus Drive Cary NC 27513 http://www.jmp.com	klassische Versuchspläne D-optimale Versuchspläne Mischungspläne Taguchi-Pläne
Modde 12 Umetrics AB 7 Sartorius AG Otto-Brenner-Str. 20 37079 Göttingen http://www.sartorius.de	klassische Versuchspläne D-optimale Versuchspläne Mischungspläne Taguchi-Pläne
Minitab™ Version 16 Minitab Inc. Theatinerstr. 11 80333 München http://www.minitab.com	klassische Versuchspläne D-optimale Versuchspläne Mischungspläne Taguchi-Pläne

https://doi.org/10.1515/9783110724516-042

Programm/Hersteller	Versuchspläne
STATGRAPHICS® Statgraphics Technologies, Inc. 20198 Virginia The Plains http://www.statgraphics.com	klassische Versuchspläne Mischungspläne Taguchi-Pläne D-optimale Versuchspläne
STATISTICA™ Version 10 Statsoft Inc. 2325 East 13th Street Tulsa OK 74104 http://www.statsoft.com	klassische Versuchspläne D-optimale Versuchspläne Mischungspläne Taguchi-Pläne
STAVEX™ AICOS Technologies AG Sandweg 46 CH-4123 Allschwil Switzerland http://www.aicos.com/Qualeng/Stavex.html	klassische Versuchspläne D-optimale Versuchspläne Mischungspläne
Visual-XSel 11.0 / DoE CRGRAPH Hermann-Gmeiner-Weg 8 81929 München http://www.crgraph.de	klassische Versuchspläne D-optimale Versuchspläne Taguchi-Pläne Plackett-Burman
DOE PRO XL Sigmazone http://www.sigmazone.com	klassische Versuchspläne Taguchi-Pläne Plackett-Burman Zentralpunkt Versuche Box-Behnken-Designs D-optimale Versuchspläne
Sagata DOE Toolset 1.0 Sagata GmbH http://www.sagata.com	klassische Versuchspläne Zentralpunkt-Versuche Box-Behnken-Designs
destra 11.0 Q-DAS GmbH & Co. KG Eisleber Str. 2 69469 Weinheim http://www.q-das.com	klassische Versuchspläne Shainin Taguchi

Auswahl über allgemeine Statistik-freeware-Software

Statistiksoftware.com/free_software.html:
- RStudio
- SciGraphica
- R (S oder S-plus)
- TANAGRA
- ViSta
- MacANOVA
- OpenBUGS
- Octave
- StatLib
- Free MatLib
- PSPP (a free SPSS)
- OpenStat (OS4)
- Jmulti
- DATAPlot
- MYSTAT 12
- VisiCube

Literaturverzeichnis

Fachbücher

/BAC 96/ Backhaus, K et al.: Multivariate Analysemethoden; Berlin – Heidelberg – New York: Springer-Verlag, 1996.

/BOT 90/ Bhote, K. R.: Qualität – Der Weg zur Weltspitze; Druckschrift; Großbottwar: IQM, 1990.

/BOX 78/ Box, G. E. P.; Draper, W. R.; Hunter, S. T.: Statistics for Experimenters; New York: Wiley, 1978.

/DEM 82/ Deming, W. E.: Quality, Productivity and Competitive Position; Cambridge: MIT, Center for Advanced Engineering, 1982.

/DER 93/ Dreyer, H.; Malig, H.-J.: Statistische Versuchsmethodik; Birkenau: Q-DAS Seminarhandbuch, 1993.

/FOW 95/ Fowlkes, W. Y.; Creveling, C. M.: Engineering Methods for Robust Product Design; New York: Addison-Wesley Publishing Company, 1995.

/GIM 90/ Gimpel, B.: Einführung in die Versuchsmethodik-Aachen; GfQS-Gesellschaft für Qualitätssicherung, 1990.

/HAR 85/ Hartung, J.; Elpelt, B.; Klösener, K.-H.: Statistik – Lehr- und Handbuch der angewandten Statistik; München – Wien: Oldenbourg Verlag, 1985, 4. Auflage.

/KLEP 20/ Kleppmann, W.: Versuchsplanung – Produkte und Prozesse optimieren; München: Hanser-Verlag, 2020, 10. Auflage.

/KLE 20/ Klein, B.: Entwicklungsbegleitende Versuchstechniken im Maschinen- und Fahrzeugbau; Tübingen: Expert-Verlag, 2020.

/KRO 94/ Krottmaier, J.: Versuchsplanung – Der Weg zur Qualität des Jahres 2000; Verlag TÜV Rheinland, 1994, 3. Auflage.

/PET 91/ Petersen, H.: Grundlagen der statistischen Versuchsplanung, Bd. 2; Landsberg/Lech: Ecomed Verlag, 1991.

/PHA 89/ Phadke, M. S.: Robuste Prozesse durch Quality Engineering; München: gfmt – Gesellschaft für Management und Technologie-Verlag, 1989.

/PRE 93/ Precht, M.; Kraft, R.: Statistik 2; München – Wien: Oldenbourg Verlag, 1993, 5. Auflage.

/PRE 05/ Precht, M.; Kraft, R.; Bachmaier, M.: Angewandte Statistik; München – Wien: Oldenbourg Verlag, 2005, 7. Auflage.

/QUE 94/ Quentin, H.: Versuchsmethoden im Qualitäts-Engineering; Braunschweig – Wiesbaden: Vieweg-Verlag, 1994.

/SCH 97/ Scheffler, E.: Statistische Versuchsplanung und -auswertung; Stuttgart: Deutscher Verlag für Grundstoffindustrie, 1997.

/SIE 17/ Siebertz, K.; van Bebber, D.; Hochkirchen, T.: Statistische Versuchsplanung – Design of Experiments (DoE); Heidelberg: Springer Verlag, 2017, 2. Auflage.

/TAG 89/ Taguchi: Quality Engineering – Minimierung von Verlusten durch Prozeßbeherrschung; München: gfmt – Gesellschaft für Management und Technologie-Verlag, 1989.

/TOU 94/ Toutenburg, H.: Quality Engineering – Eine Einführung in Taguchi-Methoden; München: Prentice Hall Verlag, 1998.

/WIR 14/ Wirbeleit, F.: Prozessoptimierung – Einführung in die statistische Datenanalyse und Versuchsplanung; München: deGruyter Oldenbourg Verlag, 2014.

https://doi.org/10.1515/9783110724516-043

Dissertationen, Diplom- und Studienarbeiten

/CER 02/ Cemalovic, I.: Parameteroptimierung mit Hilfe statistischer Versuchsplanung; Studienarbeit; Universität Kassel, 2002.

/FLA 95/ Flamm, J.: Entwicklung eines Systemkonzeptes zur wissensbasierten, systematisch unterstützten Versuchsmethodik; Diss., RWTH Aachen, 1995.

/GIM 91/ Gimpel, B.: Qualitätsgerechte Optimierung von Fertigungsprozessen; Diss., RWTH Aachen, Düsseldorf, 1991.

/GUN 99/ Gundlach, C.: Klassifizierung von Verfahren der statistischen Versuchsplanung sowie Erstellung einer methodischen Vorgehensweise zur Planung; Diplomarbeit; Universität Kassel, 1999.

/HEC 00/ Heckmann, M.: Excel-Modul zur Anwendung der Shainin-Methode; Studienarbeit; Universität Kassel, 2000.

/HEN 01/ Henkel, T.: Excel-Modul zur Versuchsplanung nach Taguchi; Diplomarbeit; Universität Kassel, 2001.

/HOL 95/ Holst, G.: Systematisierung der Planungsphase der Statistischen Versuchsmethodik für die industrielle Anwendung; Diss., Techn. Univ. Hamburg-Harburg, Aachen, 1995.

/HOF 11/ Hofmann, M.: Entwicklung und Validierung eines Bewertungsmodells für Projekte der statistischen Versuchsplanung; Diss., TU-Berlin, Fakultät V, 2011.

/LAU 99/ Lautenschlager, U.: Robuste Multikriterien-Strukturoptimierung mittels Verfahren der Statistischen Versuchsplanung; Diss., Universität Siegen, 1999.

/LIS 99/ Lischka, T.: Systematisierung und Beschreibung statistischer Versuchspläne; Diplomarbeit; Universität Kassel, 1999.

/MEY 97/ Mayers, B.: Prozeß- und Produktoptimierung mit Hilfe der Statistischen Versuchsmethodik; Diss., RWTH-Aachen, Aachen, 1997.

/REI 99/ Reiting, K.: Systematische Analyse und Beschreibung der Versuchstechniken nach D. Shainin; Diplomarbeit; Universität Kassel, 1999.

/SCH 00/ Schaefer, B.: EXCEL-Modul zur faktoriellen Versuchsplanung; Studienarbeit; Universität Kassel, 2000.

/SCH 01/ Schaefer, B.: Erstellung eines softwareunterstützten Anwendungsleitfadens zur Durchführung von DoE-Projekten; Diplomarbeit; Universität Kassel, 2001.

/WAL 94/ Wallacher, J.: Einsatz von Methoden der statistischen Versuchsplanung zur Bestimmung von robusten Faktorkombinationen in der präventiven Qualitätssicherung, Fortschrittberichte; Düsseldorf: VDI, 1994.

Fachaufsätze

/BRA 94/ Bracht, J.; Spenhoff, E.: Mischungsexperimente in Theorie und Praxis, Teil 1; QZ 39 (1994) 12, S. 1352–1358.

/BRA 95/ Bracht, J.; Spenhoff, E.: Mischungsexperimente in Theorie und Praxis, Teil 2; QZT. 40 (1995) 13, S. 86–90.

/KAC 85/ Kackar, R. N.: Off-Line Quality Control, Parameter Design, and the Taguchi Method; Journal of Quality Technology 17 (1985) 4, S. 176.

/KLE 97/ Klein, B.: Taguchi-Methodik als Entwicklungswerkzeug; Technica 46 (1997) 3, S. 28–36.

/KUH 90/ Kuhn, H.: Klassische Versuchsplanung, Taguchi-Methode, Shainin-Methode: Versuch einer Wertung; VDI-Z 132 (1990) 12, S. 91–94.

/LAU 91/ Lau, B.: Robuste Prozeßentwicklung; Kontrolle 9 (1991) , S. 22–25.

/MIT 90/ Mittmann, B.: Qualitätsplanung mit den Methoden von Shainin; Qualität & Zuverlässigkeit 35 (1990) 4, S. 209–212.

/NED 92a/ Nedeß, C.; Holst, G.: Hilfen für die statistische Versuchsplanung, Teil 1; Qualität & Zuverlässigkeit 37 (1992) 2, S. 93–97.

/NED 92b/ Nedeß, C.; Holst, G.: Hilfen für die statistische Versuchsplanung, Teil 2; Qualität & Zuverlässigkeit 37 (1992) 3, S. 157–159.

/NED 92c/ Nedeß, C.; Holst, G.: Hilfen für die statistische Versuchsplanung, Teil 3; Qualität & Zuverlässigkeit 37 (1992) 4, S. 202–204.

/NOA 87/ Noaker, P.: Variation research – debugging the manufacturing process; Tooling & Production 53 (1987) 6, S. 53–56.

/PHA 88/ Phadke, M. S.; Dehnad, K.: Optimization of Product and Process Design for Quality and Cost; Quality and Reliability Engineering International 4 (1988) 2, S. 105–112.

/QUE 92a/ Quentin, H.: Grundzüge, Anwendungsmöglichkeiten und Grenzen der Shainin-Methoden, Teil 1; Qualität & Zuverlässigkeit 37 (1992) 6, S. 345–348.

/QUE 92b/ Quentin, H.: Grundzüge, Anwendungsmöglichkeiten und Grenzen der Shainin-Methoden, Teil 2; Qualität & Zuverlässigkeit 37 (1992) 7, S. 416–419.

/SCI 90/ Schick, Peter: Systemoptimierung – Grenzen der Versuchsmethoden ergebnisorientiert überschreiten; München: Hanser-Verlag, 1990.

/SON 95/ Song, A. A.: Design of Process Parameters using Robust Design Techniques and Multiple Criteria Optimization; IEEE Transactions on Systems 25 (1995) 11, S. 1437–1446.

/SON 96/ Sonius, M. W.; Tew, B. W.: Parametric Design Optimization of an entrapped Fiber Connection; Composite Structures 35 (1996) , S. 283–293.

Manuskripte

/KAP 90/ Kapfer, W.: Qualitätsverbesserung durch Versuchsmethodik; Lehrgang; Frankfurt: Deutsche Gesellschaft für Qualität, 1990.

/ZEL 94/ Zeller, R.: Statistische Versuchsplanung; Seminar-Manuskript; Essen: Haus der Technik, 1994.

Forschungsberichte

/FKM 92/ Autorenkollektiv: Fehlerverhütung vor Produktionsbeginn durch Verfahren der statistischen Versuchsmethodik, 1992; Forschungskuratorium Maschinenbau, Heft 168, Frankfurt.

Firmenschriften

/BOS 93/ N. N: Statistische Versuchsplanung; Stuttgart: Robert Bosch GmbH, 1993.

/HOE 93/ N. N: Statistische Versuchsplanung; Frankfurt: Hoechst AG, 1993.

/UER 06/ Uerkvitz, R.: Effiziente Versuchsplanung für Ingenieure und Techniker; Hamburg: StatSoft, 2006.

/ZIE 91/ Ziebart, U.: SAV-Software zum Auswerten von Versuchen; Stuttgart: Robert Bosch GmbH, 1991.

Formelzeichen

β	Proportionalitätskonstante		p	Druck, Prozent
$\underline{\beta}$	Vektor			
η	Zielfunktion		R	Rest
$\overline{\eta}$	Zielfunktion, mittlere			
μ	Mittelwert		s	Schätzwert der Streuung
σ	Streuung		s^2	Schätzwert der Varianz
σ^2	Varianz		SL	Summe, lineare
Δ	Abweichung		SQ	Quadratsumme
Δ_0	Abmaß			
			T	Temperatur
A_0	Verlust in Geld		t	Zeit
b_i	Koeffizienten		u	Transformationsgröße
b_0	Konstante			
B	Bestimmtheitsmaß		V_A	Schätzvarianz
CF	Korrekturfaktor		WW	Wechselwirkung
d, D	Differenzen		$\underline{X}$	Matrix
det()	Determinante		x_i	Faktoren, beliebige
d_i	Residuen		x	Störgröße
e	Fehlergröße, allgemein		y_i	Wirkungen, beliebige
E	Effekt		y	Wirkung, Istwert
			$\hat{y}$	Schätzwert der Regression
F	Fisher-Wert		$\overline{y}$	Mittelwert
f	Freiheitsgrad			
$f(y)$	Dichtefunktion		z	Steuergröße
F_i	Fehlergröße			
H	Häufigkeit			
HW	Hauptwirkung			
i, j	Zähler			
K	Kombinationen			
k	Verlustkoeffizient			
$L(y)$	Qualitätsverlustfunktion			
$\overline{L}(y)$	Qualitätsverlust, durchschnittlicher			
m	Zähler			
M	Stellgröße			
n	Anzahl, Stichprobenumfang			
N	Versuchsumfang			

https://doi.org/10.1515/9783110724516-044

DoE-Glossar

Alias	Überlegen eines Faktors auf eine Wechselwirkungsspalte, so dass ein Effekt nicht zu trennen ist
Bestätigungsexperiment	mit realen Objekten durchgeführte Versuche
Bias	Differenz zwischen Erwartungs- und Schätzwert
Bestimmtheitsmaß	der multiplen Regression; ist ein Maß für die Güte, mit der eine Funktion durch einen parameteriellen Zusammenhang erklärt wird
Blöcke	zufällige Abarbeitung von Versuchen, um ungewollte Trends zu eliminieren
CVD-Prozess	Chemical Vapour Deposition dient der Aufdampfung von metallorganischen Schichten auf Trägerplatten, auf denen wiederum Leiterbahnen aufgedruckt werden
DACE	Simulationsansatz (Digital Analysis of Computer Experiments), der rechnerunterstützte Ingenieurmethoden mit der Versuchsplanung verbindet
D-Optimalität	spezielle Versuchstechnik mit sehr variabler Vorgehensweise und extrem kleinem Versuchsumfang
Effekt	mittlere Wirkung von Faktoren auf die Zielgröße
Ein-Faktor-Methode	(„One Factor at a time") einzelne Variationen Faktor für Faktor
Faktoren	Menge aller Einstellgrößen bzw. Parameter in einem geplanten Experiment
Fehlerfortpflanzungsgesetz	von Gauß; Abweichungen ergeben sich nicht aus der Addition von Toleranzen, sondern aus der Addition der Varianzen
FEM	Finite-Element-Methode (Methode der kleineren Elemente)
Fisher-Wert	Prüfgröße für Varianzunterschiede bzw. Streuungen
Freiheitsgrad	ist die Anzahl der voneinander unabhängigen Variationsmöglichkeiten
Graph	Grafische Darstellung der Spaltenbelegung in Versuchsmatrizen mit Haupt- und Wechselwirkungen
GRID-Analyse	Methode, um Abhängigkeiten in Netzen geordnet darzustellen
Haupteffekt	Einfluss eines unabhängigen Faktors auf die zu untersuchende Zielfunktion
historische Daten	nicht geplante (bzw. vorhandene) Messergebnisse
Homing-In	Technik zum Aussieben der wesentlichen Faktoren
Kodierung	einheitliche Kennzeichnung von Faktorstufen (z. B.: -/+, 1/2)
Kuration	kurierende Qualitätssicherung
lateinisches Quadrat	Versuchsanlage zur Ausschaltung zweier Störgrößen durch Blockbildung
Matrixexperimente	orthogonale Anordnung eines Versuchschemas mit meist minimalem Umfang

https://doi.org/10.1515/9783110724516-045

Mind-Mapping	Methode des „radialen Denkens" nach Tony Buzan
Nullhypothese (gegen Alternativhypothese)	Prüfverfahren, um die Richtigkeit von Aussagen statistisch zu überprüfen
Orthogonalität	liegt im kombinatorischen Sinne vor, wenn jedes Spaltenpaar mit gleicher Häufigkeit auftritt
Parameter	ist identisch Faktor mit eines Versuches
Poolen, Pooling	Zusammenfassung von Faktoren, um eine Fehlervarianz zu schätzen
Prävention	vorbeugendes Qualitätsmanagement
PTCA-Kreis	auch Deming-Kreis genannt, der den Entscheidungsprozess als nie endenden Verbesserungskreislauf darstellt
QM-Werkzeuge	ingenieurmäßige Methoden (QFD, DFMA, FMEA und DoE) im präventiven Qualitätsmanagement
Qualitätsverlust	negative Qualität oder Abweichung von der idealen Qualität
Qualitätsverlustfunktion	quadratische Straffunktion zur geldwerten Gewichtung von Sollwertabweichungen
Randomisierung	zufällige Ordnung von Experimenten um Störeinflüsse auszuschließen
Regelkarte	Aufzeichnung von Prozesskenngrößen zur Fertigungsüberwachung
Regression	statistisches Verfahren zur Beschreibung des physikalischen Zusammenhangs zwischen den Faktoren und der Zielfunktion
S/N-Ratio	spezielle Zielfunktionsformulierung (Signal-to-Noise-Ratio bzw. Signal-Rausch-Verhältnis)
Sensitivitätskoeffizienten	Änderungspotenzial der Wirkungsfunktion infolge kleineren Faktoränderungen
Signifikanz	Zutreffen einer Aussage mit einer bestimmten Irrtumswahrscheinlichkeit
Sollwert	Zielwert einer Größe (tatsächlich werden Istwerte erreicht)
statistische Versuchsmethodik	Durchführung von gezielten Versuchen mit statistischer Auswertung
Straffunktion	mathematische Gleichung, die Abweichungen vom Sollwert übergewichtig bestraft
Streuung	bzw. Standardabweichung ist die Wurzel aus der Varianz
Stufen	Ausprägung eines Faktors innerhalb eines Versuchs
Varianz	Streuungsmaß für Beobachtungswerte
Variation	gleichzeitiges Variieren von mehreren unabhängigen Faktoren in einem Versuchsplan
Verlustfunktion	in Geld gewichtete Darstellung von Sollwertabweichungen
Vermengung	Überlagerung von Haupteffekten mit Nebeneffekten
Vertrauensniveau	oder Konfidenzintervall bzw. Vertrauensbereich ist ein eingegrenzter Bereich für Schätzwerte
VLSI	Very Large Scale Integrated Circuits sind Scheiben (oder Wafer) mit aufgedruckten Schaltkreisen

Wechselwirkung	oder Interaktion von Faktoren
Wirkungsfunktion	Verlauf der funktionalen Wirkung/Antwortfunktion eines Experimentes
Wirkzusammenhang	identisch Zielfunktion
Zielfunktion	funktionaler Zusammenhang zwischen allen Faktoren und der Systemwirkung

Internationale Fachbegriffe

Antwortfläche	response surface
Block	block
Drei-Faktor-Wechselwirkung	three-factor-interaction
Durchführung	replication
Einflussgröße	assignable cause
Einzelversuch	treatment
Experiment	experimental program
Faktor	factor
Faktordurchschnitt	average effect
Faktorstufe	level
Faktor-Stufen-Kombination	factor level combination
Fehlerquadrat-Methode	method of least square
Freiheitsgrade	degrees of freedom (dof)
Haupteffekt	main effect
Model	assumed model
Quadratsumme	sum of squares
Randomisierung	randomization
Regression	regression analysis
Restabweichung	residual error
statistische Versuchsplanung	parameter design
Störgrößen	extraneous variables
Teilfaktor-Pläne	fractional factorial designs
Varianzanalyse	analysis of variance (ANOVA)
Vermengung	confounding
Versuchsplan	experimental design
Versuchsplanung	design of experiments
Versuchsraum	experiment space
Versuchsstreuung	experimental error
Vervielfachung	duplication
Wechselwirkung	interaction (effect)
Zielgröße	response variable
Zwei-Faktor-Wechselwirkung 2F-WW	two-factor-interaction

Stichwortverzeichnis

https://doi.org/10.1515/9783110724516-046

www.ingramcontent.com/pod-product-compliance
Lightning Source LLC
Chambersburg PA
CBHW080925220326
41598CB00034B/5676